禾草内生真菌研究及应用

陈水红 著

吉林科学技术出版社

图书在版编目（CIP）数据

禾草内生真菌研究及应用 / 陈水红著． -- 长春：
吉林科学技术出版社，2019.12
ISBN 978-7-5578-6539-9

Ⅰ．①禾… Ⅱ．①陈… Ⅲ．①禾本科牧草－内生菌根
－研究 Ⅳ．① S543 ② Q949.32

中国版本图书馆CIP数据核字（2019）第 300571 号

禾草内生真菌研究及应用

著　　者	陈水红	
出 版 人	李　梁	
责任编辑	端金香	
封面设计	刘　华	
制　　版	王　朋	
开　　本	185mm×260mm	
字　　数	230 千字	
印　　张	10.25	
版　　次	2019 年 12 月第 1 版	
印　　次	2019 年 12 月第 1 次印刷	
出　　版	吉林科学技术出版社	
发　　行	吉林科学技术出版社	
地　　址	长春市福祉大路 5788 号出版集团 A 座	
邮　　编	130118	

发行部电话 / 传真　0431—81629529　　81629530　　81629531
　　　　　　　　　　　81629532　　81629533　　81629534

储运部电话　0431—86059116

编辑部电话　0431—81629517

网　　址	www.jlstp.net
印　　刷	北京宝莲鸿图科技有限公司
书　　号	ISBN 978-7-5578-6539-9
定　　价	53.00 元

前　言

　　禾草内普遍存在着内生真菌，但是由于这些内生真菌生活在没有外在感染症状的健康植物组织内部，所以内生真菌的存在和作用长期以来被忽视。直到 20 世纪 30 年代，发现造成畜牧业重大损失是由于牲畜食了感染内生真菌的牧草，这才开始对内生真菌的深入研究。1886 年，德国科学家 Barry 首先提出了内生真菌一词 "endophyte"（李能章 彭远义 2004）。Carrol 在 1986 年将内生真菌阐述为生活在地上部分、活的植物组织内不引起明显症状的微生物。1991 年，Petrini 提出内生真菌是指生活史的一定阶段生活在活体植物组织内不引起植物明显病害的微生物。

　　截止目前，国内外对禾草内生真菌的研究取得了许多新的突破。为了紧跟时代发展，更好地将研究成果应用于畜牧业、种植业等相关产业中，我们对禾草内生真菌进行了深入的研究，其中包括禾草内生真菌的研究、分离过内生真菌的植物种类、禾草内生真菌种类等内容。

　　本书语言简练，内容安排精巧，系统地研究了禾草内生真菌的研究与应用，对于该领域的研究具有一定的借鉴意义。由于作者水平有限，时间仓促，书中不足之处在所难免，望各位读者、专家不吝赐教。

目　录

第一章 禾草内生真菌的研究

1 内生真菌的发现和定义

1992 年 Kleopper 等认为禾草内生真菌是指能够定殖在植物细胞间隙或细胞内，并与寄主植物建立和谐联合关系的一类微生物，并首次提出"植物内生细菌"的概念，他认为能在植物体内定殖的致病菌和菌根菌不属于内生真菌（何红 邱思鑫 胡方平 关雄 2004）。1997 年 Hallmann 对植物内生细菌的概念进行补充，认为植物内生细菌是从表面消毒组织中分离得到或从植物内生细菌是从表面消毒的植物组织中分离得到或从植物内部汁液获得的，并对植物表观上无危害及明显症状的，但它们的存在并未使植物的表型特征和功能有任何改变的细菌（Hallmann J Kleopper J W Rodriguez-Kabana R 1997）。

目前，较被公认的定义为：指那些在其生活史的一定阶段或者全部阶段生活于健康植物的各种组织和器官内部的真菌或者细菌，被感染的宿主植物（至少是暂时）不表现出外在症状。可以理解为禾草内生真菌为植物组织内的正常菌群，是植物微生态系统中的天然组成成分，它们不仅包括了互惠共利的和中性的内生共生微生物，也包括了那些潜伏在宿主体内的病原微生物。可以通过组织学方法或从严格表面消毒的植物组织和汁液中分离获得，或从植物组织内直接扩增出微生物 DNA 的方法来证明内生真菌的存在。现在内生真菌的概念是一个生态学概念，而非分类学单位。目前，内生真菌泛指一切生活在植物体内的腐生，寄生和共生的真菌、细菌、放线菌等微生物。

2 内生真菌的研究现状

2.1 内生真菌的生物多样性

内生真菌分布广，广泛分布于低等和高等植物，目前已从几百种禾本科植物，上千种双子叶，单子叶植物中分离到内生真菌（姜怡 杨颖 陈华红 2005）。其中研究较多的植物有牧草，棉花，小麦，高粱，马铃薯，玉米，甘蔗，甜菜，黄瓜，水稻，柠檬等。内生真菌几乎存在于植物的所有组织中，不仅存在于植物的根、茎、叶、花、果、胚、种子中，研究发现内生真菌还存在于植物的根瘤中，1997 年，Sturz 等从红三叶草根、茎、叶及根瘤中分离到内生细菌（SturL A V Christie B R Matheson B G 1997）。

内生真菌的种类也十分繁多，包括内生细菌、内生真菌和内生放线菌。1948 年 Tervet

和 Hollis 首次用热处理和纯培养的方法分离马铃薯、胡萝卜、红甜菜和甘蓝贮藏器官的内生细菌，证明了植物体内生细菌是一个混杂的细菌群，同时对这两个细菌群的进行初步鉴定（Tervet I W Hollis J P 1948）。目前在各种农作物及果树等经济作物中发现的内生细菌以超过 129 种率属于 54 个属（Tervet I W Hollis J P 1999），这些内生细菌大多为土壤微生物，主要为假单胞菌属（*Pseudomonas*）、芽孢杆菌属（*Bacillus*）、肠杆菌属（*Enterobacter*）、土壤杆菌属（*Agrobacterium*）等（Zou W X1993），另外还发现了一些内生细菌新的分类单位，如金杆菌属（*Aureobacterium.sp*）的一个种、栖稻黄色单胞菌（*Flavimonas oryzihabitans*），人苍白杆菌（*Ochrobatrum arthropi*）等（杨海莲 孙晓璐 宋未 1998）；内生放线菌主要有弗兰克氏菌属和红球菌属等 25 个属（陈华红 唐蜀昆 徐丽华 2006）；而目前研究过的植物，都可以分离到内生真菌（王跃强 谭周进 周清明 2006），这些内生真菌属于子囊菌类（*Ascomycetes*），包括核菌纲（*Pyrenomyetes*）盘菌纲（*Discomyetes*）和腔菌纲（*Loculoascomyetes*）的许多种类以及他们的一些衍生菌（黎万 胡之璧 2005）。

表 1　常见植物内生细菌种类及其在宿主中的存在部位

Table 1 Common endophy bacteria species and their colonizing sites in hosts

寄主植物 Host plant	存在部位 Tissue colonized	内生细菌 Endophytic bacteria	参考文献 References
水稻 Oryza sativa	种子 Seed	*Acidovorax sp.*，*Bacillus pumilus*，*Bacillus subtilis*，*Methylobacterium aquaticum*，*Micrococcus luteus*，*Paenibacillus amylolyticus*，*Pantoea ananatis*，*Sphingomonas melonis*，*Sphingomonas yabuuchiaw*，*Xanthomonas translucens*，	Mano H F，Tananaka A，Watanabe H，et al 2006
水稻 Oryza sativa	茎杆 Stem	*Agrobacterium vitis*，*Azorhizobium caulinodans*，*Azospirillum sp.*，*Bacillus megaterium*，*Bacillus subtilis*，*Pseudomonas eepacia*，	Elvira-Recuenco M.，Vuurde J W L 2000
水稻 Oryza sativa	根、茎、叶 root、stem、leaf	*Klebsiella sp.*，*Azoarcus sp.*，*Serratia marcescens*，*Methylobacterium sp.*，*Herbaspirillum seropedicae*，	Mano Hironobu，Tanaka Fumiko，Watanabe Asuka，et al 2006
水稻 Oryza sativa	种子 seed	*Paenibacillus sp.*，*Acidovorax Pantoea*，*Stenotrophomonas sp.*，*Rhizobium sp.*，*Bacillus sp.*，*Curtobacterium sp.*，*Methylobacterium sp.*，*Sphingomonas sp.*，*Xanthomonas sp.*，*Micrococcus sp.*，	Anil K，Subhash C.，et al 2006

寄主植物 Host plant	存在部位 Tissue colonized	内生细菌 Endophylic bacteria	参考文献 References
玉米 Cotton	种子、根、叶、茎 seed、root、leaf、stem	*Bacillus sp.*，*Xanthomonas sp.*，*Pseudomonas sp.*，*Erwinia sp.*，*Curtobacterium sp.*，	罗明，芦云，张祥林 2004
甜菜 Sugar beet	叶、根 leaf、root	*Pseudomonas fluorescens*，*Bacillus flexus*，*Pseudomonas fulva*，*Bacillus pumilus*，*Paenibacillus Polymyxa*，*Chryseobacterium indologene*，*Enterococcus faecalis*，*Alternaria alternate*，*Fusarium oxysporum*，*Pythium aphanidermatum*，*Penicillium expansum*，*Plectosphaerella cucumerina*，*Phoma betae*，*Streptomyces griseofuscus*，*Streptomyces globisporus*，	Yingwu Shi，Kai Lou，Chun Li 2009
玉米和甜玉米 Corn and sweet corn	根、茎 root、stem	*Burkholderia pickettii*，*Enterobacter sp.*，*Bacillus megaterium*，	Mcinroy J A，Kloepper J W 1995
马铃薯 Potato	茎、根 stem、root	*Pseudomonas spp. Agrobacterium radiobacter*，*Stenotrophomonas maltophilia*，*Flavobacterium resinovorans*，*Stenotrophomonas maltophilia*，*Bacillus sp.*，*Sphingomonas paucimobilis*，	Garbeva P，Overbeek LS，Vuurde JW，Elsas JD 2001
马铃薯 sweet potato （Ipomoea batatas）	块茎 stem	*Enterobacter sp.*，*Rahnella sp.*，*Rhodanobacter sp.*，*Pseudomonas sp.*，*Stenotrophomonas sp.*，*Xanthomonas sp.*，*Phyllobacterium sp.*，	Zareen Khan，Sharon L 2009
马铃薯 sweet potato	块茎 stem	*Enterobacter asburiae*，*Pantoea agglomerans*，	Asis C A，Adach K 2004
三叶草 Red clover （Trifolium pretense）	叶柄、根尖、节间 foliage、tap root、nodule	*Pantoea agglomerans*，*Agrobacterium rhizogenes*，*R. leguminosarum*，*Bacillus megaterium*，*Bordetella avium*，*Curtobacterium luteum*，	Stur L A V，Christie B R，Matheson B G，et al 1997
碗豆 Pea	茎 stem	*Pantoea agglomerans*，*Pseudomonas fluorescens*，*Pseudomonas viridiflava*，*Bacillus megaterium*，	Elvira-Recuenco M，Vuurde J W L 2000
玉米 Maize	茎、根 stem、root	*Pseudomonas syringae*，*Xanthononas sp.*，*Bacillus sp.*，	Bressan W，Borges M T 2004

寄主植物 Host plant	存在部位 Tissue colonized	内生细菌 Endophytic bacteria	参考文献 References
香蕉 Bannana	根、假茎、叶 root, pseudo-stem, petiole, leave.	*Bacillus sp.*, *Brevibacterium sp.*, *Alcaligenes sp.*, *Burkholderia sp.*,	付业勤 蔡吉苗 刘 先宝 黄贵修 2007
葡萄 Grapevine	茎 stem	*Clavibacter sp.*, *Curtobacterium sp.*, *Enterbacter sp.*, *Klebsiella sp.*, *Pseudomonas sp.*, *Pantoea sp.*, *Rhodococcus sp.*, *Xanthomonas sp.*	Bell CR, Dickie GA, Harvey WLG 1995
大豆 Soybean	茎、根、节结 stem、root、nodule	*Deinococcus radiophilus*, *Staphylococcus lentus*, *Bacillus racemilacticus*, *Clavibacter michiganensis*, *Leuconostoc fallax*, *Bacillus fastidiosus*, *Tsukamurella inchonensis*, *Bacillus fastidiouss*, *Bacillus laevolacticus*,	Pham Quang Hungl and K. Annapurna 2004
龙眼 Longyan	果实 fruit	*Enterobacter sp.*, *Pectobacterium sp.*, *Kluyvera sp.*, *Salmonella sp.*,	朱育菁，王秋红，刘波等 2008
紫花苜蓿 Alfalfa	根 root	*Pseudomonas sp.*, *Erwinia sp*	Gagne S, Richard C, Rousseau H, Antoun H 1987
甘草 Glycyrrhiza	茎、根、叶 stem, root, leaf	*Bacillus sp.*, *Pseudomonas sp.*, *Pantoea sp.*, *Serratia sp.*,	张敏，沈德龙，饶小莉等 2008
农作物和牧场作物 Agronomic Crops and Prairie Plants	root, stem, leaf 根、茎、叶	*Pseudomonas aureofaciens Bacillus subtilis.*, *Erwinia sp.*, *ClSavibacter xyli subs*, *. Cynodontis sp.*, *Enterobacter cloacae*, *Burkholderia cepacia*, *Microbacterium Cellulomonas*, *Clavibacter michiganensis*, *M. testaceum*, *Curtobacterium flaccumfaciens*, *Rhizobium sp.*, *Clavibacter michiganensis*, *Curtobacterium citreum*, *Curtobacterium luteum*,	Denise KZ, Pat L, Anne K. et al 2002
药科植物和农作物 medicinal plants and agricultural crops	stem, root 茎、根	*Bacillus sp.*, *Pseudomonas fluorescens*,	Sathyanarayana N, Saligrama A, Kesrur N, et al 2007

寄主植物 Host plant	存在部位 Tissue colonized	内生细菌 Endophytic bacteria	参考文献 References
柑橘属作物 Citrus Plants	树枝 branch	*Bacillus pumilus*，*Curtobacterium flaccumfaciens*，*Enterobacter cloacae*，*Methylobacterium sp.*，*Nocardia sp.*，*Pantoea agglomerans*，*Xanthomonas campestris*，	Welington L,Ara JM, Walter M，et al 2002
茄科作物 Solanum nigrum	root，stem leaf 根、茎、叶	*Pseudomonas sp*，*Acinetobacter*，*Pantoea sp.*，*Agrobacterium sp.*，*Aeromonas sp.*，*Agrobacterium tumefaciens*，	Hoang HL，Dominik D. S，Ian T. B　2008
黄瓜 Cucumber	种子、苗 seed、 seedding	*Bacillus sp.*，*Agrobacterium sp.*，*Xanthomonas sp.*，*Pseudomonas sp.*，*Erwinia sp.*，*Curtobacterium sp.*，	田雪亮，单长卷 2006
甜菜 Sugarcane	根、茎 root、stem	*Burkholderia sp.*，*Pantoea sp.*，*Pseudomonas sp.*，*Microbacterium sp.*，*Burkholderia cepacia*	Rodrigo M，Aline A. Et al2007
大豆 Bean （Phaseolus vulgaris L）	根 root	*Bacillus. Vallismortis*，*B. atrophaeus*，*B. mojavensis*，*B. subtilis*，*B. weihenstephanensis*，*B. mycoides*，*B. thuringiensis*，*B. carboniphilus*，*B. psychrosacharolyticus*，*B. marinus*，	Tee K.D，Bai Y，Smith D.，et al 2005

表 2　内生真菌及其宿主植物
Table 2 Endophytic Fungi and Host Plants

寄主植物 Host plants	内生真菌 Endophyte fungi	参考文献 Reference
红豆杉 Taxus wallachiana	*Pestalotiopsis microspora*，	Gary Strobel　Xianshu Yang　et al 1996
高羊茅 Festuca arundinacea Schreb	*Neotyphodium coenophialum*，	L. Pecetti　M. Romani　et al 2008
L. arundinaceum	*Neotyphodium sp.*，	Susan Marks，Keith Clay　2007
棕榈科（巴西莓） Palm（Euterpe oleracea）	*Xylaria cubensis*， *Letendraeopsis palmarum*，	Katia Ferreira　Rodrigues 2004

寄主植物 Host plants	内生真菌 Endophyte fungi	参考文献 Reference
香蕉 Banana	*Fusarium*，*Acremonium*，*Verticillium sp.*，*Trichoderma sp.*，	Pocasangre L，Sikora RA，et al 2000
可可树 Cacao （Theobroma cacao L.）	*Acremonium*，*Blastomyces*，*Botryosphaeria sp.*，*Cladosporium sp.*，*Colletotrichum sp..*，*Cordyceps sp.*，*Diaporthe sp.*，*Fusarium sp.*，*Geotrichum sp.*，*Gibberella sp.*，*Gliocladium sp.*，*Lasiodiplodia sp.*，*Monilochoetes sp.*，*Nectria sp.*，*Pestalotiopsis sp.*，*Phomopsis sp.*，*Pleurotus sp.*，*Pseudofusarium sp.*，*Rhizopycnis sp.*，*Syncephalastrum sp.*，*Trichoderma sp.*，*Verticillium sp.*，*Xylaria sp.*，	Marciano R．Rute T. et al 2005
药科植物 Medicinal plants	*Alternaria sp.*，	Radu，Son and Cheah，Yoke Kqueen 2002
白木香 Aquilaria sinensis	*Acremonium sp.*，	张秀环，梅文莉，戴好富 2009
滑桃树 Trewia nudiflora	*Fusarium sp.*，	杜芝芝，宋成芝，郁步竹，罗晓东 2008
芸香科 Aegle marmelos Correae （Rutaceae）	*Fusarium sp.*，*Aspergillus sp.*，*Alternaria sp.*，*Drechslera sp.*，*Rhizoctonia sp.*，*Curvularia sp.*，*Nigrospora sp.*，*Stenella sp.*，	S. K. Gond，V. C. Verma，A. Kumar，et al 2007
五针松 White pine （Pinus monticola）	*Bifusella linearis*，*Lophodermella arcuata*，*Meloderma desmazieresii*，	Rebecca J. G，Steven J. B，George N 2004
胡桃木 Walnuts	*Coniothyrium vitivora Mitura*，	翟梅枝，高智辉，徐文涛，王伟，李晓明 2008
牧草 Grass	*Neotyphodium sp.*，	Christopher L. Schardl，Adrian Leuchtmann，Martin J 2004
玉米 Maize（Zea mays L.），	*Aureobasidium pullulans var*，*Melanigerum sp.*，	P. J. Fisher，O. Petrini，H. M. Lappin Scott 1994
云南美登木 Maytenus hookeri	*Mycelia sterilia*，*Chaetomium sp.*，*Ovulariopsis sp.*，*Chrysosporium sp.*，*Monilia sp.*，	王海坤 2004

寄主植物 Host plants	内生真菌 Endophyte fungi	参考文献 Reference
龙血树和白木香 Dracaena cambodiana and Aquilaria sinensis	*Fusarium sp.*，*Mycelia sterilia sp.*，*Ovulariopsis sp.*，*Penicillium sp.*，*Cladosporium edgeworthrae*，*Colletotrichum sp.*，*Epicoccum sp.*，*Fusarium oxysporum*，*Pleospora sp.*，*Rhinocladiella sp.*，	Li-Juan Gong，Shun-Xing Guo 2009
甘肃棘豆 Oxytropis kansuensis	*Embellisia sp.*，	余永涛，王建华，赵清梅，等 2009
小花棘豆 Oxytropis glabra DC	*Embellisia sp.*，	卢萍，Dennis Child，赵萌莉，等 2009
羊茅属 Fescue（Festuca arundinacea）	*Acremoniun coenophialum*，	Hironori Koga，Takao Tsukiboshi，Tsutomu Uematsu 1995
东北红豆杉 Taxus cuspidata Sieb	*Eurotium amstelodomi Mgngin*，*Eurotium repens de Bary*，*Botrytis sp.*，*Penicillium citrinum Thom*，*Epicoccum nigrium LinK*，*Fusarium sp.*，	XIANG Yong，LUAn-guo，WUWen-fang 2003
大豆 Boybean	*Alternaria alternata*，*Glomerella Cingulata*，	S. Larran，C. Rollán，H. Bruno et al 2002
松科 Pine（Pinus sylvestris L.）	*Hormonema dematioides*，*Rhodotorula minuta*，	A. M. Pirttilä，H. Pospiech，H. Laukkanen，et al 2003

2.2　内生真菌的动力学研究

内生真菌的动力学研究主要包括内生真菌在植物体内定殖，分布和运动方面的研究。植物内生细菌一旦进入植物体内就寻找适于自己生存的植物组织定殖下来，而不是在整个植物体内的各组织间到处扩散。1986 年，Jacobs 等应用血清学技术结合电镜观察，研究发现甜菜生细菌时存在于植物的薄壁组织细胞间隙（Jacobs M J 1985）。Ruppel S et al 用 ELISA 方法在电镜下看到固氮菌 *Pantoea agglomerans* 存在于小麦茎组织的细胞间隙。我国学者杨海莲对水稻内生真菌在植株中定殖规律研究发现，GFP 标记的 *Herbaspirillum sp* B501 菌株再接种种子后可以用荧光显微镜下观察到其定殖在水稻苗的种子和根部，通过荧光和电境观察菌株 *Herbaspirillum，sp* B501 主要定殖在叶片的细胞间隙中。Dong Z et al 在研究甜菜内内生真菌时也得到一样的结论。但也有些研究表明，内生细菌也可定殖于细胞内（刘云霞 张青文 周明样 1996；王平 胡正嘉 李阜棣 1996），细胞内定殖在功能上具有更重要的意义。另外，刘云霞在研究水稻内生细菌时，发现内生细菌伴随着线粒体生存在细胞质内（刘云霞 张青文 周明样 1996）。

而金玲在研究小麦有害内生细菌时，发现内生细菌大多在细胞间隙，但有些可穿过细胞壁进入到细胞内（金玲 巴峰 计生平 1996）。研究表明植物内生细菌可以定殖于植物的维管束组织，木质部的表皮细胞，细胞间隙，细胞质中。内生细菌可以很容易地穿过植物皮层进入木质部导管中，随着植物的生长可以将内生细菌运送到植物上部营养器官或繁殖器官中。有些内生细菌定殖在植物种子内，成为"种生内生细菌"，他们成为下一代植物新植株内生细菌的重要来源。

不同植物，其内生细菌种群组成不相同。马冠华等研究表明，烟草根、茎、叶中的内生细菌菌量变化趋势与甜玉米和棉花相同：根最多，茎次之，叶最少；而与水稻的根最多，叶次之，茎最少的规律不同（马冠华，肖崇刚 2004）。同一植株的不同器官，内生细菌群落结构也不同，Fisher et al 研究发现，内生细菌在植株体内的分布通常下部组织多于上部组织，越往植株顶部，内生细菌越少（Fisher P J Pertini O Scott H M 1992）。McInro 和 Kloepper 等也发现植物根和其它地下组织内生细菌的数量比地上部多（Mcinroy J A Kloepper J W 1995；Kleopper J W Schipper B Bakker P A H M 1992）。因此，有很多学者认为内生细菌多是从植物根部进入到植物体内的，如刘云霞从生态学、形态学两方面验证了内生细菌由根部进入植物体内（刘云霞 张青文 周明样 1999）。但 Boer 和 Copeman 研究却发现，马铃薯茎组织内生细菌要比块茎多（DeBoer S H Copeman R J 1974）。随着植株的生长发育，内生细菌的种群也在发生变化，高增贵等研究发现，不同生育期的棉花其内生细菌存在很大的差异（高增贵 庄敬华 陈捷 2004）。

植物内生细菌具有一定的运动性，运动不仅有利于定殖作用，而且可以使内生细菌及时躲开来自于外环境的生存压力等。蔡学清等研究了辣椒内生细菌 BS-1 和 BS-2 在辣椒、白菜体内的定殖动态，发现 BS-1 和 BS-2 在辣椒体内通过维管束（木质部）进行传导的（蔡学清 2003）。研究内生真菌 Erwinia sp. 在棉花组织内动态变化规律时，发现其可从根、茎到达未开的花和棉铃中（邹文欣 谭仁祥 2001）。发现 *Pseudomonas aureofacie* 具有运动性，可以从棉花的根部向上移动并侵染到气生组织内（朱凤 陈夕军 2007）。

3　禾草内生真菌研究方法进展

3.1　禾草内生真菌的分离

内生真菌的分离首先需依分离目的选择好宿主植物，如要分离有抗稻瘟病的内生真菌，最好选择抗稻瘟病水稻品种；如果要选择对污染物有降解作用的内生真菌，可以选择生长在有污染物环境下的植物，这样可以减少工作量，避免随机筛选带来的繁重工作。另外内生真菌分离工作的另一个关键的工作就是表面消毒技术。一般采用升汞，75% 酒精，次氯酸钠等消毒剂来消毒，但是消毒时间的长短会导致分离到内生真菌数量于实际的含量有较大出入。消毒好的植物经过研磨，获取植物汁液，进行涂板来获得内生真菌，但是研磨比较费力费时，尤其是多年生的木本植物的木质部，植物的根、茎，研磨都比较困难，现在都采用真空和压力抽提技术，该方法简便，省时，能够把内生真菌相对完全的提取出来，目前已在葡萄藤，柑桔木质部液，棉花根部汁液提取上成功应用（Bell CR Dickie GA 1995；Gardner J M Feldman A W Zablotowicz R M 1982；Hallmann J Kleopper J W Rodriguez-Kabana R 1997）。

3.2 禾草内生真菌的检测

检测引入内生真菌在植物体内的定殖动态变化最常规的方法是抗药性标记法，通过目标细菌的自发突变或诱变，筛选出抗高浓度抗生素的突变体，再以此位标记株进行回收检测。常用的抗生素有利福平，链霉素等。蔡学清利用双抗标记成功的定了枯草芽胞杆菌 BS-2 和 BS-1 在辣椒体内的定殖动态（蔡学清 2003）。吴蔼民等用抗利福平标记法，对来自棉花的内生真菌 73a 在不同抗性棉花品种体内的定殖消长动态进行了研究。除了抗药性标记法外，用的比较多的免疫学方法，利用抗原与相应抗体发生特异性反应，来同其它微生物相区别，主要有酶联免疫吸附法（ELISA），荧光抗体技术，Western 印迹，用免疫胶体金对目标菌标记提高检测的精确率（Ruppel S Remus R et al 1992；Ruppel S et al 1991；Quadt-Hallmann A Kloepper J W 1996；Dong Z Cannym J Mccullym E et al 1994）；同时免疫学方法还可以结合有电镜技术、活体染色技术和发射自显影技术，来迅速检测植物组织内的内生真菌及其总量，包括那些不可培养的微生物，Bell 等人运用活体染色技术检测到葡萄藤木质部中有内生细菌（Bell CR Dickie GA 1995），Patriquin 和 Dobereiner 也利用该技术检测到玉米根部大量的内生细菌（Patriquin DG Döbereiner J 1978）。You 等人发现经（NH4）2SO4 标记的内生细菌接种于植物后能用质谱测定法或放射自显影术检测到（You C Zhou F 1989）。

随着分子生物学的方法，基因标记法在内生真菌检测定殖中也应用广泛，尤其是 GFP 的应用，使内生真菌的检测更加快捷，Ramos 等运用 gfp 和 gusA 基因联合标记的方法研究了 *Azospirillum brasilense* 在小麦根部的定殖情况（Ramos HJ O Roncato-Maccari LDB Souza EM 2002）；另外核酸杂交技术也是内生真菌定位研究常用的一种方法，即用特异性的 DNA 或者 RNA 序列作为核酸探针或者通过 PCR 技术检测内生定殖微生物，例如利用菌株 rRNA 含量的不同，通过荧光探针原位杂交所显示荧光信号的强弱即可估计细菌的生理活性（De Boer SH Ward LJ 1995）。由于宿主植物生活环境多样性以及内生真菌与宿主植物关系的复杂性，有关内生真菌在植物内定殖和分布的研究现在都是采用几种方法相结合来研究。

3.3 禾草内生真菌鉴定及其多样性研究

传统微生物的鉴定方法是以其形态学或者生理生化特征为依据的表型分类法来鉴定的，但是受主观因素的影响大，而且鉴定工作繁琐，工作量大，在国外单凭表型分类法进行鉴定的分类流程也越来越不被采用。随着细胞学，遗传学，分子生物学等学科的发展和相互渗透，发展起来了化学鉴定，数值分类法和分子生物学技术等先进的微生物鉴定方法。限制性片段长度多态性分析、随机扩增多态性 DNA、变性梯度凝胶电泳、16S rRNA 序列分析等（Liu L Kloepper J W Tuzun S 1995；Muyzer Q D Waal E C Uitterlinden AU 1995；Smalla K et al 2001；Berg G et al 2005），这些方法从分子水平对微生物进行分类与鉴定，从遗传进化的角度去认识细菌，通过对细菌染色体进行直接的脱氧核糖核酸分析或染色体外的脱氧核糖核酸片段进行分析，使内生真菌的鉴定更加准确。Hironobu mano 和 Hisao morisaki 对从水稻的各个组织中共分离到 30 株细菌，进 SSUrRNA 序列分析得到这 30 株内生细菌属于这 6 大类（*Bacillus pumilus*、*Curtobacterium sp*、*Mehtylobacterium aquaticum*、*Sphingomonas yabuuchiae*、*Sphingomona melonis*、*Pantoea ananatis*）（郭向荣 张蜀秋 Jiang Lu 2003）。郭向荣等成功利用 PCR 检测到葡萄木质部液中皮尔斯病菌病原细菌（Hironobu mano Hisao morisaki 2008）。近年来利用 16S rRNA 序列分析和微生物非培养法研究方法相结合应用于内生真菌多样性的研究中，大大克服了传统培养方法的缺欠，为检测植物内生细菌种群多样性提供了更有效的手段（Krechel A Faupel A Hallmann J 2002；Reiter B Pfeifer U Schwab H 2002）。如 2001 年，Garbeva 通过变性梯度凝胶电泳（DGGE）和传统的培养方法相结合分析了马铃薯内生细菌的群落结构多样性（Garbeva P van Overbeek LS van Vuurde JWL 2001）。2002 年 Sessitsch 等用 TRFLP 和 DGGE 技术相结合分析了不同马铃薯品种内生细菌的多样性（Sessitsch A Reiter B Pfeifer U 2002）。

3.4 内生真菌作为外源基因载体

随着现代分子生物学技术的发展，一些研究者以禾草内生真菌为受体构建植物内生防病或杀虫工程菌，再将其引入植物体内，使植物起到与转基因防病杀虫植物相同或类似的作用，达到生物防治的目的。2000 年，Dowring 等就在从苹果苗中分离出的内生真菌 *Pseudomonesa fluorescens* 中转入抗病 chiA 基因，再把这种携带的 chiA 基因的内生真菌接种到豆苗中，可以防治豆苗病原真菌 *Rhizoctomia solani*，他们还在甘蔗内生真菌中转入抗虫基因 cry1AC7 基因，回接甘蔗，可以防治甘蔗钻心虫 *Eldana saccharina*（Dowing KJ Thomson JA 2000）。美国 CGI 公司以内生细菌—木质棒形杆菌犬齿亚种（*Clavibacter xyli subsp.cyndontis*）为载体，将 BT 杀虫基因整合到染色体上构建杀虫工程细菌，这种杀虫工程菌从 1988 年开始已在美国 4 个州 12 个玉米杂交品种上进行大田试验，可使虫害损失率减轻 26% — 72%。刘云霞等用水稻体内优势细菌巨大芽胞杆菌（*Bacillus.megaterium*）为载体，构建了具有防水稻二化螟活性的工程菌（刘云霞 张青文 周明样 1999）。Maffee 等用棉花内生细菌作载体，转移 BT 基因，构建了具有防治棉花蚜虫和玉米茎蛀虫活性的工程菌（Mahaffee WF Kloepper JW Van Vuurde JWL1994）。

4　禾草内生真菌的应用

4.1　禾草内生真菌在农业生产上的应用

研究表明禾草内生真菌对病原菌有抑制作用，在农业中主要用于生物防治。吴蔼民等报道了内生真菌 73a 和 Ala 对棉花黄萎病的田间防效及增产作用（吴蔼民 顾本康 付正擎 2000）。田宏先等报道了马铃薯组织内生真菌对马铃薯茎基腐病的田间防治及增产作用（田宏先等，2000）。Hinton 等通过试验证明，玉米内生阴沟杆菌（*Enterobactercloacae*）作为种子保护剂，能有效防治玉米病害（Hinton D M，Bacon C W 1995）。夏正俊等已从棉株分离并用抗菌素标记证明该内生细菌对棉花枯萎病具有良好的防效（夏正俊 顾本康 吴蔼民 1997）。另外有报道内生真菌次生代谢物能够产生促进植物生长激素类物质或促进植物对营养物质的吸收来刺激植物生长。如张集慧等从兰科药用植物中分离出 5 种内生真菌，并从这些真菌发酵液和菌丝体中分别提取出 5 种植物激素，如赤霉素、吲哚乙酸、脱落酸等，它们对兰花的生长发育有较好的促进作用（张集慧 王春兰 郭顺星 1999）。内生真菌的次生代谢产物有杀虫特性。Daisy 等发现 *Muscodor vitigenus* 内生真菌产生的一些毒素，导致昆虫拒食，体重减轻，生长发育受抑制，甚至死亡率增加等，起到很好的杀虫作用（Daisy B H　Strobel G A　Castillo U 2002）。禾本科禾草内生真菌产生的有机胺类、吡咯里西啶类、双吡咯烷类、吲哚双萜类等 4 大类多达 10 种的生物碱，对线虫和大多数食草昆虫具有较强的毒性（李强 刘军 周东坡 朱婧 2006）。内生真菌不仅可以产生抗生素，毒素等物质外，内生真菌还可以与病原菌形成营养竞争的对抗关系，使病原菌因得不到正常的营养供给而消亡。内生真菌可以增强宿主抗逆性的原因有：（1）有些禾草内生真菌与病原菌具有相同的生态位，并与之竞争空间，来增强宿主抵御病害的能力；（2）禾草内生真菌能够诱导植物产生系统抗性（ISR）。国内外利用内生真菌增强宿主植物抗逆境、抗病虫害等作用，对植物施用禾草内生真菌产生的抗菌剂、抗虫剂，既减少了化学农药对环境的污染，又保证了植物产品的品质。

4.2　禾草内生真菌在医药上的应用

研究表明内生真菌代谢产物有抗肿瘤活性，抗生素活性，抗菌，抗病毒等作用。Gary 和 Strobel 等从欧洲红豆杉中分离到内生真菌 *Acremonium sp.* 能产生一系列抗真菌、抗癌的肽类活性物质，其中白灰制菌素（1eucinostatin）A 在 1μmol/L 的浓度下就能够对人类的一些肿瘤细胞起到很好的抑制作用（Gary A　Strobel W　Hess M 1997）。Strobel 研究小组从卫矛科著名药用植物雷公藤中分离到的内生真菌（*Cryptosporiopsis cf.quercina*）能产生一种新型环肽抗生素 cryptocandin，对癣菌及白色念珠菌等人类病原真菌具有强烈抑杀作用，其 MIC 与临床应用的抗真菌药两性霉素 B（amphotericinB）相当，具良好开发前景（Strobel G A　Miller R V　Miller C 1999）。Castillo 等发现 *K.nigriscans* 的一株内生链霉菌能够产生一类活性多肽 Munumbicins，这类多肽不仅具有广谱的抗菌活性，而且对有耐药性的病原菌、寄生虫有很好的抑制作用（Castillo U Gary AS Ford E J 2002）。利用内生真菌的次生代谢物质开发新的药物将是今后医药方面的研究方向。

另外发现内生真菌可以降解环境污染物的功能，如珠江入海口的红树的内生真菌，能清除工业废水中的有害物质，起到净化海水的作用。有研究表明某些植物内生细菌能够降解三硝基甲苯（Siciliano S D Fortin N Mihoc A 2001），Barac 等人的研究也表明植物某些内生真菌能够降解甲苯，并且能使其宿主植物产生对甲苯的抗性，这就使利用微生物接种植物进行环境修复提供了可能（Barae T Daniel VDL 2004）。禾草内生真菌为环境污染治理注入了新的血液，但相关研究还刚开始，有待于进一步深入。

5 展望和问题

尽管目前内生真菌的生物学特性方面的研究已经取得了重大的成就，但是还存在不少问题，由于内生真菌生活在植物这一特定的微生物境内，植物不同，环境不同，其要求的生活环境和营养条件也不同，现在没有一种理想的培养方法可以检测到所有的内生真菌。另外有很多的内生真菌都是非可培养的，所以寻找一个切实可行的内生真菌检测方法对于内生真菌生物学和生态学研究尤为重要。

在内生真菌多样性研究上，由于研究条件和技术方法的限制，对内生真菌多样性的研究还很少，结论多不是很全面，但是 DGGE 等微生物非培养研究方法在禾草内生真菌多样性研究中的成功运用，为我们开辟了禾草内生真菌多样性研究另外一个思路：可以借鉴微生物非培养研究方法，如磷脂脂肪酸法（PLFAs）等，但是要进行进一步改进，这些将是未来内生真菌多样性方面研究的新方法。

对内生真菌开发应用方面，也存在诸多不足之处，因为内生真菌有有双重特性，有拮抗性也有致病性，所以除了对开展内生真菌在病虫害方面的开发和应用外，还要考虑其病理学上的特性。同时禾草内生真菌本身是一个生物活体，田间环境和植物体微生态环境中的许多因子都会影响内生真菌防病作用的发挥，影响其稳定性，因此在利用内生真菌进行大田防病是，必须考虑它的生态学，病理学和形态学等方面的影响。

总的来说，内生真菌的生境特殊性决定了内生真菌既有理论研究的广度和深的，又有多方面的应用潜力，是个潜力巨大，尚待开发的微生物新资源。随着分子生物学，生物化学和微生态学的发展，对内生真菌的研究将更深入，内生真菌在农业，医疗等方面的发挥的作用将更大。

第二章　分离过内生真菌的植物种类

白网纹草

本试验以月季、白网纹草、一品红为材料，对其内生真菌分离并进行一系列的生化特征鉴定试验及生长曲线测定试验、不同温度下菌株的生长情况试验等，经查阅《常见细菌鉴定手册》，可初步确定月季的内生真菌属欧文氏菌属（*Erwinia winsloetal*，1920），白网纹草的内生真菌属类芽孢杆菌属（Paenibacillus Ash，Priest & collin，1994），一品红的内生真菌属短芽孢杆菌属（*Brevibacillus Shida*，1996）。（李艳梅 李小六 陈超 王桂兰 武江英，2005）。

百喜草

用 3.0 和 25.0k Gy 剂量的 ^60Co γ 射线分别对供试土壤进行了辐照处理，以区分土壤中的内生真菌根菌和其他土壤微生物；并以未经辐照处理的土壤为对照研究了土壤微生物对黑麦草和百喜草吸收 ^89Sr 的影响。结果表明：在对照土壤中黑麦草和百喜草根部内生真菌根的侵染率分别为48.0%和28.0%，说明两种草均易与内生真菌根菌形成内生真菌根。尽管内生真菌根菌和其他土壤微生物对黑麦草和百喜草的地上部分生物量没有明显影响，但它们都不同程度地降低了两种草对 ^89Sr 的吸收。（钟伟良 刘可星，2006）。

半边旗

本文对从凤尾蕨（*Pteris multifida Poir*）、狗脊（*Cibotiumbarometz*）、半边旗（*Pterissemipinnata*）中分离得到的内生真菌及其发酵液进行了抑菌研究，结果表明蕨类植物内生真菌只对细菌病原菌有明显抑制作用。（王萍兰 刘志杰 李顺举 王艳波 陈晔，2007）。

半夏

从健康无病害的半夏（*Pinellia tertlate*）根、茎、叶和花组织中分离获得内生真菌共计 6I 株，对其进行形态学鉴定后，针对不产孢的菌株，测定了 ITS rDNA 序列以进行分子鉴定。分离到的内生真菌分别来自 11 个属，以半知菌为主要群落，其中 *Hyphomyeetes*，*Zygomyeetes* 和 *Coelomycetes* 的比例分别为 62.2%，18.1% 和 8.2%；镰刀菌属（*Fusarium spp.*）是半夏植物中分离率最高（6%）的属，其余主要优势属为 *Ahernaria*，*Mucor*，*Epicoccum*，*Mortierella* 和 *Plectosphaerella*。研究表明：从半夏球茎组织中分离到的内生真菌数量多于其他组织：（苏昊 [1，2，3] 康冀川 [1，2，3] 何劲 [1，3] 曹晋，2009）。

蓖麻

从健康的野生蓖麻及栽培蓖麻茎、叶中分离出 36 个审生细菌菌株。研究结果表明蓖麻内存在具有多种生物效应的内生真菌，烟草过敏性反应和半叶接种法测定结果表明有 6 个菌株具有潜在致病性；有 12 个菌株对试验的 6 个病原真菌存在不同程度的拮抗作用；3 个菌株可刺激蓖麻生长，但有 2 个菌株抑制蓖麻种子发芽，5 个菌株抑制蓖麻生长。试验筛选出对蓖麻幼苗具有防病促生作用的内生真菌株 Y33。（袁红旭 周锦兰 郑向华 周立赖，2005）。

臂形草

进行了臂形草内生真菌特异 DNA 片段的克隆及分子鉴定方法的研究。从 5 个臂形草品种分离的 5 个内生真菌纯培养特中，提取基因组 DNA，通过 140 条随机引物的 RAPD 分析，引物 OPAK10 扩增出 1 条约 500 bp 的共有 PCR 谱带。此 DNA 片段命名为 BE1。对 BE1 进行分离、纯化，经点杂交证实 BE1 为臂形草内生真菌特异 DNA 片段。进一步将 BE1 片段进行回收、克隆和 DNA 序列分析。BE1 在基因库中进行序列分析，未发现相关同源片段。臂形草内生真菌特异 DNA 片段的获得，为建立一种准确、快速检测臂形草内生真菌及特异内生真菌方法奠定了分子生物学基础。（黄贵修 YukaTakayama 等，2002）。对我国主要臂形草（*Brachiaria sp.*）种质内生真菌进行了活体检测、内生真菌分离纯化、抗性评价及其初步鉴定。

利用改良的苯胺蓝染色法对臂形草内生真菌活体检测结果发现，内生真菌广泛存在于供试的 9 个臂形草品种中；通过组织块培养法从供试材料叶片中分离获得内生真菌菌株 HND5；体外抗性分析实验结果表明，HND5 菌株对多种重要病原真菌具有明显的抑菌活性和较强的耐盐碱性；经初步鉴定，该菌株属于半知菌类（*FungiImperfecti*）从梗孢目（*Moniliales*）从梗孢科（*Monillaceae*）枝顶孢属（*Acremonium*）真菌。（郭志凯 王蓉 蔡吉苗 黄贵修，2007）。

草莓

4 种常用抗生素对'章姬'草莓内生真菌的抑制结果表明，卡那霉素（Kanamycin）不仅对内生真菌无抑制效果，还对试管苗的生长有毒害作用。头孢霉素（Cefotaxime）和羧苄青霉素（Carbenicillin）的抑菌效果不明显，但对试管苗生长有促进作用。青霉素 G 钠（Penicinlin Gsociium）对内生真菌抑制效果很好，尤其是当其浓度为 400mg/L 时抑菌率可达 100%，同时还对植株的生长有明显促进作用。（王梅 汤浩茹 刘淑芳 刘祥林 李靖，2005）。研究了几种常用抗生素对草莓章姬内生真菌的抑制效果。结果表明：卡那霉素（Kanamycin）仅对内生真菌无抑制效果，而且对植株有毒害作用；头孢霉素（Cefotaxime）和羧苄青霉素（Carbenicillin）的抑菌效果不明显，但对试管苗生长有促进作用；青霉素G 钠（Penicinllin Gsodium）浓度为 400mg/L 时抑菌率可这 100%，且对植株的生长有明显促进作用。（王梅 汤浩茹 刘淑芳 刘祥林 李靖，2005）。

茶叶

对采自福建宁德地区的大白毫和福云六号茶叶进行内生真菌的分离和脂肪酸鉴定。从 7 份样品中共分离到 16 株细菌、1 株真菌。老叶中均未检测到内生真菌，芽叶中内生真菌数量为 26.5×10^6-139.5×10^6cfu·g-1。有机种植的福云六号芽叶含菌量是大白毫的 1.94 倍。常规种植的大白毫芽叶含菌量为 97.5×10^6-139.5×10^6cfu·g-1，明显高于有机种植的 26.5×10^6-28.3×10^6cfu·g-1。大白毫带有红杆菌属、微杆菌属、根瘤菌属和贪噬菌属的内生细菌，福云六号仅含有根瘤菌属和贪噬菌属. 有 11 株茶叶内生真菌对 10 种供试病原菌表现出拮抗活性，其中放射根瘤菌 Eb659 菌株抑菌谱最广，具有作为生防菌防治植物病害的潜质.（朱育菁 陈璐 蓝江林 苏明星 刘波，2009）。茶树氮素利用效率相关生理生化指标初探；茶叶中叶绿素转化为脱镁叶绿素的速率与 pH 的关系；不同锰、硅浓度对茶树生长、锰吸收和过氧化物酶活性的影响；茶园土壤中碳、氮、磷、硫的相互关系及其影响因素；化肥、生物肥和有机肥混合使用对茶叶产量的影响；发酵法制备红茶菌酒饮料工艺及稳定性研究；竹炭对茶叶贮藏品质影响的动态分析初报；从番石榴的形态特征鉴别其种质对茶角盲蝽的抗性；茶小卷叶蛾核型多角体病毒的形态结构特征及其对茶小卷叶蛾的防治效果；采用伤口接种法进行抗炭疽病菌（Colleto-trichum theae-sinensis）茶树的筛选；茶轮斑病菌（Pestalotiopsis theae）在泰国的肉桂（Cinnamomuminers）上以内生真菌形式存在的新记录；茶树和果树间作对茶园中蚘线螨为害的影响；茶叶上拟除虫菊酯类农药降解菌的分离及其特性；茶叶冲泡中铅浸出规律研究；儿茶素活性成分分子印迹聚合物的分子识别特性及固相萃取研究；茶多糖（TPs）对 KKAy 糖尿病小鼠葡萄糖代谢和过氧化物增殖体激活型受体 -y（PPAR-y）活性的影响；沱茶生化成分对其品质形成的影响；电感耦合等离子体质谱同位素稀释法测定沉积物和茶叶标准物质中铅的研究。（无，2005）。

撑绿杂交竹

从天全撑绿杂交竹秆中分离到一株对植物病原真菌具有拮抗作用的内生真菌。形态特征表明，该菌株为毛壳菌属中的一员，但与目前查阅范围内的记载种均存在差异，且国内该菌在竹类禾草内生真菌分离上尚未曾见有报道，故暂定名为竹毛壳菌（Chaetomium sp.）。竹秆组织分离表明内生真菌的生态分布存在季节、组织部位与年龄差异。此外，对其培养特性进行了初步摸索，结果表明：（1）竹秆煎汁对该毛壳菌生长、产孢速度及产孢量均有促进作用，且同等条件下含蔗糖的培养基对菌的生长和繁殖都优于含葡萄糖的培养基；（2）该毛壳菌生长对 pH 值的适宜范围较宽；（3）该毛壳菌对光照敏感，对通气状况要求不严格。（余应建，2008）。

葱

目的：从葱的根、茎、叶中分离内生真菌，并进行初步抗菌活性检测，得到具有高抗菌活性的菌株。方法：1.用 PDA 培养基分离葱的内生真菌；2.用查氏培养基进行发酵实验。3.进行滤纸片抑菌实验。结果：从葱中分离出的 17 株内生真菌，均具有抗菌活性，其中，抑菌圈直径大于 1.0cm 的高抗菌性菌株有 11 株，占总分离菌株数的 64.71%。结论：葱内生真菌具有类似宿主植物葱一样的广泛抗菌性（分离得到的 17 株内生真菌均具有抗菌性），但由于宿主植物本身所具有的强抗菌性，使分离得到的菌株种属多样性较少。（李光富 汪正威 李雪玲，2008）。【目的】对从健康桑树叶片中分离到的一株内生拮抗细菌 Lu10-1 进行鉴定，并探讨该菌株在桑树体内的定殖。【方法】通过形态观察、生理生化指标测定及 16S rRNA 基因序列同源性分析，结合 recA 基因特异引物 PCR 检测法对菌株 Lu10-1 进行分类学鉴定；以抗利福平（RiD 和氨苄青霉素（Amp）双抗药性为标记，采用浸种、浸根、涂叶和针刺等方法接种，测定 Lu10-1 菌株在桑树体内的定殖。【结果】结果表明，菌株 Lu10-1 属于伯克霍尔德氏菌属(*Burkh olderia*)，与亲缘关系较近菌株 *B.cepacia*（X80284）的同源性达 98%，该菌株的 16S rDNA 序列已在 GenBank 中注册，登录号为 EF546394；Lu10-1 菌株浸种接种后，菌株在桑苗组织中的数量总体上呈现下降趋势，到第 20 天后菌量趋于稳定；细菌浸根接种后，菌株在茎叶部定殖的菌量均呈现出"先增后降"的趋势。【结论】内生拮抗细菌 Lu10-1 归属于洋葱伯克霍尔德氏菌基因型；该菌株可在桑树体内长期定殖并传导，且在定殖过程中菌株的拮抗性能未改变；为将该菌株导入桑树体内进行病害的生物防治提供了理论依据。（牟志美 路国兵 冀宪领 盖英萍，2008）。洋葱伯克霍尔德氏菌（*Burkholderia cepacia*）Lu10-1 是从桑叶中分离得到的一株具有抗菌及促进植物生长等多种生物学功能的内生细菌。利用基于统计学的响应面法（response surface methodology，RSM）对影响该菌产生抗细菌活性物质的发酵培养基组成和发酵培养条件进行了优化。部分重复因子试验表明，酵母浸粉和氯化钠是培养基组分中的主要影响因子，其中酵母浸粉为正效应，氯化钠为负影响；结合最陡爬坡路径逼近最大响应区域和中心组合设计及响应面分析，确定了培养基中主要配方的最佳质量浓度为蔗糖 17.0 g/L、酵母浸粉 5.855 g/L、氯化钠 4.519 g/L、磷酸二氢钾 0.2 g/L。通过 PB（plackeet-burman）试验发现接种量和发酵温度是该菌株产生抗菌活性物质发酵条件中的主要影响因子，经中心组合设计法优化的最佳发酵条件为：接种量 0.0277 mL/mL，摇瓶装液量 100 mL，发酵温度 30.29℃，培养基初始 pH6.2，培养时间 42 h。（查传勇 董法宝 杨悦 冀宪领 牟志美，

2009）。对植物内生细菌作为生防因子的研究进展进行了综述，探讨了内生细菌在植物抗病性方面的作用机理；讨论了植物内生细菌在实际应用中存在的问题及发展方向。（葛红莲 陈龙 纪秀娥 高智谋，2006）。

大白菜

利用大白菜母株采种，可以有效地保持本品种的遗传特性，把最具该品种典型特征的植株入选，采种产量高，质量和后代生产力与其他采种方法相比都强。但由于其春季定植早，易受冻，低温高湿的情况下大白菜采种株上易发生菌核病，由于该病前期症状不明显，待到发现时植株茎已中空，内生菌核，萎蔫死亡，因此值得引起重视。（崔健 张淑霞 宋云云 刘素芹，2009）。

大豆

从辽宁、吉林、山东等地采集的土样中分离获得 400 株大豆根瘤内生细菌，通过测定细菌菌悬液对大豆胞囊线虫胞囊孵化的影响和对二龄幼虫（J2）的毒性作用，筛选出 4 株对大豆胞囊线虫胞囊孵化有强烈抑制性的菌株，1 株对 J2 有一定毒性的菌株。（李进荣 段玉玺 陈立杰 薛春生，2005）。大豆菌核病是大豆的主要病害之一，对大豆生产造成极大危害。目前主要采用化学药剂进行防治，对环境、人畜不安全。本试验从生物防治角度解决此问题。试验采用土壤诱捕法、菌核内生真菌分离法及土壤稀释平板分离法获得对大豆菌核菌（*Sclerotinia sclerotiorum*）有拮抗作用的菌株共 15 株，其中以"克 H3"菌株对菌核菌的拮抗作用最强，平皿对峙培养时抑菌圈直径可达 11.4cm。同时对"克 H3"菌株的形态、性状进行了初步研究。（刘辉 高虹 沈国生 谢丽华，2008）。内生细菌存在于健康植物体内，一些内生细菌具有促生长、抗病和固氮等生物学功能。本项研究采用化学药剂表面灭菌方法从黑龙江省大豆品种合丰 25 的根、茎、叶和种子中分离到大量内生细菌，其种群数量在根部最多，为 3.4×10^3CFU/g，在叶部次之，为 2.8×10^3CFU/g，在茎部和种子中最少，为 2.9×10^2CFU/g 和 1.4×10^2CFU/g。从 121 株内生细菌中筛选到 31 株对大豆根腐病菌 *Fusarium oxysporum f.sp.soybean* 具有较强抑制作用的拮抗内生细菌，其中菌株 TF28 抑菌谱广，抑菌率高，对不同植物的病原菌 *F. oxysporum* 的抑菌率为 80.2% ~ 96.7%。经形态、生理生化和 16SrRNA 鉴定为解淀粉芽孢杆菌（*Bacillus amyloliquefaciens*）。（张淑梅 沙长青 王玉霞 李晶 赵晓宇 张先成，2008）。分离筛选具有促生作用的大豆内生芽孢杆菌，以期获得能够促进作物生长的微生物资源。从不同产地不同品种的大豆种子中分离到 40 株内生芽孢杆菌。发芽试验中，菌株发酵液浸种处理大豆种子，大部分菌株表现出促进生长作用。其中促生作用最好的 SN10E1 菌株使豆芽长度增长 41%，百株鲜重增长 28%。从形态、生理生化反应以及 16SrDNA 序列比对等方面分析，最终确定 SN10E1 菌株为巨大芽孢杆菌（*Bacillus megatherium*）。综合比较，确定 SN10EI

菌株具有促生作用，可以进行下一步研究。（周怡 毛亮 张婷婷 程林梅 牛天，2009）。
为了明确大豆根瘤内生芽孢杆菌 Snb2 对大豆胞囊线虫的毒性和大豆根腐病菌的抑制作用，用菌悬液处理和对峙培养法分别测定了 Snb2 对两种病原微生物的作用效果. 结果表明 :Snb2 的菌悬液能够明显抑制大豆胞囊线虫胞囊的孵化，相对抑制率达到 94.9%；菌悬液处理 J2 96 h 时死亡率达到 66.7%；Snb2 菌株对 4 种大豆根系病原真菌表现不同程度的拮抗作用，对尖孢镰刀菌和茄腐镰刀菌的拮抗作用最明显，抑菌圈达到 10 mm 左右，抑制作用可持续 10 d; 经细菌悬浮液浸种测定，处理后的大豆子叶节到根尖的距离为 9.1±4.54 cm，较对照增加了 15.19%%，对幼苗生长有明显的促进作用；通过温室盆栽防效试验，进一步表明 Snb2 菌悬液进行种子浸种对大豆胞囊线虫病有明显的抑制作用，防治效果达到 62.5%。（王媛媛 段玉玺 陈立杰，2007）。

大花蕙兰

以从兰科植物出的内生真菌与大花蕙兰接种，均能形成菌根，其中 GC941 和 GC945 两种菌只侵染根的表皮细胞，在细胞内呈菌丝结结构，而 GC934 菌在侵染前期同前两和种真菌，后期菌丝可部分侵染皮层细胞，并呈疏松的分枝状结构。3 种内生真菌可使幼苗茎叶干重比增施矿质营养但不接种真菌的处理（CK2）提高 173.2% — 250.1%，并对植株吸收 N，P，K 养分有促进作用，其中 GC945 菌使幼苗吸收 N 和 K 的量比 CK（赵杨景 郭顺星，1999）。

大蒜

利用常规分离方法对大蒜鳞茎进行内生细菌的分离，采用对峙法和平板涂布法对分离的内生真菌进行拮抗试验研究，并对菌株 DSP6 进行 16SrDNA 全序列鉴定。结果表明：分离得到 19 株内生细菌，其中 10 株菌对 2 种以上植物病原真菌有不同程度的抑制作用，占分离菌总数的 52.6%，DSN7 对番茄早疫病的抑菌圈半径最大，为 13mm；17 株菌对 5 种病原细菌中至少 1 种有抑制作用，占分离菌总数的 89.5%，其中菌株 DSP3 对大肠杆菌的抑菌圈半径最大，达到 10 mm；菌株 DSP6 对供试的 9 种病原菌有较强的抑菌作用，且抑菌圈平均半径最大，为 6.88 mm；16S rDNA 全序列鉴定显示，菌株 DSP6 与芽孢杆菌属 *Bacillus axarquiensis* 相似性为 100%，表明菌株 DSP6 为 *Bacillus axarquiensis*。（崔北米 潘巧娜 张陪陪 赵亮 韦革宏，2008）。

独叶草

报道了独叶草根、节部和叶的剖解学特征。这些器官在解剖学上表现出的突出点是：根具 2 个以上的根毛区（与星叶草机相同），中有少量的次生生长，皮层细胞中具内生真菌；变态叶的叶迹或为单迹单维管组织束，或为单迹 2 维管组织束，或 2 迹在向皮层外部延伸过程中合并为具 2 条维管组织束的单迹；叶柄维管束不存在厚壁的维管束鞘，且在由基部向顶部延伸的过程中常发生复杂的分枝及汇合；叶片具有同形的叶肉植物，叶脉维管束鞘具 2 层细胞（任毅 胡正海，1998）。

鹅观草

Epichloe yangzii 是共生于鹅现草属 *Roegneria* 植物的产子座有性型内生真菌。2004-2008 年，分别在南京的不同地区采集产子座的鹅观草植株，研究 *E.yangzii* 在宿主植物体内的分布特征和种传能力。结果显示 *E.yangzii* 在宿主的地上部分有系统的分布，并进入种子，可以进行垂直传播。同时发现种传的 *Epichloe* 属真菌在宿主植物体上也同样具有形成子座的能力。但子座不一定每年都能形成。在须根中没有发现 *E.yangzii* 的存在。菌丝体随在植株体内分布部位的不同，其形态特征有一定的差异。（申靖 陶文文 陈昌 陈永敢 王志伟，2009）。作者首先研究 *Epichloë yangzii* 在植株上的人工杂交，明确了供试菌株的交配型。然后将分离自无子座鹅观草属植物的 23 株 "*Neotyphodium* 属" 真菌孢子分别与 *E.yangzii* 的子座杂交，其中发现有 21 株与 *E.yangzii*（mat-1，mat-2）杂交不亲和，有 2 株与 *E.yangzii*（mat-1）杂交亲和。利用 tubB 基因片段对 8 株 "Neotyphodium 属" 真菌菌株进行系统发育分析，结果表明与 *E.yangzii* 杂交亲和的 2 个菌株和 *E.yangzii* 聚为一枝，而其它 6 个菌株形成独立的分枝，进一步证实了这 2 个菌株是有时在宿主植物上不形成子座的 *E.yangzii*。这说明了在宿主植物上的人工杂交是区别有时不产子座的 *E.yangzii* 和 *Neotyphodium* 属（亢燕 李伟 纪燕玲 孙相辉 詹漓晖 于汉寿 王，2008）。

鹅毛玉凤花

对鹅毛玉凤花菌根的基本结构进行了研究。发现，其菌根菌是通过根毛进入根被细胞，进而向通道细胞和皮层细胞侵染；经春、秋两季用鹅毛玉凤花菌根真菌单菌丝团进行真菌分离，共得到 186 个菌株，其中优势种属为兰科丝核菌类。结果表明，鹅毛玉凤花具有典型的兰科植物菌根构造。（陈娅娅 [1, 3] 朱国胜 [1, 2] 毛堂芬 刘作易，2008）。

鹅掌楸

从鹅掌楸的茎、叶中分离出内生真菌 5 株，以金黄色葡萄球菌（*Staphylococcus aureu*）、大肠杆菌（*Escherichia coli*）、枯草芽孢杆菌（*Bacillus subtilis*）、苏云金芽孢杆菌（*Bacillus thuringiensis*）为供试菌，用杯碟法分别对其液体发酵液进行了抗菌活性的研究。结果表明：鹅掌楸内生真菌对 4 种供试菌有一定的押菌活性，不同组织中内生真菌的抑菌活性存在差异，其中 J1、Y3 对供试菌具有普遍抑菌作用。（夏杰 方芳 赵会娜 张玥 曾超珍，2009）。

番红花

从番红花球茎中分离到一种新的内生真菌，经形态学和生长特性等研究初步鉴定其为半知菌类链格孢属链格孢 *Alternaria alternata*（*Fr.*：*Fr.*）Keissler. 该菌能单独引起番红花球茎腐烂，与青霉菌互作时腐烂程度加重。环境和营养因子时该菌的生长繁殖影响较大：①在 10 ~ 35℃时，菌丝能生长并形成孢子。最适生长繁殖温度为 28℃，孢子的致死温度为 65℃；②当空气相对湿度（RH）高于 80% 时，菌丝才能生长并形成孢子.RH 高于 85%，孢子才能萌发；③能直接利用葡萄糖和蔗糖，淀粉和甘油需分解后才能被良好利用；④氮源以有机态氮和硝态氮为佳，铵态氮对其生长繁殖有抑制作用（邹凤莲 [1，2] 汪志平卢钢，2006）。

番荔枝

探索一种简单、快速的获得番荔枝科植物鹰爪内生真菌 rDNA ITS 目的片断的方法。采用改良的 Rodrigues 组织培养表面消毒技术和 CTAB 法提取植物样品总 DNA，利用真核生物通用引物 LH2/Sm73 扩增 rDNA ITS 目的片段，正交法优选 ITS-PCR 扩增条件。PCR 反应可同时获得两条 600 bp 和 700bp 产物，分别为植物和内生真菌的 rDNA ITS 目的片断。改良的组织表面消毒技术可排除外源 DNA 污染。正交法可快速获得植物内生真菌目的片断。该法简单、快速，为番荔枝科植物内生真菌生物多样性研究提供分子生物学基础。（范辉 高晓霞 冯昌文 严寒静 傅，2008）。

番木瓜

为筛选具有防病作用的禾草内生真菌，采用组织分离法和稀释分离法，分离番木瓜果皮中的内生细菌，得到 103 个菌株。采用培养基平板抑菌圈测定法从这些菌株中筛选到 1 株具有拮抗活性的细菌 MG-Y2。对番木瓜疫霉病菌（*Phytophthora nicotianae*）、番木瓜炭疽病菌（*Colletotrichumgloeosporioides*）等 8 种病原菌有较强的拮抗作用。通过对其形态特征和生理生化特性测定以及 16S rDNA 部分序列同源性分析，鉴定该细菌为恶臭假单胞菌生物变种Ⅰ（*Psudomonas putida biovar* Ⅰ）。采用喷雾接种处理，MG-Y2 可进入番木瓜叶片、叶柄、果皮和果肉中定殖。进行番木瓜果实采后防病试验，MG-Y2 对采后番木瓜疫病和炭疽病的防治效果分别达到 88.8% 和 57.4%。试验结果显示 MG-Y2 具有潜在的生防应用价值。（石晶盈 刘爱媛 冯淑杰 李雪萍 陈维信，2007）。

番茄

对青枯病抗性不同的番茄品种其内生细菌生理群数量变化进行了研究，结果表明，番茄内生细菌生理群数量的变化随品种抗性、生育期和季节的不同而变化。在 7 大类生理群细菌中，氨化细菌的数量最多，且在幼苗期以后，高抗青枯病番茄品种中数量明显高于高感品种，初步认为，氨化细菌可能是影响青枯病发生的关键性微生物。番茄抗病品种在不同生育期，其内生细菌的总体数量要比感病品种多，呈交替波动变化。氨化细菌、硝化细菌、固氮细菌和反硫化细菌平均数量均表现为在夏季高于冬季，硫化细菌的数量则冬季高于夏季，厌气性细菌数量最少。（冯杭 段栌钦 杨利平 周岗泉 刘琼光，2008）。综述了番茄灰霉病的病害，并从国内外拮抗菌以及内生真菌的筛选和利用等方面概述了番茄灰霉病微生物防治的研究进展，提出了目前番茄灰霉病微生物防治的问题及今后的应用前景。（葛绍荣 牛莉娜 李铭，2007）。

采用常规法对番茄植株进行内生细菌的分离，结果表明，不同品种不同生长时期，内生细菌的数量有所不同；同一品种不同生长时期不同部位，内生细菌的数量也存在变化。在所分离的 96 个菌株中，有 7 个菌株对番茄灰霉病有拮抗性，其中菌株 x-9 和 x-15 的拮抗效果较为明显，对番茄灰霉病防病效果达到 40% 和 25%。此 7 个菌株对番茄植株无致病性，且对番茄苗无明显促生长作用。（曲宝成 孙军德 冯敏，2004）。通过对峙拮抗与盆栽试验，进行了番茄内生细菌的筛选与初步鉴定，并研究了内生细菌对番茄青枯病的防治效果与促进番茄生长的作用。结果表明：从健康番茄植株体内分离获得了对番茄青枯病病原菌具有拮抗作用的内生细菌 102 菌株，初步鉴定该菌株为土生克雷伯菌（*Klebsiella terrigena*）；该菌株能在番茄檀株体内定殖，对番茄青枯病室内盆栽防治效果达 55.6%，并显著促进番茄植株生长，提高番茄产量。（叶小梅 常志州 季国军 黄红英，2005）。

采用化学法进行表面火菌处理，运用平板涂布法及平板划线法从番茄茎内得到 17 株内生细菌。通过形态观察和生理生化指标鉴定，17 株内生细菌分属于 6 个属，即葡萄球菌属（*Staphylocpccus*）、短芽孢杆菌属（*Brevibacillus*）、芽孢杆菌属（*Bacillus*）、棍状杆菌属（*Clavibacter*）和乳杆菌属（*Lactobacillus*）。采用滤纸片法从 17 株内生真菌中筛选出 1 株对青枯菌（*Pseudomonas solanacearum*）有拮抗作用的菌株，编号为 TS-06，属于芽孢杆菌属（*Bacillus*）。其抑菌圈半径为 2.5mm。（胡青平[1, 2] 徐建国 刘会龙 陈五岭，2006）。测定了番茄内生放线菌 ts-6 对灰葡萄孢菌的拮抗作用及其防病效果，结果表明：对峙培养时 ts-6 菌株对灰葡萄孢菌菌丝生长有明显的拮抗作用，培养 7d 后可形成直径 30mm 的抑菌圈，抑菌带宽度达 12mm。显微镜下可见抑菌圈边缘菌丝体畸形膨大，分隔、分枝增多，部分菌丝顶端膨大呈泡囊状。s-6 菌株胞外分泌物对灰葡萄孢菌孢子萌发和菌丝生长的抑制试验说明，其胞外分泌的拮抗物质中既有能耐高温的抑菌物质，又有遇高温易失活的抑菌物存在。离体和温室防治试验说明，ts-6 菌株培养液对灰霉病的防效显著高于菌悬液和无菌滤液。挑战接种间隔期为 24h 时，无菌滤液的防治效果高于菌悬液；挑战接种间隔期为 48h 时，菌悬液的防治效果高于无菌滤液。（高俊明 李新凤 马丽娜 李欣 王建明，2007）。

采用组织分离法从健康番茄植株体内分离出 253 个内生放线菌菌株，采用平板对峙法筛选出对番茄灰霉病拮抗作用强而且性能稳定的菌株 NO.37。通过形态特征观察、生理生化特性测定以及 16SrDNA 序列分析，鉴定 NO.37 为金色链霉菌（*Streptomyces aureus*）。（辛春艳 张丽萍 程辉彩 谢莉，2009）。针对番茄生产上灰霉病和叶霉病两大癌害，为寻找安全、高效无污染的生防菌株及其最佳培养条件，本试验采用组织分离法从健康的番茄植株中分离出 642 个内生细菌菌株，并采用平板对峙法筛选出对番茄灰霉病菌和叶霉病菌拮抗作用强且稳定的两个菌株 Thyy1 和 Jcxy8。内生拮抗细菌在以豆饼粉为原料的 6 号培养基中生长速度快，发酵滤液对两种病原菌的抑制作用强。培养基初始 pH 值、培养时间、温度、通气量等对菌株生长及其抗菌物质的分泌有明显影响。以豆饼粉培养基、初始 pH6.7、培养时间 48h、温度 30qc、并尽量增大培养通气量为菌株的最佳培养条件。（王美琴 陈俊美 薛丽 贺运春，2008）。

通过平皿拮抗试验测定了番茄内生真菌 102 菌株无菌滤液对番茄青枯病的抑菌活性，以及该菌产生的拮抗物质的热稳定性，并通过硫酸铵沉淀及乙醚萃取对 102 菌株产生的拮抗物质进行提取。初步结果表明，该菌产生的拮抗物质具有一定的耐热性，100℃水浴 10min 其拮抗活性保持不变，该拮抗物质为非蛋白质类的脂溶性物质。小鼠经口急性毒性试验、豚鼠角膜试验、药敏试验、溶血试验及急性致病试验表明，102 菌株为微毒无致病性菌，可以安全使用。（叶小梅 常志州 黄红英 马艳 张建英，2005）。

通过种子发芽、小麦芽鞘切断伸长、盆栽及微区试验对番茄内生真菌 102 的促生作用进行测定。结果表明：经 102 菌稀释液处理的青菜、番茄种子的发芽率及根长显著提高；同样，稀释 50 至 200 倍的 102 菌发酵液可以促进小麦芽鞘切断的仲长，增长率达 11% 以上；微区试验结果：经 102 菌处理的青菜产量比对照增加 39%，单株鲜重增加 30%，差异达极显著水平；以上结果表明 102 菌促生作用明显。（叶小梅 常志州 季国军 黄红英，2005）。介绍了一种分离禾草内生真菌和研究其多样性的方法。用无菌水、化学试剂、紫外线和机械去表皮 4 种方法对番茄植株进行处理，然后分别用牛肉膏蛋白胨、高氏一号和 PDA（加链霉素抑制细菌生长）3 种培养基分离内生真菌。确定了最适宜的去除非内生真菌的方法。经分离、纯化得到 148 株大小、形态、颜色各异的内生真菌分离物。对其中 43 株进行 ERIC-PCR 扩增，32 株有扩增条带的菌株可分为 28 种。把纯化的菌株分别与番茄早疫病菌进行平板对峙培养。筛选出抑菌效果较好的 3 株菌。（李艳琴 申泉 刘彬彬 张华 赵立，2003）。采用植物内生放线菌分离方法从健康番茄（*Lycopersicon esculentum*）根中分离纯化出 58 株内生放线菌，从中挑选部分代表性菌株进行代谢产物除草活性检测，发现编号为 S5 的菌株的代谢产物对小麦（*Triticum aesfivum L.*）和绿豆（*Phaseolus radiatus L.*）种子的发芽有强烈的抑制作用，但对发芽后的幼苗生长无明显影响。以百喜草（*Paspalum notatum*）和狗牙根（*Cynodon dactylon*）为实验对象，证明 S5 菌株的代谢产物的确能抑制草籽的发芽，该活性具有潜在的除草效能。经初步鉴定，S5 菌株为淡紫灰链霉菌淡青变种（*Streptomyces lavendulaevar.glaucescens*）。发酵条件实验结果表明，S5 菌株在 1% 葡萄糖和 0.3% 牛肉膏的 S 培养基中，以 2% 接种量在 pH7.0 和 25℃摇床培养，可得到最强的抑制种子发芽的生物活性。（邱志琦 [1，2] 曹理想 谭红铭 周世宁 [1，

2005）。从太谷、大同等地采集到 3 个不同品种的番茄健康植株，采用牛肉膏蛋白胨（NA）培养基从根、茎部共分离到 65 株内生细菌，通过对其中的 31 株进行平板对峙试验，筛选出对叶霉病菌和灰霉病菌有拮抗作用的菌株 6 株，占菌株总数的 19.4%；对早疫病菌和枯萎病菌有拮抗作用的菌株 7 株，占菌株总数的 22.6%。抑菌圈半径最大可达 1.5mm。按抑菌圈半径大小，将拮抗菌分为强、中、弱三类。（王美琴 陈俊美 薛丽 贺运春，2007）。生物防治以其安全、高效及无污染等特点已经成为植物病害防治的重要途径。植物内生细菌在植物体内具有稳定的生存空间、不易受外界环境的影响等特点，近年来受到广泛关注。番茄灰霉病和叶霉病是番茄重要病害，多年来一直依赖化学药剂防治。据报道，这两种病害的生防菌株主要是从土壤中分离的，与植物内生细菌相比，这些"外来"微生物在与植物根际土壤中大量习居微生物的竞争中难以占居优势，田间防治效果大多不明显甚至无效。（王美琴 贺运春 薛丽 王建明 刘慧平，2007）。[目的] 探讨番茄内生细菌的促生活性。[方法] 从番茄的不同组织内分离内生细菌，研究其对番茄种子萌发及幼苗生长的促生作用，并对具有促生活性的细菌进行初步鉴定。[结果] 从番茄的根和茎中共分离出 59 株内生细菌，其中 4 株对番茄种子的萌芽及幼苗生长有显著的促生作用，具有一定的促生作用 [结论] 从番茄植株体内筛选到具有促生活性的内生细菌，为开发和利用促生细菌提供了良好的基础。（张立新 [1, 2] 宋江华 刘慧平，2009）。为了筛选出对番茄溃疡病菌有拮抗作用的内生细菌，从健康番茄茎样本中分离得到 186 株内生细菌。用抑菌圈法测定，其中 9 株内生细菌对番茄溃疡病菌有拮抗作用。通过形态特征观察、生理生化特性测定和 16SrDNA 序列分析，对拮抗作用较强的 7 个菌株进行了鉴定。结果表明，BM-31、BT-10、BT-9、BT-7、BT-3 为微杆菌（*Microbacterium spp.*），QB-22 和 QB-8 为假单胞菌（*Pseudomonas spp.*）。（袁亮 胡俊 高润蕾 苏高升，2008）。采用内生真菌常规分离法对健康番茄植株体内的内生真菌进行了分离和筛选。结果表明：番茄的不同品种、不同部位内生真菌的数量有所不同，同一品种茎部比根部种类多。经初步鉴定，除 1 种属于子囊菌外，其余均为半知菌。拮抗结果表明：无孢菌、曲霉对灰霉和菌核病菌均有较强的抑制作用。72 菌株培养滤液活性测定结果表明：其培养滤液对 6 种病菌均有不同程度的拮抗作用，尤其对菌核病菌和灰霉病菌抑制率最高，而且其培养滤液高温处理后活性不丧失，对病菌仍有较强的拮抗作用。因此其具有一定的生防潜能。（张立新 刘慧平 韩巨才 高俊明 程麦风，2005）。从广西一些市县采集番茄茎标本分离得到 55 个细菌菌株，分属为芽孢杆菌（*Bacillus spp.*）、黄单胞菌（*Xanthomonas spp.*）、假单胞菌（*Pseudomonas spp.*）和欧文氏菌（*Erwinia spp.*），其中芽孢杆菌为优势种群。经回接测试，有 36 个菌株为番茄植株内生真菌。这些内生真菌只有 7 个菌株对番茄青枯病菌有拮抗作用，芽孢杆菌 B47 菌株对番茄青枯病菌拮抗作用较强，经室内和田间初步防治测定，它对番茄青枯病有较好的防治效果。（黎起秦 罗宽 林纬 彭好文 罗雪，2003）。采用皿内对峙试验从 175 株植物内生放线菌株中筛选具有生防效果的拮抗菌株，然后通过盆栽试验和田间试验，对筛选出的生防菌的生防效果进行了研究。结果表明，皿内对峙试验共筛选出对番茄叶霉病菌和番茄早疫病菌、番茄灰霉病菌有拮抗作用的内生放线菌株 26 株；菌株 BARl-5 对番茄叶霉病的防治效果最佳，相对防效达到 49.7%，接种番茄叶霉菌前和接种后喷施 BARl-5 发酵上清液的相对防效分别达到 62.6% 和 50.6%；BARl～5 菌株发酵液原液和 5 倍液的相对防效分别达到 42.5% 和 33.1%。试验结果表明，菌株 BARl-5 对番茄叶霉病具有较好的防治效果，是 1 株很有生防潜力的内生放线菌株。（姚敏 涂璇 黄丽丽 王英 阿里玛斯 康振生，2007）。从番茄健株根内分离获得内生细菌，对其进行平板拮抗番茄青枯菌试验，得到 18 株拮抗菌，温室控病试验表明，01-144 和 01-182 号菌株的控病效果分别为 48.6% 和 42.8%。经鉴定两者均属芽孢杆菌属（*Bacills spp*）。（龙良鲲 肖崇刚 等，2003）。用选择性培养基从采自凤县的 12 种野生植物中分离获得 15 种放线菌. 非寄主作物定殖试验表明分离所获放线菌不仅能够定殖在不同植物体内，而且能定殖在植物的不同部位，具有内生性；皿内拮抗试验结果表明，15 株内生放线菌中有 2 株对 5 种供试靶标真菌（梨状毛霉菌、西瓜枯萎菌、番茄灰霉菌。其中 Am3 对灰葡萄孢菌抑制率达 89.0%.Am5 对西瓜枯萎病菌抑制率达 81.0%；2 株内生放线菌的发酵液对供试靶标真菌也有明显抑制作用，菌体残渣提取物的拮抗活性明显高于发酵滤液提取物. 温室番茄、黄瓜防病促生实验结果显示菌株 Am3、Am5 有较好效果，其中经 Am3 处理过的番茄植株干重比对照植株干重增加 120%，对番茄灰霉病的防效达 68.9%.（马强 宗兆锋 梁亚萍，2007）。禾草内生真菌是指能够定殖在植物细胞间隙或细胞内，并与宿主植物建立和谐共生关系的一类微生物。其容易占据有利的生防位置，可以经受住植物自身的防卫反应，并与病菌直接相互作用，从而给植物提供全面有效的保护，所以其具有良好的应用前景。放线菌是人们研究最早并应用到农业生产中的生防微生物，其在植物病害防治中发挥了巨大作用，（荣小紫 詹刚明 张荣 孙广宇，2005）。

从健康番茄体内分离到了 93 株内生细菌。采用含菌平板抑菌圈测定法，筛选出了 3 株对番茄青枯菌具有较强拮抗力的细菌菌株 ZB-1、ZB-2 和 ZB-6。温室盆栽防病试验结果表明，内生细菌菌株 ZB-6 对植株进行预处理后，番茄青枯病防病效果可达 63%—65%，说明该菌株对番茄青枯病发生具有较好预防效果（赵健 兰成忠 陈庆河 邱荣洲 翁启勇，2006）。对番茄内生细菌数量动态及其对青枯病的生物防治研究结果表明：番茄内生细菌可来源于种子内部。番茄不同生育期，内生细菌数量最多在成株期，其中抗病品种根、茎分别为 24.3×10^4 CFU/g 鲜重和 22.9×10^4 CFU/g 鲜重，感病品种根、茎分别为 9.8×10^4 CFU/g 鲜重和 13.4×10^4 CFU/g 鲜重。抗病品种中具有拮抗青枯菌的内生细菌菌株为 17 个，感病品种中 7 个。部分内生细菌具促进番茄种子萌发和防治番茄青枯病的作用，其中 5R 和 3R 内生真菌株的防病效果分别达 91.7% 和 81.3%。（周岗泉 张秀冬 刘琼光 冯杭，2007）。采用接种法，对两种番茄内生真菌菌株镰孢菌（*Fusarium sp.*）zj1 和褐孢霉菌（*Fulvia sp.*）zj3 在不同培养基、温度、pH、碳源等条件下进行了生理试验研究。结果表明：温度对两种菌株的生长都具有明显的影响；pH 为 8～10 时，菌株镰孢菌生长良好，菌株褐孢霉在 pH 大于 6 时生长良好；两种菌株均以麦芽糖为最好碳源。（薛丽 贺运春 王美琴，

2008）。报道了从银杏中分离获得内生放线菌，并对其中颉颃活性较强的两个菌株进行了皿内及盆栽生防活性检测，结果 M 和 EAF-1 均显示出良好的生防效果：抑菌谱广、持效期长。盆栽试验显示接种 EAF-1 后对番茄灰霉病有明显的预防作用，该菌具有潜在的应用价值。（詹刚明 荣晓莹 孙广宇，2005）。近年来的研究表明，植物体组织内普遍存在各类内生真菌，这些内生真菌有的可提高植物对不良环境的抗逆性，有的可抑制或延缓植物病原菌的侵染危害，而且它们定植于植物体内，不易受到外界环境的影响，比传统生防菌的防病效果更稳定和持久。因此，禾草内生真菌的开发利用已成为植物病害生物防治研究的一个新热点。2003 年作者从健康番茄植株体内分离筛选到一株对番茄灰霉病菌、早疫病菌、枯萎病菌等具有较强拮抗作用的放线菌（编号 ts-6）。为了进一步明确其拮抗作用机制和防病效果，作者以番茄灰霉病菌为靶标菌，分别测定了 ts-6 菌株培养液、菌悬液、无菌滤液及高温灭活滤液对灰葡萄孢菌的抑制作用及其防病效果。（高俊明 马丽娜 李欣 王建明 刘慧平，2007）。从番茄植物组织内分离到一株对番茄灰霉病菌（*Botrytis cinerea*）有拮抗作用的放线菌株 No.37，此菌株产生的抗菌物质能显著抑制番茄灰霉病菌的菌丝生长和孢子萌发，对盆栽番茄幼苗的预防保护作用和治疗作用分别达到 89.7% 和 80.3%，10 倍稀释液的田间防治效果达到 84.1%。（辛春艳 张丽萍 谢莉 程辉彩 张，2009）。对内生细菌 01-144 进行了抗药性标记，利用标记菌株研究了其在番茄根茎内的定殖情况。浸种与灌根处理均可使 01-144 在番茄根茎内定殖，且在根内的定殖能力大于茎内；灌根处理还表明，其在茎下部的定殖能力大于茎上部；01-144 定殖数量动态在根茎内均有一个"由增到减"的趋势，但其在根内的数量变化明显较茎内平缓。（龙良鲲 肖崇刚，2003）。通过形态特征、生理生化特征和 16S rDNA 序列分析，对分离于番茄茎部能较强抑制茄青枯病菌生长的内生细菌 B47 菌株进行了鉴定。结果表明，该菌为枯草芽孢杆菌，其最适长 pH5～6，最适生长温度为 35℃。室内防治试验结果表明，用淋根法先接种 B47 后接种病菌和用注射法先接种 B47 菌后接种病原菌的处理可取得 81.25% 和 92.0% 的防效，而用淋法、注射法同时接种 B47 菌与病原菌的处理防效较低。（黎起秦 [1，2] 叶云峰 蒙显英 彭好文，2005）。对初步筛选出的 10 株番茄青枯病菌的内生拮抗细菌，通过平板拮抗和盆栽控病试验进一步筛选具有较好防效的菌株。平板拮抗试验结果表明，其中 5 株内生拮抗细菌（01-144，01-189，TR03-081，TR03-108，TR03-124）对番茄青枯病有良好防效。对上述 5 株内生拮抗细菌进行盆栽控病试验，结果显示，利用拮抗菌的去菌发酵液对番茄青枯病的防治效果明显优于菌悬液；再利用这 5 株内生拮抗细菌的无菌发酵液作平板拮抗试验，得到对青枯病菌有较强抑菌活性的 TR03-081 菌株，而且研究发现该菌株的无菌发酵液对玉米小斑病、烟草赤星病、茄子褐纹病等病害的病原菌也具有较强的拮抗作用（赵凯 肖崇刚 孔德英，2006）。

为了在番茄内生放线菌总类群中识别目的放线菌，筛选出了 5 株 FQ-017 抗代森锰锌菌株，选择保持原菌株抑菌能力的抗性突变菌株 FQ-017-3 作为定殖及温室盆栽防效试验的菌株。灌根法接种并重新分离结果显示，茎中内生放线菌带菌量最高，根中次之，叶片中最低。各组织带菌量在体内呈现了高→低→高→低的趋势，第 35 天仍能从各组织中分离到 FQ-017-3，表明 FQ-017-3 不仅能够长时间定殖于番茄体内而且能够增殖。温室盆栽试验结果表明，接种内生真菌 FQ-017 于番茄苗 22 d 和 32 d 后对番茄灰霉病的平均相对防效分别为 56.26% 和 58.25%，两者基本相当，对番茄叶霉病的平均相对防效分别为 58.09% 和 23.96%，FQ-017-3 对叶霉病的防效在后期明显降低，说明该菌对不同病原菌的防治效果不同。根据 16S rRNA 序列分析结果和培养形态特征，确定 FQ-017 为灰色链霉菌 Streptomyces griseus。（荣晓莹 詹刚明 张荣 孙广宇，2008）。本文测定了 2 株植物内生放线菌在离体条件下对番茄早疫病菌的作用效果 . 结果表明，植物内生放线菌 Fq24 和 Lj20 的 3 种不同处理液对番茄早疫病病原菌分生孢子萌发都有抑制作用，Lj20 无菌发酵滤液的抑制效果最好；Lj20 皿内和发酵液对番茄早疫病病原菌的抑制作用要好于 Fq24；诱发接种后 2 株植物内生放线菌对采收后番茄果实上的番茄早疫病菌均有不同程度的控制作用，在 30℃ 条件下的防治效果优于 20℃ 的效果 .（马林 韩巨才 刘慧平，2006）。本实验分离获得的植物内生放线菌 St24 发酵液对番茄灰霉病菌有较好的抑制作用。通过对其在不同条件下的稳定性进行测定，结果表明：植物内生放线菌 St24 发酵液热稳定性较好。在自然光照条件下是稳定的，不发生分解或结构上的改变，但在紫外照射下不稳定，易于分解或改变化学结构，从而丧失生物活性。当 pH 为 6 时，抑制率最高；室温下放置 2 天后发酵液的活性最大。（赵彬彬 韩巨才 刘慧平 闫彦萍，2008）。测定了植物内生细菌 yc8 对番茄早疫病菌的抑菌活性。结果表明：yc8 发酵液对番茄早疫病菌孢子萌发有较强的抑制作用，EC50 为 4.22%。对菌丝生长亦有一定的抑制作用。光学显微镜观察证实，发酵液处理后可造成病原菌细胞畸形，胞内物质外泄和细胞壁崩溃。植物离体组织抑菌作用测定结果表明：先喷发酵液后接菌与先接菌后喷发酵液均有良好的抑菌效果。（任璐 韩巨才 刘慧平 邢鲲，2008）。

凤梨

以红星凤梨为试材，研究了生长调节物质、外植体类型、抑菌剂等对离体不定芽再生的影响。在 MS + TDZ2.0mg·L-1 + NAA0.5mg·L-1 培养基上，腋芽、顶芽和叶片均可以诱导再生不定芽，腋芽和顶芽的不定芽再生频率相差不大，均为 37.2%-53.3%，但叶片不定芽再生频率较低，仅为 2.8%-13.3%MS + 0.2-0.5mg·L-1 TDZ + 0.05mg·L-1 NAA + 100g·L-1 椰子水为适宜的不定芽增殖培养基；试管苗生根的适宜培养基为 MS + IBA2.0mg·L-1 + 100g·L-1 椰子水；不定芽继代培养时，在灭菌后的培养基中加入 25-50mg·L-1 青霉素 G 钠能有效控制内生真菌的污染。（平秀敏 [1, 2] 田敏 李纪元 段红平，2008）。

风信子

对风信子内生真菌代谢产物抑菌活性的检测结果表明：风信子内生真菌的代谢产物对细菌和真菌均有一定的抑菌活性。其中发酵液提取物对枯草芽孢杆菌有一定的抑菌活性，对苹果干腐和烟草赤星的抑菌率分别是 94.8% 和 93.8%，而菌体提取物对蜡状芽孢杆菌和枯草芽孢杆菌都有较高的活性，对苹果干腐、烟草赤星和苹果轮纹的抑菌率均在 80% 以上。（李军 廖彪 秦宝福，2008）。通过用初筛培养基培养，从风信子叶子中分离出一种抗青霉素的内生真菌，进行离体培养和抑菌活性检测。结果表明所筛选的菌株的发酵产物对细菌和真菌均有一定的抑菌活性。其中发酵液提取物对枯草芽孢杆菌有一定的抑菌活性，对苹果于腐病原菌和烟草赤星病原菌的抑菌率分别是 94.8%，93.8%，而菌体内的活性物对蜡状芽孢杆菌和枯草芽孢杆菌都有较高的活性，对苹果干腐病原菌、烟草赤星病原菌和苹果轮纹病原菌的抑菌率都在 80% 以上。（秦宝福 徐虹 刘建党 颜霞 吴文，2006）。

疯草

就近年来国外对疯草内生真菌的分离、宿主植物体内生真菌分布、疯草苦马豆素种群分布特征及其与内生真菌的相关性研究进展作一综述，以期更好地利用疯草及内生真菌造福人类。（王雨梅 韩国栋 赵萌莉，2007）。

凤尾蕨

首次从凤尾蕨属井栏边草（*Pteris, multifida*）根、茎和叶中分离获得内生真菌共 20 株，经形态观察，鉴定其中 18 株分别隶属于 8 个属。研究结果表明：凤尾蕨不同部位内生真菌的数量、分布、种群及其组成存在差异。（詹寿发 樊有赋 甘金莲 彭琴 陈晔，2007）。报道了从凤尾蕨属井栏边草（*Pteris multifida*）根状茎中分离出一内生真菌 -- 菌株 JJF006，对其形态特征进行了初步研究，并用 TLC 对该菌株培养物进行了分析。初步结果表明：该真菌液体培养基中含有芦丁成分。（樊有赋 詹寿发 陈晔 甘金莲 彭琴 刘志杰 李，2007）。本文对从凤尾蕨（*Pteris multifida Poir*）、狗脊（*Cibotiumbarometz*）、半边旗（*Pterissemipinnata*）中分离得到的内生真菌及其发酵液进行了抑菌研究，结果表明蕨类植物内生真菌只对细菌病原菌有明显抑制作用。（王萍兰 刘志杰 李顺举 王艳波 陈晔，2007）。

扶芳藤

[目的] 探讨扶芳藤内生真菌的抑菌作用。[方法] 对从扶芳藤植株中分离的内生真菌 HX003 进行液体培养，采用生长速率法测定获得发酵液和菌丝体的丙酮粗提物对小麦赤霉病病菌、苹果炭疽病病菌、油菜菌核病病菌、苹果轮纹病病菌、橘子胶孢炭疽病病菌的

抑菌活性。[结果]将发酵液浓缩至 1/10 时,其对几种病原真菌的抑制率均在 30% 以下,对苹果轮纹病病菌的抑制率最低,而对小麦赤霉病病菌的抑制率相对较高,达 27.9%。获得菌丝体的丙酮提取液对 5 种供试病原真菌的抑制作用较为明显,相对抑制率液体培养 3d 后均达 60% 以上。[结论]扶芳藤内生真菌 HX003 的发酵液及菌丝体粗提物中具体抑菌物质有待深入研究。(钱桂芝 吴亚飞 陈凤美,2008)。

拂子茅

调查了中国西北和东部地区不同生境的拂子茅属 *Calamagrostis* 植物中 *Neotyphodium* 属内生真菌的分布。采样范围包括新疆、青海、甘肃、江苏、安徽、浙江、上海 7 省(市、区),共采集拂子茅属植物样品 426 株。调查发现西北 3 省(区)所有 276 个拂子茅属植物样品中都不含有内生真菌。但是,采自南京抽穗的拂子茅却完全不含内生真菌。通过研究分离菌株的形态学特征,发现南京与黄山的菌株都具有 *Neotyphodium* 属内生真菌的典型特征.(詹漓晖 纪燕玲 于汉寿 亢燕 孙相辉 王志伟,2009)。2006 年 5 月在南京市南郊发现了着生内生真菌子座的禾本科植物。子座长 47.5-165.0 mm,白色,包裹其宿主植物的旗叶叶鞘;于 4 月下旬形成,7 月中旬完全崩溃;在自然条件下、人工交配试验中,子座上均未形成有性生殖结构。宿主植物直立,高 90-120 cm,有丰富的根状茎;连续 2 个花期均无抽穗。从 29 株着生子座的植株和 87 株不着生子座的植株中全部检出了内生真菌,从中分离得到了 20 个菌株。根据分生孢子、分生孢子梗的形态特征,分离菌株被鉴定为 *Neotyphodium* 属内生真菌。宿主植物的特殊性和菌株的子座形成能力显示了这是一个禾本科植物 - 内生真菌的新组合。这个组合是产生子座而不形成有性世代的第 3 例,并且这 3 例组合的宿主都是䈟股颖族植物。(詹漓晖 纪燕玲 亢燕 孙相辉 于汉寿 王志伟,2008)。

甘草

从乌拉尔甘草健康植株的根茎叶中共分离到内生细菌 98 株,经初步鉴定芽孢杆菌属(*Bacillus sp.*)为优势种群,约占 30%;从不同生长年份甘草的根、茎、叶组织中分离内生细菌种群密度从 5.0×10^4 cfu/g-2.9 $\times 10^7$ cfu/g 鲜重不等。采用平板对峙方法筛选出 6 株对植物病原菌有明显体外拮抗活性的菌株,通过菌落、菌体形态观察、生理生化反应及 16S rDNA 序列分析,同时结合 Biolog 细菌自动鉴定系统验证,鉴定这 6 株拮抗菌分属萎缩芽孢杆菌(*Bacillus atrophaeus*)、多粘类芽孢杆菌(*Paenibacillus polymyxa*)、枯草芽孢杆菌(*Bacillus subtilis*)、*Paenibacillus ehimensis*。(饶小莉 沈德龙 李俊 姜昕 李力 张敏 冯瑞华,2007)。以分离培养的方法对内蒙古鄂尔多斯市甘草基地野生及栽培甘草内生细菌的多样性进行了初步研究。结果表明,野生及栽培甘草植株内存在大量种群丰富的内生细菌。经 ERIC-PCR 指纹图谱分析,共分离到 120 株内生细菌,野生及栽培甘草均表现出根和叶部位的内生细菌数量多于茎部。对其中 82 株进行 16SrDNA 片段测序分析，结果表明这些内生细菌分别与 GenBank 中 α、β、γ-Proteobacteria、Firmicutes、Actinobacteria 五类细菌中的 19 个已知属相似性达到 97%～100%。内生细菌的主要优势种群为芽孢杆菌属（Bacillus sp.）、假单胞菌属（Pseudomonas sp.）、泛菌属（Pantoea sp.）和沙雷氏菌属（Serratia sp.）。（张敏 沈德龙 饶小莉 曹凤明 姜昕 李俊，2008）。采用无菌操作技术从野生健康甘草（Glycyrrhiza uralensis）根、茎、叶、种子、根瘤等组织中分离出内生细菌（Endophytic bacteria）125 株，其中 31 株对棉花枯萎病菌（Fusarium oxysporum）、棉花黄萎病菌（Verticillium dahliae）具有较强的拮抗活性，这 31 株内生细菌分属于气芽孢杆菌属（Aerobacillus sp.）、气单胞菌属（Aeromonas sp.）、芽孢杆菌属（Bacillus sp.）、黄单孢杆菌属（Xanthomonas sp.）、假单胞杆菌属（Pseudomonas sp.）、土壤杆菌属（Agrobacterium sp.）（龚明福 林世利 张前峰 杨丽 马玉红 陈骏刚，2007）。从乌拉尔甘草样品的根、茎中共分离出 54 株内生真菌，统计发现从根中分离得到的内生真菌的种类比茎中多。抑菌实验共得到 20 株活性菌株，其中编号为 dG9-1 的菌株对多种病原菌有抗菌活性。通过进一步对其培养特征、显微形态特征观察以及 ITS 序列测定和系统发育树构建与分析，发现该菌与灰黄青霉（Penicillium griseofulvum）的亲缘关系最接近，相似性为 99.46%。（王丽 刘磊 韩素贞，2009）。采用组织分离法和研磨分离法从甘草的根、茎、叶中共分离到 129 株内生细菌。经鉴定属于 13 个属，分别为芽孢杆菌属、伯克霍尔德氏菌属、棒杆菌属、柠檬酸细菌属、肠杆菌属、库克菌属、微杆菌属、类芽孢杆菌、叶杆菌属、假单胞菌属、沙雷氏菌属、葡萄球菌属和寡养单胞菌属。（李文军[1，2]郑素慧[2，3] 毛培宏 金湘，2008）。对采自新疆的健康野生胀果甘草不同组织中的内生真菌进行分离，确立了分离的条件为 5%NaClO4 浸 5min，分离纯化得到 149 株细菌和 2 种真菌。通过形态学观察和革兰氏染色，细菌中芽孢杆菌为 93 株，杆状菌 56 株，使用法国梅里埃细菌自动鉴定仪对其进行鉴定，得到鉴定结果的细菌属于 13 个属。（宋素琴 欧提库尔·玛合木提 张志东 唐琦勇，2007）。目的：从甘草植株中分离其内生真菌，并从中筛选出 1 株可以产甘草酸的菌株。方法：用 PDA 和 LB 等培养基，通过组织分离法和研磨分离法从甘草的根、茎、叶中分离甘草内生真菌，将分离的内生真菌发酵培养，其发酵液经薄层层析初筛及高效液相色谱定性及定量检测来获得产甘草酸的内生真菌。结果：分离到 237 株甘草内生真菌，其中 129 株为细菌，经鉴定属于 13 个属；108 株为真菌，根据其形态特征，确定属于 6 个属。获得 1 株产甘草酸的内生真菌，产量可达 0.22mg/L。结论：甘草内生真菌具有丰富的生物多样性，并能产生与宿主相同或相似生理活性代谢产物。（李文军[1，2] 郑素慧[2，3] 毛培宏 金湘，2008）。为筛选到可产生甘草酸的内生真菌，从健康的胀果甘草（Glycyrrhiza inflata Bat.）不同组织中分离得到 149 株内生细菌，采用发酵培养的方法，以甘草酸单铵盐为标准品采用 TLC 法和 HPLC 法对这些细菌的代谢产物进行筛选，得到一株可能产甘草酸类似物的内生枯草芽胞杆菌 Bacillus subtilis。（宋素琴 欧提库尔·玛合木提 房世杰 顾美英，2008）。

甘蔗

从两个甘蔗品种 GT11 和 RB86-7515 表面灭菌的茎中分离到两株具有固氮活性的菌株,分别编号为 B11S 和 B8S(陈丽梅 樊妙姬,2000)。利用 16S rRNA 序列分析对其进行鉴定,并对两个菌株的生物学特性进行了比较。结果表明:B11S 菌株与 *Stenotrophomonas maltophili* 菌株处在同一个分支,其序列与多个 *Stenotrophomonas maltophili* 菌株的序列相似性都达到 98% 以上,菌株 B8S 与多个土壤杆菌属细菌的序列相似性达到 100%;两个菌株在温度 31°C、pH 为 6 左右时生长量最高;温度 31°C、pH 为 6.5 ~ 7.0 时固氮酶活性最高;相同浓度的蔗糖生长量大于葡萄糖,且表达固氮酶活性也最强;添加一定量的氮素有利于细菌生长,但随着 N 含量的增加,抑制作用越来越明显。(邢永秀 杨丽涛 黄思良 李杨瑞,2008)。以外生菌根菌、内生真菌根菌、固氮菌作不同组合接种甘蔗幼苗,半灭菌盆栽管理,结果表明,以内生真菌根菌接种处理的 VA 菌根菌侵染率最高;外生菌根菌、内生真菌根菌和固氮菌联合三接种处理,促进甘蔗根点发生,根系发达,植株生长良好,切片观察到甘蔗菌根内除了受到内生真菌根菌侵染外,也有一定程度的外生菌根菌侵染。(王元贞 张木清,1995)。

柑桔

实验结果表明,柑桔拮抗性内生真菌重桔 1 号(*Pseudomonas sp.*)为革兰氏阴性菌、杆菌,无芽孢,无荚膜。在 90℃处理 60 min 和 90℃处理 90 min 条件下重桔 1 号的抗菌产物对油菜菌核病菌的抑制效果最为明显。(罗永兰 张志元 余建 赵清利 徐峰 唐建洲 张,2007)。

柑橘

从湖南省石门县园艺场采集到的柑橘材料中,得到柑橘内生细菌分离物 75 份,经鉴定。分别属于气芽孢杆菌属(*Aerobacillus sp.*)、气单胞菌属(*Aeromonas spp.*)、芽孢杆菌属(*Bacillus sp.*)、黄单胞杆菌属(*Xanthomonas spp.*)、假单胞杆菌属(*Pseudomonas spp.*)、土壤杆菌属(*Agrobacterium sp.*)、乳杆菌属(*Lactabacillus sp.*)。柑橘内生细菌在不同种类的柑橘及同一种类的不同器官中出现的频次不同。(罗永兰 张志元 喻珺,2006)。从柑橘的枝,叶,果实中分离培养出 20 株内生真菌,经形态特征鉴定它们分别为镰孢属(*Fusarium sp.*)、曲霉属(*Aspergillus sp.*)、毛霉属(*Mucor sp.*)、青霉属(*Penicillium sp.*)、葡萄孢属(*Botrytis sp.*)、盘多毛孢属(*Pestalotia sp.*)及 3 株不产孢子的未知菌株,各个菌属都具有较好的抗菌活性。(赵昌会 黄芳 丁芳,2008)。自 2002-2004 年,对广东梅州、重庆北碚、湖南石门的不同种类的柑橘(柑、橙、柚)进行了 12 次定点取样分离,共分离到柑橘内生真菌 5642 株,其中有 5136 株已鉴定,分别属于 24 个属,在这 24 个属中，出现频率在 1% 以上的只有 *Colletotrichum spp.*，*Fusarium spp.*，*Alternaria spp.*，*Penicillium spp.*。柑橘内生真菌的静息部位依种类而异，*Colletrichum spp.* 主要分布在柑橘的叶片、枝条、果皮内；*Fusarium spp.* 则主要分布在根中。（罗永兰 张志元 [1，2] 冉国华，2005）。2002-2004 年，对柑橘内生真菌在不同地理条件、不同年份、不同季节的分布及出现频率进行了调查．结果表明，*Colletotrichum spp.*，*Fusarium spp.*，*Alternaria spp.*，*Penicillium spp.*，*Aspergillus spp.* 在不同地区均有出现，但出现频率随地理纬度的升高而降低，其他种类柑橘内生真菌在不同的地区有差异．柑橘内生真菌出现的频率有年份、季节间的差异．（罗永兰 张志元 [1，2] 冉国华，2005）。从不同品种柑橘果实中分离出 16 株内生细菌。对内生细菌的潜在致病性、抗真菌病原作用和促生作用进行的研究，结果表明，有 2 株可产生烟草过敏性坏死反应，15 株能对 1 种或多种植物病原真菌产生不同程度拮抗作用，14 株可降低柑橘果实的柑橘炭疽病发病率。研究筛选出 4 株对柑橘炭疽病具有显著促进柚苗生长作用。（袁红旭 陈勇明 何财能 罗冬萍 许丹阳，2005）。

黑麦草

"绿宝石"是克劳沃草业中心引进的优秀多年生黑麦草混合种，它由 NTEP 试验中表现优异的几个优良品种科学配比而成。"绿宝石"形成的草坪均匀一致、抗逆性强、适应性好。组成"绿宝石"的各个草种均含有大量内生真菌，因此抗病虫能力有了较大提高，同时也增强了草坪的抗旱和耐热能力。（无，2007）。"绿宝石"是克劳沃草业中心引进的优秀多年生黑麦草混合种，它由 NTEP 试验中表现优异的几个优良品种科学配比而成。"绿宝石"形成的草坪均匀一致、抗逆性强、适应性好。组成"绿宝石"的各个草种均含有大量内生真菌，因此抗病虫能力有了较大提高，同时也增强了草坪的抗旱和耐热能力。（无，2007）。以黑麦草（*Ldlium perenne L.*）为实验材料，研究在不同氮素营养条件下内生真菌（*Neotyphodium lolii*）感染对其光合特性及生物量的影响。结果表明：1）整个实验中，内生真菌感染对黑麦草净光合速率、蒸腾速率以及水分利用效率均无显著影响，但在中氮和高氮水平时，感染种群的净同化累积值有超过非感染种群的趋势；2）在本实验的第一处理期和第二处理期，内生真菌感染对黑麦草绿色部分的干物质产量无显著影响，但在第三处理期感染种群的绿色部分的干物质产量显著高于非感染种群。（王金龙 高玉葆 任安芝 王巍 赵念席，2004）。

提高草坪草的抗性是培育草坪的重要目标之一，综述了内生真菌对改良两种常见冷季型草坪草 - 黑麦草（*Lolium perenne L.*）和高羊茅（*Festuca arundinacea Schreb.*）抗逆性等方面的作用，为更好地利用我国广泛分布的真菌草种资源提供参考。（王晓洁 张志飞 饶力群 胡晓敏，2007）。以含有内生真菌的黑麦草（*Lolium perenne L.*）种子为材料，采用加热处理方式构建内生真菌非感染的黑麦草种群，通过比较内生真菌感染（EI）和非感染（EF）植株在正常条件下和干旱胁迫条件下叶片相对水分含量、叶绿素、可溶性糖和淀粉含量等指标的差异，探讨黑麦草 EI 和 EF 种群对干旱胁迫的适应性差异。结果表明：在中度胁迫后期，EI 植株叶片的 RWC 显著高于 EF 植株，即 EI 植株的保水能力更强。轻度水分胁迫下，内生真菌感染可使其宿主植物的可溶性糖含量增加，以增强宿主的渗透调节能力，随着干旱胁迫强度的加大，内生真菌的这一增益效应不再起作用，此时，宿主植物将更多的光合产物——淀粉积累于体内，5 年春天 EI 和 EF 种群的恢复生长情况进一步表明，经过中度干旱胁迫后，EI 种群的恢复更为迅速。生物量的大小是植物种群净光合作用能力的直接体现，研究中在中度干旱胁迫条件下，黑麦草 EI 种群的生物量显著高于 EF 种群，但从光合色素的变化来看，相同水分状况下 EI 和 EF 植株的 Chla、Chlb 以及 Car 的变化趋势比较接近，这说明内生真菌感染并未缓解干旱胁迫对光合色素的破坏，内生真菌可能通过其它途径来改善宿主植物的光合能力。（任安芝 高玉葆 王巍 王金龙，2005）。

以黑麦草（*Lolium perenne L.*）为实验材料，研究在不同强度析干旱胁迫下内生真菌（*Neotyphodium lolii* 原 *Acremonium lolii*）感染对其净同化速率、蒸腾速率和水分利用效率的影响。结果显示：1）在干旱胁迫前期，内生真菌感染（EI）种群和非感染 EF）种群之间的群体净同化速率无显著差异，到胁迫后期，在重度胁迫下 EI 种群的净同倾速率高于 EF 种群；复水后，各个胁迫强度 EI 种群的净同化速度均迅速恢复；2）在群体蒸腾速率上，干旱胁迫对其影响大于内生真菌的影响；3）在群体水分利用效率上，只是在重度胁迫后期，EI 种群才高于 EF 种群。（梁宇，2001）。以内生真菌感染（endophyte-infected，EI）与不感染（endophyte-free，EF）的黑麦草（*Lolium perenne L.*）种子建立实验种群，分别对其施加长时间不同强度的干旱胁迫，通过比较黑麦草体内过氧化物酶（POD）、超氧化物歧化酶（SOD）、多酚氧化酶（PPO）活性及其同工酶谱的变化以探讨保护酶系统在内生真菌——植物共生体的抗旱性方面所作的贡献。研究结果表明，水分胁迫和内生真菌对黑麦过氧化物酶（POD）、超氧化物歧化酶（SOD）、多酚氧化酶（PPO）活性及其同工酶的影响不仅表现在总量上而且表现在同工酶的酶谱及各区带的酶活力上。就总酶活力而言，EI 和 EF 植株中 POD、SOD 和 PPO 的活性均随着干旱胁迫强度的增加而增加，进一步将 EI 和 EF 植株的酶活力进行比较，发现与 EF 植株相比，EI 植株中 POD 和 PPO 的活性相对较低，而 SOD 的活性相对较高。从同工酶的谱带数量和强弱来看，POD 同工酶各区带活力均随干旱胁迫强度的增加而增加，EI 植株叶片增加的幅度高于 EF 叶片，而且 EI 叶片在重度胁迫下出现了 1 条新带 SOD 同工酶各区带活力在 EI 叶片中有随干旱胁迫增加而增加的趋势，而在 EF 叶片中有些区带酶活力增强，PPO 同工酶随干旱胁迫的增强，EI 和 EF 叶片均表现为有些区带酶活力增强，有些区带酶活力减弱。总之，内生真菌的感染虽然没有显著提高宿主植物黑麦草 POD、SOD 和 PPO 的活性，但使宿主黑麦草对干旱胁迫的反应更为迅速，其中既包括 POD、SOD 等酶活力的迅速升高，也包括新酶带的产生。（任安芝 高玉葆 陈悦，2004）。根据 GenBank 上报道的内生真菌 *Neotyphodium coenophialum* 和 *N.lolii* 的 Nc25 基因序列，设计了 2 对特异性引物 FM1/R1 和 F3/R652，建立了一套适合于从高羊茅和多年生黑麦草种子中检测内生真菌 *N.coenophialum* 和 *N.lolii* 的常规 PCR

和巢式 PCR 方法。（梁玮莎 易建平 周而勋，2006）。从多年生黑麦草（*Lolium perenne L.*）5 个品种——SR4000、*Pinnacle*、*Topgun*、*Calypso* Ⅱ、*Justus* 中分离出 61 个菌株。次培养后，所得形态稳定的菌株可分为 4 个形态群，依据其形态特征及 AP-PCR 的结果，确定其中的 57 个分离菌株为 *Neotyphodium lolii*。（聂立影 陈磊 任安芝 高玉葆，2005）。

选取内生真菌特异性引物，成功建立了利用 PCR 技术对黑麦草中内生真菌感染状况的检测和定量分析方法。此检测方法的准确性高于常规乳酸 - 苯胺蓝染色法。利用实时荧光 PCR 定量分析的结果表明：不同植株之间内生真菌含量差异较大，（苏丹 任安芝 高玉葆，2006）。选取感染和未感染的黑麦草为材料，在田间盆栽条件下研究内生真菌感染对宿主植物抵抗磷胁迫方面的贡献。结果表明，土壤中缺磷或内生真菌感染对黑麦草地上部生长的影响不显著，但内生真菌感染对植株地下部生长和生理指标有明显影响。缺磷条件下，内生真菌感染有助于黑麦草地下部分的生长，表现在根系总长度更长，生物量更大；同时根中酚类物质和有机酸的含量也显著高于未感染植株，但因酚类物质和有机酸总量增加的同时并未伴随着二者浓度的增加，由此推测，内生真菌在改变宿主黑麦草根系代谢活动方面的贡献有限。此外，内生真菌感染显著提高了宿主植物的磷利用效率，这可能和缺磷条件下内生真菌感染植株具有更高的酸性磷酸酶活性有关。（任安芝 高玉葆 周芳 陈磊，2007）。苇状羊茅内生真菌和多年生黑麦草内生真菌曾给一些国家的畜牧业造成巨大损失。为防止内生真菌随进境草籽传入我国并在中国扩散危害，我们对该 2 种进境草籽内生真菌的带菌率进行了研究。首先通过分离培养，得到了苇状羊茅内生真菌和黑麦草内生真菌。7 份苇状羊茅样品中有 18 个品种带菌，34 份多年生黑麦草样品中 14 个品种带菌，带菌率最高可达 86.7%。早熟禾、剪股颖等其它禾本科草籽目前尚未发现带有内生真菌。（刘跃庭 崔铁军 黄国明 廖芳，2005）。

综述了内生真菌的分类及其在宿主苇状羊茅 *Festuca atundinacea* 和多年生黑麦草 *Lolium Perenne* 中的分布与传播方式，阐述了内生真菌对苇状羊茅和多年生黑麦草生长、抗生物（病虫害）和非生物胁迫（P 胁迫和干旱胁迫等）、以及对其他草类的竞争他感作用的影响，并提出今后的研究方向。（张颖 韩建国，2004）。内生真菌是生活在健康植物的茎叶内，形成不明显感染的一类真菌，以黑麦草（*Lolium perenne L.*）为实验材料，研究在不同强度的干旱胁迫下内生真菌（*Neotyphodium lolii*）侵染对其叶片延伸生长、分蘖数和生物量的影响，结果表明，与非感染种群相比，内生真菌感染对黑麦草叶片延伸速率无明显促进作用；内生真菌感染种群具有明显较多的分蘖数；在重度胁迫并经过恢复期后，内生真菌感染种群具有较高的根冠比。（梁宇 陈世苹 等，2002）。以感染内生真菌的多年生黑麦草（*Lolium perenne L.*）（SR4000）为实验材料，建植内生真菌感染（EI）和不感染（EF）的黑麦草种群，并对其进行盐胁迫实验，通过观察生长和生理生态指标的变化，分析内生真菌对宿主植物抗盐性的影响。结果表明，内生真菌感染对宿主黑麦草的营养生长没有增益效应；但内生真菌能够改变宿主种群生物量的分配格局，将更大比例的生物量分配于根系。在高盐浓度下，内生真菌感染可导致黑麦草叶内的脯氨酸含量显著增加、可溶性糖含量显著降低，但对 PS Ⅱ 光化学效率 Fv/Fm 值的变化没有影响。

总体来看，内生真菌感染并未改善宿主黑麦草的抗盐性。（任安芝 高玉葆 章瑾 张晶，2006）。对周期性干旱胁迫下内生真菌感染（EI）和非感染（EF）的黑麦草植株的几项生理指标进行了比较。结果表明，干旱胁迫导致 EI 和 EF 叶片相对水分含量下降，细胞膜透性增加，游离脯氨酸累积，叶绿素，类胡萝纱和淀粉含量下降，可溶性糖含量增加，与 EF 植株相比，干旱胁迫下 EI 植株可溶性糖含量较高，膜透性及脯氨酸含量均较低，从生理生化角度说明内生真菌可提高其宿主植物的抗旱性。图 3 参 39（任安芝 高玉葆 等，2002）。以含有内生真菌的黑麦草（*Lolium perenne L.*）种子为材料，采用 4℃冰箱内和 20℃培养箱内保存 18 个月的方式分别构建内生真菌侵染（EI）和内生真菌非侵染（EF）的黑麦草种群，通过比较 EI 和 EF 种群在正常条件下（对照）和渗透胁迫条件下种子发芽，幼苗生长等方面的差异，探讨内生真菌对其宿生植物的直接和间接影响，结果表明：在对照和胁迫条件下，EI 种子的发芽势及发芽率均明显高于 EF 种子，而在重度胁迫下 EI 植株的叶延伸速率。根系总长度高于 EF 植株，内生真菌对宿主植物分蘖数和生物量的变化没有促进作用，但可提高其在重度渗透胁迫下的同化组织比率。（任安芝 高玉葆 等，2002）。对我国部分国产和引进的禾草品种进行了种带内生真菌的检验。自检验的 22 属，48 种，84 个种样的国产禾草中，发现 6 种 7 个种样的种子中含有内生真菌,按带菌率的高低,它们依次是：产自甘肃山丹县的中华羊茅：100%；产自甘肃天祝县的紫羊茅：80%；产自新疆阿勒泰的布顿大麦草：18%；产自青海省的羊草：12%；产自甘肃省甘南州的大雀麦：10%；产自甘肃省的无芒雀麦：6.0% 和产自甘肃甘南州的中华羊茅：4.5%（南志标，1996）。人们对植物内生真菌的研究已有 100 多年的历史，对内生真菌的研究最初始于黑麦草（*Lolium perenne*）等牧草上产生生物碱类毒素引起家畜病害的内生真菌研究，但直到上世纪 80 年代很少有涉及这一领域的研究，少数的研究也是围绕黑麦草、高羊茅等少数几个禾草展开的。随着研究的深入，人们逐渐发现内生真菌与宿主植物之间存在明显的互惠共生关系，（史洪中 胡肆珍 陈利军 李永丽，2005）。培养液中缺磷或内生真菌感染对黑麦草地上部生长的影响不显著，但二者的交互作用却有着显著影响。随着磷浓度的下降，感染内生真菌的黑麦草显示出较强的生长优势，其根长和根中酚类物质的含量显著增加。（周芳 高玉葆 周文江，2003）。

以含有内生真菌的黑麦草（*Lolium perenne L.*）种子为材料，采用 4C 冰箱内和 20℃光照培养箱内保存 18 个月的方式分别构建内生真菌感染（EI）和内生真菌非感染（EF）的黑麦草种群，通过比较 EI 和 EF 种群在正常条件下（对照）和渗透胁迫条件下种子发芽、幼苗生长等方面的差异，探讨内生真菌对其宿主植物的直接和间接影响。结果表明：在对照和胁迫条件下，E1 种子的发芽势均明显高于 EF 种子，而只在重度渗透胁迫下，E1 种子的发芽率才显著高于 EF 种子。对于黑麦草幼苗而言，渗透胁迫下内生真菌对宿主植物的地上部分和地下部分均有增益作用，最终表现为 E1 种群的总生物量显著高于 EF 种群，其中对地上部分的促进作用表现为内生真菌的存在不仅提高了宿主叶片的延伸速率、使 EI 叶片比 EF 叶片更长、叶面积更大，而且在重度胁迫下，E1 种群的分蘖数也显著高于 EF 种群；对地下部分的促进作用表现为 EI 种群的根系总长度和根干重均高于 EF 种群。（任安芝 高玉葆，2003）。比较了两种不同的水分胁迫方式（田间干旱迫和温室渗透胁迫）下，内生真菌感染对黑麦草叶内 SOD、POD 和 CAT 活性以及 MDA 含量变化的影响，结果表明，当植物未遭受水分胁迫时，感染植株叶内 SOD 和 POD 活性明显高于非感染植株，在温室渗透胁迫下，随着胁迫强度和胁迫时间的增加，感染植株叶内 SOD 活性明显高于非感染植株，MDA 含量大大低于非感染植株，而在田间干旱胁迫下，感染植株的这种优势表现得并不明显。（陈世苹 高玉葆 等，2001）。以黑麦草为实验对象，研究了干旱胁迫条件下内生真菌感染对植株叶片含水量和叶内游离脯氨酸含量的影响，同时对渗透胁迫条件下植株叶内 ABA 含量的变化进行了分析。结果表明：①内生真菌的感染有助于使叶片保持较高的含水量；②在两种形式的水分胁迫下。（陈世苹 高玉葆 等，2001）。用 3.0 和 25.0kGy 剂量的 ^{60}Co γ 射线分别对供试土壤进行了辐照处理，以区分土壤中的内生真菌根菌和其他土壤微生物；并以未经辐照处理的土壤为对照研究了土壤微生物对黑麦草和百喜草吸收 ^{89}Sr 的影响。结果表明：在对照土壤中黑麦草和百喜草根部内生真菌根的侵染率分别为 48.0% 和 28.0%，说明两种草均易与内生真菌根菌形成内生真菌根。尽管内生真菌根菌和其他土壤微生物对黑麦草和百喜草的地上部分生物量没有明显影响，但它们都不同程度地降低了两种草对 ^{89}Sr 的吸收。（钟伟良 刘可星，2006）。苇状羊茅上常见的内生真菌 *Acremonium coenophialum* 是一个引起肉牛和马饲喂苇状羊茅后生产性能降低的原因，绵羊蹒跚病这种神经系统疾病与多年生黑麦草中的真菌 A.lolii，用无内生真菌的苇百茅和黑麦草品种更换侵染内生真菌的牧地，虽能提高家畜的生产性能，但牧草产量和持久性下降，这与虫这，病害，线虫对根的侵害以及干旱等一系列有关。（Joost，RE 余丽清，1998）。

介绍了重要禾本科牧草苇状羊茅及多年生黑麦草内生真菌对家畜的影响，对寄主本身的影响及内生真菌的传播，控制，鉴定和运用。苇状羊茅与多年生黑麦草内生真菌同属枝顶孢霉属，极为相似，苇状羊茅内生真菌导致牛的苇状羊茅中霉症。多年生黑麦草内生真菌造成羊及其它家畜的黑麦草蹒跚病，内生真可促进寄主的生长，延长寄主的寿命，抵抗病虫的侵害。内生真菌通过种子传递给牧草后代，牧草生产中用种子贮藏，种子高温处理，种子或植（韩建国 樊奋成，1995）。感染内生真菌的禾草在牧草和草坪业上具有重要的生态和经济意义，家畜采食感染 *Neotyphodium coenophialum* 和 *N.lolii* 的苇状羊茅和多年生黑麦草会发生中毒。本研究收集天津口岸 1998 年以来进境的部分苇状羊茅和多年生黑麦草种子，对经镜检确认带有内生真菌的种子进行分离培养，对疑似菌株的菌丝用改进的 Moiler 等方法进行基因组 DNA 抽提，测定浓度及纯度，对照原方法，分离培养得到的菌株可以基本确定为 *N.coenophialum* 和 *N.lolii*。根据 Genbank 中 *N.coenophialum* 和 *N.lolii* 的 NC25 基因序列设计出引物 F1-R1，扩增得到能区分开 *N.coenophialum* 和 *N.lolii* 的单一条带（相差 160bp），建立了 *N.coenophialum* 和 *N.lolii* 的 PCR 检测方法，结果准确可靠。（廖

芳 刘跃庭 崔铁军 黄国明 罗家凤 尹旭芳，2006）。通过萃取和复萃取的方法从牧草中获得结晶状的二氢氯化黑麦草碱。8 种不同分子结构的黑麦草碱具有不同生物活性，并具有一定的抗牧草虫害的作用。但牧草中的黑麦草碱的含量随着季节变化也发生相应变化，并影响抗虫的效果。因此，试验用草甸羊茅经内生真菌对生长在新西兰的草甸羊茅 *Festuca pratensis* 进行 12 种不同的感染处理，测定草甸羊茅叶和茎在不同季节中黑麦草碱的含量，选出高产量、生长期长和抗虫害强的共生牧草。（田发益 李晓忠 何冰梅，2009）。

黄瓜

黄瓜连作引起苗期病害猖獗，致使产量大幅度降低，成为导致连作障碍的直接原因。由瓜果腐霉、立枯丝核菌和尖镰孢菌引起的猝倒病、立枯病和枯萎病是黄瓜的主要苗期病害。培育无病健壮的幼苗是获得蔬菜丰收的基础，而防治苗期病害是培育壮苗的关键措施。选用抗病品种、种子处理、选用无病床土、加强苗畦管理及药剂防治是苗期病害防治的主要措施，目前苗床土壤消毒常用绿亨一号。ZJUF0028 是浙江大学生物技术研究所从植物内生真菌中筛选出的一种抗生素类杀菌剂，平皿生物测定表明，该杀菌剂对灰霉病菌、猝倒病菌、纹枯病菌和菌核病菌等植物病原真菌具有很好的抗菌活性，本试验测定了其对黄瓜苗期病害的田间药效。（王立君 杨挺叶 宇飞，2009）。从植物内生放线菌中筛选拮抗活性菌株和寻找新的农用活性代谢产物，可为植物病害防治提供新的资源。本研究结果发现黄瓜幼苗的根、茎、叶中均有内生放线菌的存在，根组织中的数量、种类明显多于叶片和茎，占总分离株的 72.7%，以链霉菌的淡紫灰类群、灰褐类群为主。2 种靶标真菌和 6 种细菌具有拮抗作用的菌株分别占 46.8% 和 39.0%，主要为分离自根组织的链霉菌淡紫灰类群。分离自黄瓜叶片的 gCLA4 菌株抑菌谱较广，其发酵滤液对供试 12 种靶标真菌均具有较好的抑菌效果，但对靶标细菌有选择性抑制作用。形态学，16S rDNA 序列分析鉴定该菌株为淡紫灰链霉菌（*Streptomyces lavendularectus*）。（涂璇 黄丽丽 高小宁 姚敏 刘巍，2008）。

从黄瓜茎中分离的对黄瓜枯萎病具有生防作用的内生枯草芽孢杆菌 B504，利用其基因标记菌株 B504-1121，研究其在黄瓜体内的定殖情况。结果表明：施入土壤中的 B504-1121 菌体可以进入黄瓜根系，并向植株的茎、叶转移和定殖。菌体可在胚根中定殖，催芽时的菌体浓度对定殖数量影响很大。在下部叶片叶柄处接种的菌体可向上移动，通过茎进入上部叶片；在叶部接种的菌，则只在接种叶内定殖，不再向其他部位转移。（苗则彦 [1, 2] 赵奎华 刘长远 梁春浩，2009）。内生细菌是植物体自然生态系成员，是微生态系统的天然组成成分，作为生防微生物效果显著．有益内生细菌与植物在长期共同进化过程中建立了一种和谐的关系，从植物体内获得充分的营养，占居有利的生态位，在植物保护下不易受外界环境条件影响，并可以经受住植物防卫反应。（苗则彦 吕国忠 赵奎华 刘长远，2006）。

在黄瓜生长的不同阶段从根系分离内生细菌共 469 株。通过青枯菌平板拮抗试验，从中筛选到具明显拮抗作用的菌株 59 株。将内生拮抗菌纯培养物扩增近全长的 16S rDNA 并用限制性内切酶 Alu Ⅰ 对 PCR 产物进行 ARDRA（amplified rDNA restriction analysis）多态性分析，共得到 5 种不同的操作分类单元（Operational Taxonomic Unit，OTU）。其中属于 OTU1 共有 39 株分离物，占内生拮抗菌总数的 66%，为优势种群。进一步通过 ERIC-PCR 指纹图的方法在菌株水平上分析 OTU1 类群。结果表明，OTU1 可分为 12 种不同的菌株，其中菌株 HE-1 和 HE-2 在黄瓜生长的 5 个不同阶段均可分离到。通过标记天然不具有利福平抗性的 HE-1 和 HE-2 菌株，获得抗利福平突变体菌株，回收检测结果表明，在栽培的不同时期，黄瓜植株根内均有 HE-1 和 HE-2 菌株的定殖。经防病效果的盆栽试验，发现 HE-1 和 HE-2 的浸种处理能有效降低黄瓜青枯病的病发率，与对照比较差异显著。因此确定 HE-1 和 HE-2 为黄瓜青枯病生物防治的优良菌株。（陈敏 方序，2006）。

分离不同品种黄瓜种子和幼苗中内生细菌，共得到 79 个菌株，经鉴定分属于芽孢杆菌属、土壤杆菌菌属、黄单胞菌属、假单胞菌属、欧文氏菌属及短小杆菌属。内生细菌数量测定表明，不同组织中内生细菌的数量不同，根中最多，平均含量 2.63×10^5 CFU/g 鲜组织，其次为茎，再次为子叶。（田雪亮 单长卷，2006）。抗利福平标记的菌株内生定殖测定结果表明，分离自辣椒叶片的内生枯草芽孢杆菌 BS-2 菌株既可在辣椒体内定殖，又可进入茄子、蕃茄、白菜、黄瓜、西瓜、丝瓜、甜瓜和豇豆等多种植物体内定殖；拮抗和防病作用测定发现，该菌株对多种植物病原真菌具有较强拮抗作用．菌液浸种处理后对黄瓜、甜瓜和蕃茄苗期立枯病有 78.96% 以上的抑制效果，并对这些蔬菜有较明显的促生作用．（何红 蔡学清 洪永聪 兰成忠 关雄 胡方平，2004）。将从黄瓜体内分离到的内生细菌连续回接到黄瓜体内。提高黄瓜内生细菌的含量，并研究其对黄瓜枯萎病的防治作用．经盆栽和田间试验，6 种内生细菌混合液的防治效果与甲基托布津的相当；3 种内生细菌混合液的防治效果相对较差。（田雪亮 霍云凤 单长卷，2006）。

采用稀释涂平板法，从辣椒、黄瓜、豇豆及番茄植株体内分离到内生芽孢细菌 187 株，其中拮抗菌 28 株。室内平板对峙培养显示，5 个菌株 ha-1a、ha-15、ha-21、X9、X10 对生产上常见的 10 种病原真菌和 2 种病原细菌有强烈的拮抗作用；通过液体培养基摇床培养及平板 - 抑菌圈法，测定 5 个菌株在不同的培养基中抗菌物质的生成情况，结果表明 ha-21 菌株在 5 种培养基中都能产生抗菌物质，PN 是最适培养基；硫酸铵分离表明 ha-21 产生的抗菌物质为复合物，有较好的温度稳定性，上清液中的抗菌物质经 121℃ 高温处理活性不变，对番茄青枯病仍有强烈的抗生作用。盆栽试验表明：ha-21 对黄瓜立枯病的防效为 88%，使出苗时间提前 3-4d。（马艳 常志州 黄红英 叶小梅 张建英，2006）。采用稀释分离法和消毒叶片研磨液培养法对温室黄瓜叶围和内生微生物进行了分离，共分离到 248 个菌株，初步鉴定出 13 个属的叶围真菌，其中链格孢属（Alternaria）和青霉属（Penicillium）真菌为优势类群；鉴定出 4 个属的内生真菌，其中曲霉属（Aspergillus）真菌为优势类群；10 个属的叶围细菌，其中芽孢杆菌属（Bacillus）和黄单胞菌属（Xanthomonas）

细菌为优势类群；6个属的内生细菌，其中芽孢杆菌属和假单胞菌属（*Pseudomonas*）细菌为优势类群；6个属的叶围酵母菌，其中隐球酵母属（*Cryptococcus*）为优势类群；已鉴定出2个属的叶围放线菌，分别为链霉菌属（*Streptomyces*）和小多孢菌属（*Micropolpspora*）。未分离到内生酵母菌和放线菌。（王振跃 汪敏 高书锋 张猛 袁虹霞 李洪连，2008）。从黄海海岸低盐药用植物芦竹（*Arundo donax*）中分离得到一株木霉属的内生真菌，对该菌抑制黄瓜灰霉病菌的活性及作用机制进行了研究。结果表明，芦竹内生真菌的菌悬液和发酵液对黄瓜灰霉病菌有较强的抑菌活性，且较为长效，提示该内生真菌细胞和代谢产物具协同作用；对峙培养试验表明，芦竹内生真菌对黄瓜灰霉病菌有很强的拮抗作用，拮抗机制主要为营养竞争作用、重寄生作用及抗生作用等；芦竹内生真菌对离体黄瓜的灰霉病斑扩展的抑制试验，进一步证实了该菌细胞和代谢产物的生物防治功能。（纪丽莲，2004）。

黄花蒿

应用酸解法对黄花蒿（*Artemisia annua* L.）内生胶孢炭疽菌（*Colletotrichum gloeosporioides*）菌丝体进行提取，在黄花蒿发根培养系统中比较了各制备提取物的青蒿素诱导活性。活性提取物经过 SephadexG25 层析后，部分纯化的内生真菌寡糖提取物（MW〈2500）可显著促进发根青蒿素的合成，培养23d 的发根经诱导子（0.4mg/mL）处理4d后，青蒿素产量可达 13.51mg/L，比同期对照产量提高 51.63%，诱导作用与诱导子浓度、作用时间相关。（王剑文 郑丽屏 谭仁祥，2006）。以金黄色葡萄球菌，枯草芽孢杆菌，大肠杆菌为测试菌种，对黄花蒿（*Artemisia annua* L.）茎中分离出的 13 株内生真菌的次生代谢产物进行抗菌活性筛选。结果表明，12 株的代谢产物至少对 1 种实验细菌具有抑菌活性，其中有 2 株内生真菌的次生代谢产物对测试病原细菌均有较强抑制作用。（魏宝阳 黄红英 李顺祥 饶力群，2008）。在黄花蒿（*Artemisia annua* L.）发根液体培养中，黄花蒿内生炭疽菌（*Collctotrichum sp.* b501）细胞壁寡糖提取物可促进发根青蒿素的合成，经寡糖诱导子（20mg/L）处理4d 后，发根青蒿素含量达 1.15mg/g，比对照高出 64.29%。诱导作用与诱导子浓度，作用时间相关。诱导处理 1d 后，X 射线能谱分析表明黄花蒿发根细胞中 Ca^{2+} 积累量显著增高，电镜观察发现液泡内出现高电子致密物，具活性氧清除作用的过氧化物酶表现出高活性（6.5unit·min-1·g-1FW）。诱导处理第三天，细胞核 DNA 呈梯度条带降解，部分细胞出现程序化死亡。内生真菌细胞壁寡糖提取物引起的生理反应有利于细胞中青蒿素的生物合成。（王剑文 夏仲豪 等，2002）。

黄花美冠兰

以海南省白沙县野生黄花美冠兰（*Eulophia flava*）作为试验材料，采用培养基培养方法分离、纯化并鉴定真菌，研究不同生境下黄花美冠兰植株根部的内生真菌群落多样性及其受生境的影响程度。结果表明，从丛生于甘蔗林和荒山中的黄花美冠兰植株新鲜营养根段中共分离出 52 株内生真菌，鉴定为 17 个属，丝核菌属（*Rhizoctonia*，13.46%）和镰刀菌属（*Fusarium*，13.46%）为优势属。相同生境的黄花美冠兰内生真菌群落丰富度较为一致；而两种不同生境中的黄花美冠兰内生真菌群落丰富度则表现出较大的差异，生于荒山的黄花美冠兰内生真菌群落 Shannon 多样性指数远高于生于甘蔗林。（孟锐 张荣意 朱艳秋 谭志琼 王玉洁，2009）。

黄槿

应用多种色谱技术从半红树药用植物黄槿内生真菌 CT20036029 中分离得到 9 个化合物，通过波谱学方法并与已知化合物数据作比较，鉴定它们分别为 N-（2- 羟基苯乙基）乙酰胺（1）、环（L- 脯氨酸 -D- 异亮氨酸）（2）、环（L- 亮氨酸 -L- 脯氨酸）（3）、环（D- 亮氨酸 -L- 脯氨酸）（4）、环（亮氨酸 - 酪氨酸）（5）、环（苯丙氨酸 - 丝氨酸）（6）、脑苷脂 B（7）、（25S）- 纽替皂苷元 -3-O-α-L- 鼠李糖 -（1→2）-β-D- 葡萄糖苷（8）和（25S）- 异纽替皂苷元 -3-O-α-L- 鼠李糖 -（1→2）-β-D- 葡萄糖苷（9）。化合物 1 为首次从海洋真菌代谢产物中分离得到。化合物 8 显示了较好的肿瘤细胞生长抑制活性。（李莉娅 [1，2] 邓志威 于善江 顾佳，2007）。

黄栌

采用常规分离法从不同地区健康黄栌根系中共分离得到 33 株内生真菌，其优势类群主要包括无孢菌群、腐质霉属、青霉属等，而且不同地区黄栌的根系内生真菌种类和数量有一定差异。内生真菌对黄栌枯萎病病原——大丽轮枝孢的拮抗试验结果表明：团炭角菌、黑乌霉属、假丝酵母属的菌株抑制作用较强，其它内生真菌菌株对大丽轮枝孢均有不同程度的抑制作用。（王建美 田呈明 过颂新 宋立洲，2008）。

黄皮

黄皮 *Clausena lansium*（*Lour.*）*Skeels* 属芸香科，黄皮属亚热带常绿果树。原产华南，有 1500 多年栽培史。果实酸甜可口，风味独特，营养价值高且具有保健及药用价值．是深受人们喜爱的特产果品。近年来，我国黄皮栽培面积不断扩大，产量逐年提高，但黄皮果实采后极不耐贮藏。（杨凤珍 高兆银 李敏 郑婧 胡美，2008）。

黄芪

就近年来国外对疯草内生真菌的分离、宿主植物体内生真菌分布、疯草苦马豆素种群分布特征及其与内生真菌的相关性研究进展作一综述，以期更好地利用疯草及内生真菌造福人类。（王雨梅 韩国栋 赵萌莉，2007）。采用常规化学成分检测手段，对黄芪根瘤内生真菌 GBL18-2 菌株次生代谢产物，用氯仿等有机溶剂萃取物进行检测，结果表明其次生代谢产物中存在蒽醌类、黄酮类、甾体三萜类等物质；次生代谢产物对金黄色葡萄球菌的抑制作用明显高于大肠杆菌；正丁醇相产物对金黄色葡萄球菌的最低抑菌浓度最低，为 11.5μg/mL。（潘巧娜 崔北米 石文广 高星，2008）。从膜荚黄芪（*Astragalus membranaceus*）叶中分离出一株内生真菌——瓶霉菌属（*Phialophora sp.*）。鉴定次生代谢产物中含有皂甙类、多糖类和黄酮类物质，并通过薄层层析证明内生真菌次生代谢产物的粗提物与黄芪植物水煎液的粗提物含有相同的成分。证明发酵液及菌丝体提取物对 4 种常见细菌具有不同程度的抑菌活性。（孙月 王琦，2006）。

绞股蓝

从樟树、女贞、十大功劳、绞股蓝及荔枝草的叶片、叶柄、茎和枝条等部位分离内生真菌，并以金黄色葡萄球菌、枯草芽孢杆菌、大肠杆菌、绿脓杆菌为试验菌对分离的内生真菌进行了抑菌活性筛选.结果从 5 种药用植物中共分离出 124 株内生真菌，其中 37 株内生真菌对一种或多种供试菌有抑制作用，其中高抗菌活性菌株有 11 株。（周生亮 陈才法 房兴堂 蒋虹 魏，2007）。

桔梗

为了解药用植物桔梗（*Platycodon grandiflorum*）内生真菌的组成情况,利用组织分离法，从桔梗的根部分离得到菌落形态一致的链格孢菌，根据其形态特征及生物学特性，鉴定为桔梗链格孢（*Alternaria platycodonis T.Y.Zhang*）。（潘景芝 时东方 周勇 王琦，2007）。

菊花

从菊花茎叶分离 56 株内生真菌，通过回接菊花组培苗，根据组培苗生长存活情况初筛得 4 株促生长内生真菌，并进一步炼苗跟踪测定各种生理指标。结果表明，4 株内生真菌对菊花生长均有不同程度的促进作用，炼苗成活率达 100%；其中编号 C1、C4 菌株促生长作用较好，株高分别是对照的 126.21%、119.85%，根数分别是对照的 133.3%、112.59%。C1、C4 处理组菊花叶片 SOD、POD 活力分别是对照的 110.1%、105.84% 和 128.64%、148.65%；可溶性蛋白含量均高于对照；MDA 与对照比均略有降低；C1、C4 处理组 Pal 酶活力分别是对照的 157.04%、150.43%。表明两株内生真菌 C1、C4 能促进菊花生长及抗逆，有希望用于解决菊花种植上存在的连作障碍等问题。经鉴定，C1 为葡萄孢属（*Botrytis sp.*）真菌，C4 为球毛壳菌（*Chaetomium globosum*）。（宋文玲 戴传超 姜宝娟 蔡信之，2009）。

辣椒

笔者通过对拮抗辣椒疫霉（*Phytophthora capsici*）红树内生细菌的筛选研究发现，来自红海榄（*Rhizophora stylosa*）叶片的内生细菌 RS261 菌株对辣椒疫霉等多种植物病原菌具有较强的抑制作用，同时通过抗利福平 RS261 突变菌株回接再分离证明，RS261 菌株可通过叶部和根系侵入，具有沿维管束进行转运的能力，经常规和 16SrDNA 序列分析，鉴定为解淀粉芽孢杆菌（*Bacillus amyloliquefaciens*）。为进一步证实其防治辣椒疫病的能力，本文系统的研究了 RS261 菌株对辣椒果和幼苗疫病的防治效果，同时测定了 RS261 菌株与辣椒互作过程中主要防御性酶的活性变化。（柳凤 欧雄常 何红 胡汉桥 张小媛，2009）。从健康辣椒体中分离得到 3 株植物内生放线菌。利用插片法和埋片法对其形态特征进行了观察。并且通过对 3 株植物内生放线菌的对峙培养和抗菌谱测定得到具有生防潜力的菌株 Lj20，对其进一步采用明胶液化、牛奶凝固和胨化、淀粉水解和产纤维素酶能力等方法进行鉴定，结果表明：Lj20 及其发酵液对 11 种病原菌均有明显的拮抗作用。其中 Lj20 的发酵液对向日葵菌核病的菌丝生长抑制率高达 88.2%；初步鉴定 Lj20 属于金色链霉菌抗异亮氨酸变种（*S.aureus var.anti-isoleucicus Wang et al.*）。（邢鲲 韩巨才 刘慧平 张妹，2005）。

辣椒体内的枯草芽孢杆菌 BS-2 菌株在白菜体内定殖、促生和防病作用表明：①用抗利福平标记 BS-2^r 菌株浸种、浇灌土壤和涂抹叶片等方法接种，菌株均能进入白菜体内，并可在其全生育期内定殖；②菌液浸种 24h 后播种 20 天，其苗的鲜重比清水对照增加了 91.20%-138.04%；③菌株对白菜第 2 天和第 6 天的防效分别达 95.12% 和 46.71%；而对接种菌液之前已接种病原菌的处理无防病效果。④RS-2 菌株不仅可在白菜体内定殖传导，而且对白菜有明显的促生作用，同时对炭疽病还有良好的防治作用。（何红 蔡学清 兰成忠 关雄 胡方平，2004）。从广西一些县市采集辣椒茎标本，经分离得到 41 个细菌菌株，分属为土壤杆菌（*Agrobacterium spp.*）、分枝杆菌（*Mycobacterium spp.*）、微杆菌（*Microbacterium spp.*）、欧文氏菌（*Eruinia spp.*）和芽孢杆菌（*Bacillus spp.*），其中芽孢杆菌（*Bacillus spp.*）为优势种群。用抑菌圈法测定对茄青枯病菌有拮抗作用的有 3 个菌株，用浸种法和注射法测定具内生性的有 17 个菌株，具内生性同时又具拮抗作用的有 2 个菌株。（黎起秦 卢继英 林纬 陈永宁 卢，2004）。来自辣椒体内的枯草芽孢杆菌（*Bacillus subtilis*）BS-2 和 BS-1 菌株对香蕉炭疽菌菌丝生长、分生孢子形成及萌发等有较强的抑制作用，接种病菌 16d 后，两菌株对香蕉炭疽病防治效果达 34.0%（BS-1）-90.0%（BS-2），其中 BS-2 的防效比 BS-1 高。（何红 蔡学清 等，2002）。

以抗利福平为标记，用浸种、涂叶和灌根方法接种，测定菌株在植物体内的定殖。结果表明，来自辣椒体内的 BS-2 和 BS-1 菌株不仅可在辣椒体内定殖，也可在番茄、茄子、黄瓜、甜瓜、西瓜、丝瓜、小白菜等植物体内定殖，BS-2 菌株还可在水稻、小麦及豇豆等植物体内定殖，BS-2 菌株的内生定殖宿主范围比 BS-1 菌株的广；另外 BS-2 菌株可在辣椒和白菜体内较长期定殖。用常规方法、Biolog 及 16S rRNA 序列比较，两菌株鉴定为枯草芽杆菌内生亚种（*Bacillus subtilis subsp.endophyticus*）。（何红 邱思鑫 蔡学清 关雄 胡方，2004）。对健康辣椒植株体内的内生细菌及拮抗菌进行了分离筛选。结果表明，不同品种，部位及种植地，内生细菌的数量所有不同，品种间内生细菌的数量变化为 $2.83 \times 10^3 - 1.346 \times 10^6$ cfu/g（FW）；各品种以叶片中内生细菌的数量最多，其次为根，再次为茎，果最少。拮抗，防病测定表明，108 株辣椒内生细菌中，有 28.7% 的菌株对香蕉枯萎菌和黄瓜枯萎菌有拮抗作用。来自辣椒叶片和茎杆内的 BS-2 和 BS-1 两菌株，对 13 种植物病原真菌有较强和稳定的拮抗作用，其中对辣椒炭疽病有 57.34% - 94.08% 的防病效果，并可以在辣椒体内定殖。经鉴定该两菌株为枯草芽孢杆菌。（何红 蔡学清 等，2002）。从莱阳市城南辣椒大棚采集健康辣椒植株，利用稀释分离法从辣椒植株的根、茎、叶和果实中共分离出 8 株内生细菌，从中筛选出 2 株对西瓜枯萎病菌、棉花枯萎病菌、黄瓜枯萎病菌具有明显的拮抗作用，且拮抗细菌可造成枯萎病菌菌丝生长畸形、断裂和细胞壁瓦解。对 2 株细菌进行形态学和生理生化特性的测定，其性状与芽孢杆菌（*Bacillus*）和肉杆菌属（*Carnobacterium*）性状相似。（位增辉 罗丽 王远路 崔瑛 王美，2007）。

通过皿内对峙试验从 242 株供试内生放线菌中筛选到辣椒疫霉病菌拮抗菌 62 株，抑菌带宽度 ≥5mm 的 24 株，占试验总菌株的 10%，分别分离自黄瓜、牛蒡等 9 种植物的根部、茎部和叶片。用管碟法进行抑菌活性复筛，发现其中 6 株的无菌滤液对辣椒疫霉病菌和大豆疫霉病菌的抑菌圈直径 ≥20mm，其中 gCLA4 的抑菌活性最强。进一步的研究结果表明，该菌株的无菌滤液能够强烈抑制病菌孢子囊的形成及游动孢子的释放，原液对孢子囊形成及游动孢子释放的抑制率分别高达 100% 和 96.2%，稀释 50 倍后的抑制率仍分别达 95.3% 和 85.6%，并且对其菌丝生长也有明显的抑制作用。温室盆栽试验结果表明，菌株 gCLA4 对苗期的辣椒疫病有较好防效。接种疫霉菌前 48 h2、4 h 和 0 h 以 20 mL/ 盆（2 株 / 盆）浇灌 gCLA4 菌株无菌滤液于辣椒苗基部土壤，接种后 7 d 调查病株率，其防效分别达 100%、92.3% 和 80.8%，而接种 14 d 后分别为 77.8%、55.6% 和 36.1%，说明该菌株无菌滤液具有开发成生防制剂的潜力。（阿里玛斯 黄丽丽 涂璇 王美英 姚敏 康振生，2007）。BS-1 和 BS-2 对辣椒炭疽病具有较好的防治效果．经内生真菌 BS-1、BS-2 与病菌同时处理的椒果体内过氧化物氧化酶（POD）、苯丙氨酸氨解酶（PAL）、过氧化氢酶（CAT）活性，超氧离子自由基（O2-）产生速率，丙二醛（MDA）含量均较只经病菌处理的低；而可溶性蛋白含量分别比清水对照处理的高 168.2% 和 137.5%，比病菌对照处理的高 97.2% 和 92.3%．（蔡学清 何红 叶贻源 胡方平，2004）。浸种、涂抹及浇灌土壤等接种测定表明，辣椒内生枯草芽孢杆菌 BS-2（*Bacillus subtilis*）菌株对辣椒苗有明显的促生作用，其中以涂抹接种效果最好，鲜重和干重分别比对照增加 168.70% 和 181.25%；同时，该菌株可诱导辣椒体内吲哚乙酸等促进植物生长激素含量的提高，并降低脱落酸等抑制植物生长激素的形成等，是促进辣椒苗生长的主要机制之一。（蔡学清 何红 胡方平，2005）。

用扫描电镜观察了芹菜（*Apium graverolens*）、蕹菜（*Ipomoea alba*）、辣椒（*Capsiumannuum*）3 种植物根瘤的内生真菌。在这 3 种植物的根瘤内生真菌里发现了菌丝、泡囊、孢囊和孢等结构。另外，在蕹菜根瘤内生真菌里还发现了拟类菌体结构。经初步鉴定这 3 种植物的根瘤内生真菌为弗兰克氏菌（*Frankia*）。（刘丽 郭永军，1999）。利福平抗性和抗病原真菌标记测定结果表明，分离自辣椒的 2 株枯草芽孢杆菌（*Bacillus subtilis*）菌株 BS-2 和 BS-1 经浸种、涂抹、浇灌土壤等接种处理均能进入辣椒植株体内。涂抹接种 1~5d 后，接种上部叶中的菌量逐渐上升，浇灌土壤接种，在 1~15d 内植株体内菌量逐渐上升；浸种接种，植株从子叶出现到第 1 片真叶刚展开时，植株茎和叶中的菌量逐渐上升，之后下降。（蔡学清 胡方平 等，2003）。

兰桉

四川人工桉树林中的巨桉、尾叶桉、兰桉、大叶桉有外生菌根、内生真菌根和混合菌根 3 菌根类型，而窿缘桉缺少混合菌根类型。自然状态下，5 种桉树菌根化率有明显差异，其中以巨桉、兰桉最高，分别为 68.3%、64.6%，而窿缘桉菌根化率最低（29.6%）。（朱天辉 张健 等，2001）。

兰花

为探索菌根技术在兰科植物保育中的应用，以野生五唇兰的内生真菌根真菌和五唇兰组培苗为材料，进行组培瓶苗和盆栽苗的菌根化研究。利用固体培养的菌丝体与五唇兰无菌组培苗进行共生培养，15d 后，根染色法检测结果表明，真菌能够成功侵染根，菌根化苗的移栽成活率均达到 100%（对照为 63.33%）。种植 90d 后各菌株处理苗的鲜样质量增长率均高于对照，其中 F29 菌株处理苗的鲜样质量增长率高于对照 31.3%。在大棚栽培条件下，利用液体菌剂对盆栽苗进行菌根化培养。90d 后各菌株处理苗的成活率和鲜样质量增长率均高于对照，其中 1729 菌株处理成活率比对照高出 35%，鲜样质量增长率比对照高 33.24%。（柯海丽 宋希强 [1，2] 罗毅波 朱国鹏，2008）。

老鼠簕

从老鼠簕（*Acanthus illicifolius* L.）根际土壤和植物根、叶、茎中共分离得到 97 株微生物，其中包括 27 株放线菌，44 株细菌以及 26 株真菌，并且土壤中的分离得到的微生物最多。对获得的菌株进行细胞毒活性、抗金黄色葡萄球菌和抗白色念珠菌的测定，结果发现细菌的活性百分比最高，而放线菌和真菌活性百分比相对较低。（王蓉 [1，2] 洪葵，2007）。

荔枝草

从樟树、女贞、十大功劳、绞股蓝及荔枝草的叶片、叶柄、茎和枝条等部位分离内生真菌，并以金黄色葡萄球菌、枯草芽孢杆菌、大肠杆菌、绿脓杆菌为试验菌对分离的内生真菌进行了抑菌活性筛选.结果从 5 种药用植物中共分离出 124 株内生真菌,其中 37 株内生真菌对一种或多种供试菌有抑制作用,其中高抗菌活性菌株有 11 株。(周生亮 陈才法 房兴堂 蒋虹 魏,2007)。

莲瓣兰

本文对分离自莲瓣兰(*Cymbidium lianpan Tang et Wang*)根内的 5 株内生真菌利用氮源的生理学特性进行研究,采用的方法是三点种植实验,培养 5 天,测量氮源培养基上内生真菌菌落直径,同时,进行液体培养 5 天,将菌丝过滤,烘干至恒重,计算菌丝干重。结果如下:这 5 株内生真菌利用氮源能力各不同;其中,属于木霉属的 P161 菌株在硝酸钾液体培养基内生长最快,培养 5 天后菌丝干重达到 0.78g/100ml。(李明 周斌 施继惠 杨琳,2006)。对分离自莲瓣兰根内的 5 株内生真菌利用碳源的生理学特性进行研究,方法是三点种植实验,培养 5d,测量碳源培养基上内生真菌菌落直径,同时,进行液体培养 5d,将菌丝过滤,烘干至恒重,计算菌丝干重。结果:这 5 株内生真菌利用碳源能力各不同;其中,属于木霉属的 LP161 菌株在葡萄糖液体培养基内生长最快,培养 5d 后菌丝干重达到 1.18g/100ml。(李明 周斌 施继惠 杨琳,2006)。

楝科

从苦楝(*Meliaazedarach* L.)的根、茎、叶、果实中分离得到 99 株 14 个属的内生真菌(33 株因不产孢子未鉴定)。其中 7 月分离得到 7 个属,10 月得到 14 个属的内生真菌。由分离结果可知,根、茎中内生真菌的属多于叶和果实,且曲霉属的灰绿曲霉组、链格孢属和未见孢子 I 在全株均有分布。(王琪 傅育红 高锦明 王雅琴 李,2007)。

龙眼

龙眼炭疽病(*Colletotrichum gloeosporioides* Penz.)是龙眼生产中的一种重要病害,主要为害龙眼嫩梢、嫩叶、花穗和果实。该病害既是导致龙眼叶片枯死、花穗变褐腐烂、早期落花落果的重要原因,也是导致龙眼采收后贮运期间腐烂的重要原因。本试验测定了 14 种杀菌剂对龙眼炭疽病病菌的毒力作用,并用优选出的 4 种杀菌剂和 2 种木瓜内生真菌对龙眼采后炭疽病进行了防治试验,以期筛选出防治龙眼炭疽病的有效拮抗内生真菌和高效化学杀菌剂,减小炭疽病对龙眼生产造成的损失。(石晶盈 陈维信 刘爱媛 吴振先,2006)。对'福眼'龙眼果实的内生真菌进行分离纯化和脂肪酸鉴定,结果表明,在龙眼果实中检测到分属于肠杆菌属(*Enterobacter*)、果胶杆菌属(*Pectobacterium*)、克吕沃尔菌属(*Kluyvera*)和沙门氏杆菌属(*Salmonella*)的内生细菌,以及分属于枝孢霉属(*Cladosporium*)、柱顶孢霉属(*Scytalidium*)、外瓶霉属(*Exophiala*)内生真菌。(朱育菁 王秋红 陈璐 蓝江林 林抗美 刘波,2008)。

芦荟

[目的] 了解芦荟内生真菌的资源情况和种群多样性。[方法] 对来自广东省新会、珠海、潮州、东莞、深圳以及广州市的番禺和黄埔的库拉索芦荟中内生真菌进行分离纯化，并通过诱导产孢试验对其进行分类鉴定。[结果] 分别从 210 块芦荟叶组织和 210 块根组织中分离到 27 株和 16 株内生真菌，带菌率分别为 12.86% 和 7.62%。形态学鉴定结果表明分离的内生真菌属于 5 个属。*Aspergillus*、*Penicillium* 和 *Trichoderma* 的出现频率均大于 0.95%，为芦荟内生真菌的优势种群，而 *Colletotrichum* 为新发现属。珠海和潮州的芦荟内生真菌最多，出现频率均为 7.14%。从库拉索芦荟叶和根中均分离到 *Aspergillus* 和 *Penicillium*，而 *Colletotrichum* 和 *Trichoderma* 只在芦荟叶中分离到，*Chaetomium* 则只从根上分离到。[结论] 不同地点和不同部位的库拉索芦荟组织内生真菌的类群与分布均存在明显差异。（黄江华 向梅梅 姜子德，2008）。

从中华芦荟 [Aloe vera L.var Chinese（Haw Berg）]、元江芦荟 [A.yuanjiangensis Xiong & Zhengsp.nov.（暂拟）] 及库拉索芦荟（A.barbadsis Mill.）的根、叶、花柄、花中分离获得内生真菌共 88 株，经形态观察分类鉴定为 4 个目、3 个科、22 个属。且查明，芦荟不同种类不同部位微生物的数量、分布、种群及其组成存在有差异。（尹建雯 陈有为 杨丽源 李治滢 周斌 李绍兰，2004）。对从中华芦荟 [Aloe vera L.var Chinese（Haw Berg）]、元江芦荟（A.yuanjiangensis Xiong & Zheng sp.nov.）及库拉索芦荟（A.barbadsis Mill.）的根、叶、花柄、花中，分离的 88 株内生真菌，作了革兰氏阳性和阴性抑菌试验，研究了其抗菌活性。结果表明，芦荟植物不同种类、不同部位内生真菌的抗菌活性存在有差异。（尹建雯 陈有为 李治滢 李绍兰 周斌 杨丽源，2004）。对从芦荟中分离出的 88 株内生真菌进行抗真菌活性物质筛选结果表明：35 株芦荟内生真菌对 1 种或多种皮肤致病真菌，例如毛样枝孢（*Cladosporium trichoides*）、紧蜜单孢枝霉（*Hormodendrum compactum*）、皮炎单孢枝霉（*Hormodendrum dermatitidis*）等具有抑制生长作用，占供试菌株的 37.8%。来自中华芦荟、元江芦荟、库拉索芦荟分离获得内生真菌的抗真菌活性菌株比例分别为 50%、45% 和 31.5%。提示芦荟内生真菌种群可为人类寻找新的抗病原微生物活性物质提供基础条件。（尹建雯 陈有为 徐闻 杨慧敏，2005）。

从药用植物中华芦荟组织中分离出一株抗菌内生细菌 A11#，该菌产生广谱抗菌活性物质，对金黄色葡萄球菌、枯草芽孢杆菌等革兰氏阳性细菌和植物病原真菌均有较强的抑制作用；通过形态学观察及生理生化特征测定，初步鉴定归属于芽孢杆菌属（Bacillus）。该菌在初始 pH 值为 5.0～10.0 的 PDA 培养基上生长旺盛，生长最适 pH 为 5～7，培养液初始 pH 为 6～10 时发酵产生大量粘性物质；生长温度范围在 10～45℃，最适温度 28～37℃；在初始 pH5.0 和 30.5℃条件下发酵，其发酵液抑菌作用最强；该菌所产抗菌物质能耐 121℃处理 30min 而不影响其活性。在阿须贝无氮培养基上生长良好，在不加葡萄糖、蔗糖或淀粉的 LB 和牛肉膏蛋白胨培养基上不生长；同时还产生对高岭土有絮凝活性的物质。（李能章 彭远义，2004）。

从中华芦荟 [Aloe vera L.var.chinensis（Haw.）Berger] 的根和叶中分离出内生真菌 40 株，经形态学鉴定属于 3 目 3 科 7 属；分别对其液体发酵液进行抗菌活性检测．发现青霉属 LH4 和头孢属 LH34 菌株具有抗菌活性。（柯野 方白玉 曾松荣，2007）。

芦荑

Choiromyces aboriginum Mü1w1c6 是一株分离自芦荑的拮抗内生真菌。通过离体平板对峙培养检测和光学、电子显微镜观察，以及测定在活体植物上的拮抗活性，研究芦荑内生真菌 *Choiromyces aboriginum* Mü1w1c6 与病原菌及其寄主植物黄瓜之间的相互作用。对峙培养显示出较强的营养和空间竞争能力，对病原菌菌丝生长抑制率多高于 60%，对立枯丝核菌 *Rhizoctonia solani* 的抑制率达到 100%。显微观察证明它与多种病原菌有缠绕等重寄生现象。在互作研究中，*C. aboriginum* Mü1w1c6 可成功定殖于黄瓜苗的根部，预先接种能有效抑制瓜果腐霉 *Pythium aphanidermatum* 在黄瓜根部组织细胞内的扩展和定殖，对 *P. aphanidermatum* 引起的黄瓜苗期猝倒病有良好的防效，接种一次内生真菌防治效果为 44.29%，接种两次生防效果高达 88.49%。结果表明，*C. aboriginum* Mü1w1c6 对多种植物病原真菌具有广谱的拮抗活性，对黄瓜苗期猝倒病具有较好的生防潜力。（曹荣花 刘晓光 高克祥 Mendgen K，2008）。

芦竹

从黄海海岸芦竹中分离到一株木霉属的内生真菌 F0238。研究结果表明，F0238 菌发酵 4d 后的发酵液对西红柿的防腐保鲜作用与化学保鲜剂多菌灵和甲基托布津的混合液无显著差异，有良好的生物保鲜作用。（纪丽莲 张强华，2005）。从黄海岸芦竹（*Arundo donax*）中分离得到一株木霉属的内生真菌 F0238，在皿内及盆栽苗上对该菌防治烟草赤星病（*Alternarina alternate*）的作用进行了试验研究。皿内的对峙培养结果表明，F0238 对烟草赤星病菌有较强的营养竞争作用；盆栽试验表明，F0238 在 1010 个 /ml 孢子浓度下对烟草赤星病的预防能力达 90% 以上，108-109 个 /ml 孢子浓度下对烟草赤星病的治疗效果达 50% 以上，表明该菌具有潜在的防治烟 草赤星病的能力。（纪丽莲，2005）。从黄海海岸低盐药用植物芦竹（*Arundo donax* L.）中分离得到木霉属的内生真菌 F0238，对其进行拮抗植物病原菌活性及作用机制的试验研究。结果表明 F0238 发酵液对 *Botrytis cinerea*，*Sclerotium rolfsii* 等 8 种植物病原菌有强的抑菌活性及抑制孢子萌发作用，且这种作用在发酵原液被稀释了 160 倍后仍然存在；对峙培养试验表明 F0238 菌对植物病原菌有很强的拮抗作用，拮抗机制主要为重寄生作用、营养竞争作用及抗生作用等。（纪丽莲 张强华 崔桂友，2004）。对芦竹内生真菌 F0238 的细胞生长和代谢产曲酸量进行了代谢调控。结果表明，F0238 生长及产曲酸的营养和环境条件为：PDA 培养基，8% 淀粉为碳源，0.2% 蛋白胨为 N 源，发酵温度 28℃，初始 pH 为 6.5，发酵时间 5d/（120h），装液量 80mL/500mL 三角瓶。在摇瓶试验的基础上，对该菌发酵得到 F0238 发酵过程的动态曲线。动态曲线反映了在一个发酵周期内，发酵液的 pH 值、DO 值及残糖的降低趋势和生物量与抗菌产物量的上升趋势。（纪丽莲，2005）。从黄海海岸低盐药用植物芦竹（*Arundo donax*）中分离得到一株木霉属的内生真菌，对该菌抑制黄瓜灰霉病菌的活性及作用机制进行了研究。结果表明，芦竹内生真菌的菌悬液和发酵液对黄瓜灰霉病菌有较强的抑菌活性，且较为长效，提示该内生真菌细胞和代谢产物具协同作用；对峙培养试验表明，芦竹内生真菌对黄瓜灰霉病菌有很强的拮抗作用，拮抗机制主要为营养竞争作用、重寄生作用及抗生作用等；芦竹内生真菌对离体黄瓜的灰霉病斑扩展的抑制试验，进一步证实了该菌细胞和代谢产物的生物防治功能。（纪丽莲，2004）。

毛竹

采用稀释涂布法分离毛竹内生细菌，选用的基础培养基有 LB 培养基、TSA 培养基、金氏培养基、淀粉铵培养基、改良察氏培养基；寡营养培养基有 0.1×LB 培养基、YG 培养基、R2A 培养基，以确定用于分离毛竹内生细菌的适宜培养基。在 8 种培养基中，YG 培养基、金氏培养基和 R2A 培养基分离得到的细菌含量分别为 1.31×10^6、8.03×10^5 和 6.45×10^5 CFU/gfw；依据菌落形态种类，R2A 培养基分离到的内生细菌种类最多 8 种，其次 YG 培养基和金氏培养基均为 7 种。对分离得到的优势菌株进行 16SrDNA 序列测定，LB 培养基、TSA 培养基、YG 培养基、R2A 培养基、金氏培养基、淀粉铵培养基和改良察氏培养基分离得到的优势菌株与 *Mycoplana ramosa* 相似性最高，均为 91%；而 0.1×LB 培养基分离得到的优势菌株与 *Leifsonia poae* 相似性最高，为 99%。由此可知，0.1×LB 培养基分离得到的优势菌株为 *Leifsonia poae*，其他 7 种培养基分离得到的优势菌株为 *Mycoplana sp.*。结果表明，采用 R2A 培养基，YG 培养基和 0.1×LB 培养基分离毛竹内生细菌，可以达到较为理想的分离效果。（夏冬亮 任玉 李潞滨 孙磊 韩继，2009）。

茅苍术

从茅苍术的叶、茎和根中分离鉴定内生真菌，并观测内生真菌回接对茅苍术组培苗生长的影响。共获得茅苍术内生真菌 16 株，其中叶片中 14 株，根茎中各获得一株。分别为交链孢霉、镰刀霉、小克银汉霉、青霉、茎点霉、小菌核菌、孔球孢霉和不产孢类。经内生真菌和茅苍术快繁苗实验初筛，得到两株对植物无害的内生真菌：小菌核菌和孔球孢霉，将它们回接到茅苍术组培苗中，可以从苗叶片中染色观察到菌丝。其中小菌核菌能提高茅苍术炼苗的存活率，接入内生真菌的茅苍术叶片超氧化物歧化酶和过氧化物酶活性均高于未接菌的对照，脂肪酸不饱和指数基本不变，说明分离自茅苍术的内生真菌回接后可以与宿主建立共生关系。（陈佳昕 戴传超 李霞 田林双，2008）。

棉花

将来自 *Bacillus thuringiensis subsp.kurstaki* 的 Bt CRy I A（c）杀虫基因通过综合质粒载体 pBC601，整合到棉花（*Gossypium hirsutum*）优势内生细菌 Bacillus cereus（Bc9002）的染色体上，得到的工程菌对棉铃虫（*Helicoverpa armigera Hb.*）有杀虫活性。此综合质粒含有能在营养期表达 Bt cry I A（c）基因的强启动子，cry I A（c）杀虫基因，四环素抗性标记基因 tet^r 8.0kb 的 EcoR I-Nco I *B.cereus* 染色体片段。将综合质粒通过电击导入 *B.cereus*（Bc9002）中，综合质粒因含 *B.cereus* 染色体片段，可与 *B.cereus* 染色体发生同源重组，从而将 Bt cry IA（c）基因整合到 *B.cereus* 的染色体上。通过对转化子的 DNA 酶切分析，PCR 扩增，SDS － PAGE 凝胶电泳检测，ELISA 检测，电镜观察，毒力测定。结果表明 Bt cry I A（c）基因已经整合到内生细胞 Bc9002 的染色体上，并可高效表达。（徐静 张青文 等，2002）。对从塔里木盆地苦豆子中分离得到的内生细菌进行皿内涂布拮抗实验、对峙培养法拮抗实验和胞外分泌物的拮抗性测定等研究，结果表明塔里木盆地苦豆子中存在大量的拮抗性内生细菌资源。皿内涂布法筛选结果表明 550 株苦豆子内生细菌中有 118 株相对抑菌率超过 50%。对峙培养法对 118 株拮抗作用的菌株有 56 株。56 株拮抗性内生细菌胞外分泌物对棉花枯萎病菌的抑菌距离超过 5 mm 的有 35 株，具有较好的生物防治潜力。56 株拮抗性内生细菌经鉴定分别属于气芽孢杆菌属（*Aerobacilhu sp.*，7 株）、气单胞菌属（*Aeromonas sp.*，8 株）、芽孢杆菌属（*Bacillus sp.*，25 株）、黄单孢杆菌属（*Xanthomonas sp.*，5 株）、假单胞杆菌属（*Pseudomonas sp.*，5 株）、土壤杆菌属（*Agrobacterium sp.*，6 株）。（龚明福 林世利 马玉红 李超 郑贺云，2009）。

棉花抗虫工程菌是通过综合质粒载体，将 *Bacillus thuringiensis*（Bt）杀虫晶体蛋白基因 cryIA（c）整合到棉花优势内生细菌 *Bacillus cereus* Bc9002 的染色体上构建的重组工程菌。对该工程菌的染色体酶切分析、PCR 扩增、SDS-PAGE、ELISA 检测、晶体毒蛋白的电镜观察和毒力测定等检测后，将其分别以 3 种方式（注射、喷雾、浸种）接种棉花。该工程菌在棉株内的种群数量呈现动态变化：接种 2 周后，菌量开始猛增，4 － 6 周时达到 8×10^8CFU/g 植物组织，然后开始回落，10 周时达到接种时的菌量水平（10^3-10^4 CFU/g 植物组织）。工程菌在数量消长的同时，抗虫基因 cryIA（c）也逐步发生丢失，出现分化，其分化率（即 cryIA（c）基因丢失率）为：接种 2 周后约为 30%，4 周时约为 50%。而接种方式对工程菌的分化率影响不大，但不同接种方式和接种菌量会对工程菌株在棉株内的消长变化产生一定的影响。（徐静 寻广新 等，2001）。为探讨棉花黄萎病高效拮抗菌的拮抗机制，从新疆有毒植物掀麻（Urtica cannabina L.）中筛选出一株对棉花黄萎病具有较强抗性的内生真菌 XJUL-6，对其生物学特性进行初步研究，结果表明，36℃ ~ 38℃为最适生长温度，pH6 ~ 8 为最适生长 pH 值。根据其形态特征、生理生化检测、16SrDNA、（G ＋ C）mol%，将其鉴定为蜡状芽孢杆菌。（张洪涛 于频频 艾山江·阿布都拉 徐田枚吾，2007）。

从棉株中分离筛选到一株对棉花黄萎病菌具有较强拮抗作用的内生细菌 BSD-2。通过形态特征、生理生化特性以及 16SrDNA 碱基序列测定和同源性分析，鉴定其为枯草芽孢杆菌。平板对峙试验表明，BSD-2 对多种植物病原真菌有抑制作用。BSD-2 培养液以 50% 硫酸铵沉淀所得的拮抗物粗提液，具有良好的热稳定性和酸碱稳定性。对胰蛋白酶、蛋白酶 K 和胃蛋白酶均不敏感，对氯仿敏感，能够有效抑制黄萎病菌孢子萌发。（张铎 [1,2] 谢莉 [1,2] 张蕾 [1,2] 张丽萍 [,2]，2008）。论述了棉花黄萎病的生物防治策略，探讨了包括真菌、细菌、放线菌和内生真菌在内的棉花黄萎病生防因子及其生防机理，并提出了棉花黄萎病生物防治存在的问题和今后发展的趋势。（马平，2003）。

对不同品种和不同种植地区的健康棉花植株组织中内生细菌进行分离，共得到 102 个菌株。经鉴定分属于芽孢杆菌属（*Bacillus sp.*）、黄单孢菌属（*Xanthomonas sp.*）、假单孢菌属（*Pseudomonas sp.*）、欧文氏菌属（*Erwinia sp.*）及短小杆菌属（*Curtobacterium sp.*），其中芽孢杆菌的分离频率最高，为优势种群。对内生细菌数量测定表明，棉花种子、根、茎、叶柄、叶片等组织内均存在大量的内生细菌。不同品种、组织及种植地，内生细菌的数量不同。各组织中内生细菌的种群密度的分布特点是种子中最多，其次为根，再次为茎、叶片、花蕾。从 7 个棉花内生真菌的分离菌株中筛选出对棉花枯萎病菌有体外拮抗活性的菌株 22 个，占菌株总数的 25%；15 株对立枯丝核菌有抑制作用，占菌株总数的 17%。15 株对两种病原菌都有抑菌作用，其中有些菌株表现出较强抑菌活性，具有作为生防菌的潜能。（罗明 芦云 张祥林，2004）。本文从种群及其动态演变规律、研究方法、抗性诱导及机理等方面对棉花内生细菌近年来的进展进行了综合论述，并展望其应用前景。（兰海燕 宋荣 等，2000）。（邱晓 裴炎，1990）。（鲁素芸 陈延熙，1989）。于 1993 年棉花生长季节，对种植在偏砂性和偏粘性土壤中的不同抗枯萎病品种中棉 -12、86-1、川 73-27 和感病品种邯郸 -14 进行了内生细菌分析。试验分别在五叶期、现蕾期和开花结铃后期取样，在 TSB 培养基上分离维管组织内生细菌，共获得细菌分离物 5300 余株。细菌数量经 SAS 软件进行统计分析，结果表明，不同品种、不同土质及不同生育期的含菌量变化，在 $a = 0.05$ 水平上差异显著。四个品种在偏砂性土中的内（王琦 鲁素芸，1997）。（赵发清 马海燕，1999）。

用聚丙烯酰胺凝胶电泳法。研究接种植物内生性季防菌后，其诱导棉花抗黄萎病过程中棉花茎叶组织中的过氧化物酶、超氧化和的歧化酶和酯酶活性的变化。（1）诱导接种植物内生性生防菌 73a，接种点附近棉茎中的过氧化物酶活性高，表现为酶带宽，颜色深，活性明显强于单用针刺的对照，而针刺对照又明显于空白对照；接种后 4 天，接种 73a 等内生性防菌的酶谱比针刺对照及空白对照多 1 条 Rf 为 0.28 的酶带。挑战接种后 10 天测（夏正俊 顾本康，1997）。

通过在棉株 4 叶期针刺接种内生真菌 73a，测定其体内 POD、SOD 酶活性，结果显示：棉株体内的 POD、SOD 酶活性较对照（不接种）明显上升，可见，内生真菌 73a 诱导了 POD、SOD 酶活性的提高。挑战接种（先接内生真菌再接棉花黄萎病菌）结果，棉株体内的 POD、SOD 酶活性均增高。（吴蔼民 顾本康 等，2002）。通过标记天然不具有 Rif 抗性的内生真菌 73a，获得抗 Rif 100 μg/ml 突变体菌株，其表观和对大丽轮枝菌的抑菌作用没有变化，可以进行消长动态研究。经回收试验证明，内生真菌 73a 可以在棉花体内定殖。针刺接种后，内生真菌 73a 的数量都表现一个共同的"由增到减"趋势，即在 1-5d 内是一个持续增长的过程，在第 5d 达到最高水平；灌根处理表明：浸种处理后，73a 在棉苗体内定殖的数量均有一个下降的过程，其中常抗棉第 3d 体内的内生真菌数量是第 15d 的 11.50 倍。[（吴蔼民 顾本康 等，2001），（傅正擎 郑勤，1999）]。

73a、Ala 是对棉花黄萎病菌有拮抗作用的棉株组织内生真菌，对轩分别用生防细菌 73a、Ala 及其力株进行蘸根处理，然后移栽入人地病田，于 8 月下旬抽株生理性状及发病情况，结果表明，内生真菌 73a、Ala 对黄萎病具有良好的防治效果，73a 对朱生长还有一定的促进作用，表现为对棉花株高、果枝数、脱落有明显的改善；三种处理的产量均有不同程度的增加，其中 73a 表现出 18.15% 的增产效果。（吴蔼民 顾本康，2000）。

将从棉株体内分离获得的内生真菌 73a、Ala 接入棉花黄萎病菌菌株 JCIB、BP2 的 Czapek 培养液中，培养不同时间后提取粗毒素，用考马氏亮兰 G-250 法测定浓度，结果表明：对 BP2 产毒素抑制最强的为 Ala 菌体，抑制率达 51.97%；对 JCIB 产毒素能力抑制最强的是 73a 菌体，抑制率为 72.60%。（傅正擎 杨永滨，1999）。分析、测定内生细菌 73a、拮抗细菌 JB52 和化学药剂黄腐酸绿源宝单独使用、混合使用对棉苗生长、棉花产量的影响以及对棉花黄萎病的防治效果。结果表明：73a 和 JB52 都具有促进棉苗生长和提高棉花产量的作用，特别是 73a 的作用最强，苗期株高可增长 29.9%，鲜重增加 45.2%，田间试验效果为 1.5%；73a 菌液灌根对棉花黄萎病的防治效果最好，达到 50%；黄腐酸绿源宝对棉苗生长和棉花产量没有促进作用，但对防治棉花黄萎病有一定的效能；内生细菌 73a 与拮抗细菌 JB52 或黄腐酸绿源宝混用都不如单独使用效果好。（林玲 张爱香 金中时 王永山，2006）。（刘润进，1992）。

新疆是我国最大的优质棉生产基地，对我国棉花生产起着举足轻重的作用。近年来，由于植棉面积迅速扩大，连作及作物结构单一化导致了病虫危害日趋严重，尤其是棉铃虫的危害使产量受到很大影响。为解决这一问题，育种及植保专家们采取了各种方法以减轻虫害的损失。其中抗虫转基因棉的（贺宾 宋荣 高燕，2004）。[目的] 筛选与纯化棉花的优势内生真菌。[方法] 以棉花幼苗为试材，表面彻底消毒后，取组织匀浆涂布于不同培养基平板，观察培养出的菌落形态、挑取不同形态的菌落，然后进行平板划线纯化、镜检、斜面低温保存和菌种鉴定。[结果] 不同灭菌时间对棉花幼苗具有不同的灭菌效果。灭菌时间越长，灭菌效果越好，杂菌越少。灭菌 8min 较合适。分离后在固体琼脂培养基上长出了不同特征的单菌落，其菌落形态和颜色有所差异。有表面光滑的，有表面萎缩的，有周边圆润的，有周边呈不规则形状的。对所标记的菌落进行革兰氏染色，部分菌落被染成红色。[结论] 芽孢杆菌为棉花内生优势细菌，它的分离频率最高。（孔庆军 任雪艳 陆江红 景华 王莹 葛彬，2008）。本研究在分离植物组织内生真菌及根围土壤细菌的基础上，进行了室内拮抗活性测定，进而进行诱抗效果的检测。来自植物组织内部的细菌群落中含拮抗性较强的细菌群体较大。在拮抗群体中，经诱导，68.42% 菌株获得了抗 Rif 300 × 10-6 的突变体。抗利福平突变体菌株在培养性状、室内拮抗性及诱导抗性等方面，与原菌株均十分相似。以菌株 73a 诱导抗性效果较好，达 67.21%。诱抗效果与细菌在体内定殖与运转能力密切相关（夏正俊 顾本康，1996）。

魔芋

从魔芋的内生真菌中筛选到能抑制魔芋软腐病病原菌生长、产芽胞的杆状细菌，16SrDNA 序列分析表明该菌是一株枯草芽胞杆菌，命名为 BSn5。BSn5 的胞外蛋白提取液有抗菌活性，并具有对热不稳定，对蛋白酶 K 敏感，对胰蛋白酶不敏感的特性，SDS-PAGE 检测显示该蛋白提取液仅由分子量为 31.6kDa 的蛋白质组成。通过非变性聚丙烯酰胺凝胶电泳纯化该蛋白，纯化的蛋白能够抑制软腐病病原菌的生长，进一步表明该 31.6kDa 蛋白即为该菌的抗菌活性物质。该蛋白与目前所知的枯草芽胞杆菌产生的抗菌物质均不同，可能是一种新的抗菌蛋白。（周盈 陈琳 柴鑫莉 喻子牛 孙明，2007）。采用熏气法，可较为彻底地杀死魔芋球茎或根状茎的内生真菌，再配合酒精、HgCl2 等进行表面灭菌，可使初次接种污染率控制在 10% 以下，继代培养污染率控制在 5% 以下．从而建立魔芋试管苗的无菌繁殖体系，为试管苗的批量化生产提供了前提和技术保障。（陈永波 赵清华，2005）。

墨兰

从产物粤北山区的野生建兰根中分离出 4 株内生真菌，并对这些真攻在兰根上的感染特征及生理学特性进行了研究。结果表明，菌根真菌多数侵染感株根须离根尖 3 ~ 18 cm 的根毛区，而根尖和新长出的极则很少被感染；几乎所有的老根都受过真菌的感染。真菌菌丝从兰根表皮侵入，通过表皮层进入皮层薄壁细胞内部形成菌丝团，而在表皮层并不进入细胞内。也不形成菌丝团。真菌感染根状茎后第 9 天，皮层细胞内的菌丝团开始消解。所分离的菌株（潘超美 陈汝民，1999）。

木槿

采用匀浆法利用 S，JA，BAP 这 3 种培养基从木槿根瘤内分离出 6 株菌株并把菌株进行系统发育分析。结果表明 S 培养基分离效果较好；系统发育分析表明 4 株小单孢菌属、2 株野野村菌属、1 株马杜拉菌属。（张利敏 张利平，2009）。

木麻黄

利用 3 个内生真菌根菌和 10 个外生菌根菌接种滨海木麻黄苗．测定小苗的树高、地径、地上千质量、地下干质量、总生物量和保存率．结果表明：接种两种菌根菌后能显著地促进滨海木麻黄苗期的生长；滨海木麻黄对供试的内生真菌根菌和外生菌根菌的菌报依赖性都属于中等强度或较弱的依赖性。（陈羽 张勇 仲崇禄 陈珍，2006）。利用木麻黄能形成内生和外生菌根菌和菌根菌能促进共生植物生长，提高植物抗性的特性，在木麻黄无性系水培苗上接种 14 个外生和内生真菌根菌菌株，观察菌根菌对木麻黄无性系苗高的生长影响。结果表明 14 个外生和内生真菌根菌都极显著地促进了木麻黄无性系小苗苗高的生长，最大的比对照苗高增加了 68.5%，最小的也比对照增加了 14.7%，各菌株对木麻黄无性系苗高的促进作用大小依次为 ECTM（Pt）>4602>AM（混）>E439>0207>0201>0005>0204>E4726>9004>9480>9705>AM91>AM3004>CK。（张勇 陈羽 仲崇禄 陈珍 方发之，2003）。

在木麻黄无性系水培苗上接种 13 个外生和内生真菌根菌苗株，观察苗根苗对木麻黄无性系苗高生长和造林 12 个月后树高、胸径和保存率的影响．结果表明；13 个外生和内生真菌根菌都极显著地促进了木麻黄无性系小苗苗高的生长，最大的比对照苗高增加了 68.5%，最小的也比对照增加了 14.7%。2 个月后。多数菌根菌对木麻黄无性系的促生作用明显下降。只有 2～3 个苗根菌株可以显著或极显著地促进木麻黄的生长。（张勇 陈羽 仲崇禄 陈珍 方发之，2005）。（秦敏 王焰玲，1989）。用 Frankia 纯培养接种木麻黄苗木试验，获得了明显效果，苗高、地径、根瘤数、根瘤鲜重及生物量均比对照高。在 4 个供试菌株中，接种 Br 的效果最好，苗高、地径分别为对照的 3.5 倍和 2.7 倍，其次是 P1。接种效果随着苗龄增加越来越明显。苗木的高度、地径、生物量与根瘤数量、根瘤重呈极显著的直线正相关。（李炎香 吴英标，1995）。从福建、广东、海南岛的木麻黄根瘤中分离到 16 株内生真菌，它们都具有 Frankia 菌的典型形态特征。回接鉴定表明，除 4 株不侵染原寄主植物外，其余 12 株均具有侵染能力，但各菌株的侵染能力不同，这些菌株在培养基上的培养特征有一定的差异，实验菌株在 BAP 培养基上生长最好，在 Jan B10m，Qmold 等培养基上生长较差。（康丽华 曹月华 等，1990）。从普通木麻黄，细枝木麻黄和粗枝木麻黄根瘤上分离到具典型孢囊和泡囊特征的放线菌 Frankia sp 菌株 1 8 株，均获得培养。BAP 是木麻黄根瘤内生真菌生长的适宜培养基。同一木麻黄根瘤中有不同形态特征与侵染特性的内生真菌共存；木麻黄根瘤内生真菌在木麻黄不同种内可交叉侵染，还可侵染杨梅，四川桤（李志真 俞如礼，1998）。试验结果揭示了木麻黄弗兰克氏菌和木麻黄根瘤浸提液能抑制青枯菌生长，弗兰克氏菌 Or9032 和 9021 菌株的抑菌效果比其它供试菌株高；粗枝木麻黄的根瘤浸提液抑菌效果较山地木麻黄和普通木麻黄的抑菌效果好。苗圃试验表明根瘤量高的苗木对青枯病具有较强的抵抗能力。（康丽华，1999）。对 25 株木麻黄属和异木麻黄属的弗兰克氏菌进行侵染特性研究结果表明，从木麻黄属根瘤分离的弗兰克氏菌菌株在同属不同种木麻黄宿主之间可以交叉感染结瘤，显示其专一性在属的水平上。由异木麻黄属根瘤分离的弗兰克氏菌可以感染木麻黄属的根系结瘤，反映出其专一性在科的水平上。从木麻黄属和异木麻黄属分离的这些供试菌株均能侵染沙棘，结瘤率达 40% 和 100%，揭示出弗兰克氏菌具有跨越侵染不同科、属的能力。这些菌株全部不侵（康丽华，1997）。

对与福建、广州的细枝木麻黄、短枝木麻黄和粗枝木麻黄共生的 17 株根瘤内生真菌进行了形态培养、生理类群、营养源利用、代谢酶、宿主特异性等生物学特性进行了系统研究。结果表明，17 株木麻黄根瘤内生真菌具有分枝状菌丝、孢囊、泡囊等 Frankia 菌的特征性结构，FCc64、FCc92、FCe3 3 等菌株还具有串珠状菌丝段。木麻黄内生真菌有 A、B、AB 等 3 种生理类群，其中 B 群内生真菌多。菌株离体培养具有固氮酶活性，且差异显著。多数木麻黄内生真菌能良好利用吐温，只有少数菌株可利用葡萄糖等糖类物质。内生真菌不同生理类群在碳氮源利用、有机酸羧化和代谢酶产生等方面没有明显的对应关系，表现出丰富的多样性。侵染试验表明木麻黄 Frankia 菌株不仅可在木麻黄属内种间进行交叉侵染，还能侵染杨梅、沙枣和桤木等植物结瘤。（李志真 谢一青 王志洁 杨宗武 陈启锋，2003）。利用 3 个内生真菌根菌（AMF）和 6 个外生菌根菌（ECMF）接种山地木麻黄苗，测定小苗的树高、根长、地径、地上干质量、地下干质量和总生物量，并在干旱胁迫下测定小苗的保存率。结果表明：接种内、外生菌根菌后都能极显著地促进山地木麻黄苗期的生长；山地木麻黄对供试的 AMF 和 ECMF 菌根都属于中等强度或较弱的依赖性；山地木麻黄接种菌根菌后对地上部分（苗高、地径和地上干质量）生长的促进作用比地下部分（根长和地下干质量）要大；在供试的 9 个菌根菌种和菌株中，AMF 比 ECMF 更能提高山地木麻黄的抗旱力；筛选出菌根效应较好的菌根菌有：苏格兰球囊霉 90068、地表球囊霉 9004、黄硬皮马勃 0207、蜡蘑 E439，可在山地木麻黄苗期接种应用。（张勇 陈羽 李国标 陈珍 仲崇禄，2006）。用根瘤匀浆法，从粗枝木麻黄（Casuarina glauca）根瘤中分离到一株内生真菌 FCg77。生物学特性试验表明：该菌株的适宜分离培养基为 BAP 培养基，最佳碳源为吐温 -80，最适氮源为牛肉膏，能耐 5% 的盐分，生理类型为 AB 型，细胞壁化学组分为 III 型。结合回接试验结果，初步判定分离菌株 FCg77 应属于弗兰克氏菌（Frankia）的成员。（谢一青，2004）。

牧草

通过对高寒牧草内生细菌的分离培养方法研究，得出了优化的分离培养条件，即牧草不同组织器官用 0.19/6SDS 浸泡 15min、3%NaClO 浸泡 3min、0.1% 升汞浸泡 10min、75% 酒精 1-2min 处理后（各步间均用无菌水冲洗 3 ~ 4 次），研磨并稀释至 103，涂布于 TSA 培养基上，置 28℃恒温条件下培养 5-7d，可从高寒牧草组织中分离获得数量、种类较多的内生细菌。用此方法，已从 5 种牧草不同组织器官（根、茎、叶、花）中分离获得大小、形态、颜色各异的内生细菌 315 株。（满百膺 陈秀蓉 李振东，2008）。内生真菌广泛分布在禾本科植物体内，通常与寄主植物形成互利共生的关系。本研究就禾本科牧草内生真菌的分布及传播特点，增强寄主植物的抗虫性、抗病性和抗旱性，促进寄主植物生长并提高其竞争能力，以及对家畜的危害和如何有效利用等问题进行综述。（黄东益 黄小龙，2008）。植物生长室条件下，通过比较含（E＋）与不含（E－）内生真菌的布顿大麦草的生物量，分蘖数等指标，研究确定了内生真菌对寄主生长的影响。结果表明，与E－植株相比，E＋植株的总生物量增加 36.4%，地上部分牧草干物质产量增加 33.3%，根干重增加 30%，每株植株的分蘖数增加 136.8%。（南志标，1996）。内生真菌与牧草寄主形成互利的共生体，一方面植物为内生真菌提供光合产物和矿物质；另一方面内生真菌促进植物生长发育，增加了其抗逆性等．但是内生真菌可产生多种麦角生物碱，家畜采食这种牧草后，会产生中毒综合征，所以在未来的研究中应以创造有益的牧草—内生真菌共生体作为目标，从而提高牧草的应用价值。（朱艳秋 孟锐 王玉洁 谭志琼，2008）。采用玫瑰红染色法，对新疆天然草地中的部分禾草植物内生长菌进行了调查，发现醉马草和阿拉套羊茅种子及群组织中均含有丰富的内生真菌，50 粒种子侵染率分别为 96% 和 100%。（李保军 孙穗长，1996）。

苜蓿

[目的] 分离和筛选苜蓿内生放线菌，为进一步筛选拮抗菌株打下基础。[方法] 从健康苜蓿组织中分离得到 3 株内生放线菌，对其进行初步鉴定、皿内对峙培养。[结果] MX2 及其发酵滤液对 11 种靶标菌均有一定的拮抗作用，特别对番茄灰霉、西瓜枯萎菌有明显的抑菌作用。[结论]MX2 是一株具有生防潜力的菌株。（王燕[1，2] 宗兆锋 詹刚明 胡普辉，2009）。

南蛇藤

对从南蛇藤果实中分离的 16 株内生真菌用马铃薯葡萄糖培养基进行液体培养，将发酵产物中的发酵液用高压蒸汽湿热灭菌，菌丝体晾干研磨后用丙酮提取．用发酵处理液和丙酮粗提物对一些常见的植物病原菌进行抑菌活性测定．结果表明，发酵产物的抑菌率在 50% 以上的活性菌株有 13 株（占 81.2%）．说明南蛇藤内生真菌中的抗病原真菌资源十分丰富，其中抑菌活性最强的发酵处理液的抑菌率高达 90.5%，菌丝粗提物的抑菌率达 89.2%，但活性菌株的抗菌谱比较狭窄．（杨润亚 程亮 刘珂，2006）。采用 ITS 序列分析对从南蛇藤中分离到的一株内生真菌 Y4 进行了鉴定，并对其液体发酵产物的抑菌活性和化学成分进行了初步研究．结果表明，Y4 是子囊菌门的炭疽菌属（*Colletetrichum*）真菌，其菌丝体乙醇提取物的正丁醇相萃取物对 7 种植物病原真菌都有较强的抑菌活性。（杨润亚 姜琳琳 侯美灵 焉兆萍 李晴雯，2008）。

盘龙参

从盘龙参 [*Spiranthes sinensis*（*Pers*）*Ames*] 的根、茎、叶中共分离得到 49 株内生真菌，

经形态观察，鉴定为 3 目、4 科、9 属。其中曲霉属、镰刀孢属、丝核菌属为优势种群，分别占已分离菌株数的 16.3%、14.3% 和 14.3%。不同组织部位所分离得到的内生真菌在种群及数量上都存在差异：根中的优势属为镰刀孢属，占根中分离菌种数的 30.5%；叶中的优势属是链格孢属，占到叶中分离菌种数的 26.3%；茎中的优势属为长蠕孢属，占到叶中分离菌种数的 23.1%。表明盘龙参内生真菌的分布具有一定的组织专一性。（程玉鹏 [1，2] 王振月 李慧玲 高宁，2008）。

苹果

自 2003 年 4 月开始，对河北省主要果树苹果、葡萄、梨树、桃树、杏树、核桃等 6 个树种的 VAM 菌根资源进行了调查，测定其侵染率及其根际土壤中真菌孢子含量。同时进行苹果幼苗接种实验，探讨了接种方法，观测接种苹果苗根系生长情况。观测发现：在苹果、葡萄、梨树、桃树、杏树、核桃等 6 个树种的根际土壤中分布着球囊霉属、无轴孢囊霉属、巨孢囊霉属等 3 个菌属；通过对苹果组培苗接种后 4 周的观察，发现根系生长接种的与不接种的有显著差异；从不同地区、不同树种分离出的菌种，在苗木上接种后其生长状况有显著差异，同一树种上菌种接种后，苗木生长效果最好。（冯庆革 高计辰 刘明芳 杜荣芬，2005）。采用常规分离法对不同生长季节苹果树的不同部位进行了内生细菌分离 . 结果表明，内生细菌的分离几率和数量不同 . 通过平板对峙培养和发酵液抑菌活性测定，在所分离的 118 个菌株中，筛选出 7 株对苹果斑点落叶病菌（*Alternaria alternata f.sp. Mali*）具有较强拮抗作用的菌株，其中菌株 B86 和 B91 的发酵滤液在活体上对苹果斑点落叶病的防治效果显著，分别为 73.72% 和 75.32%. 两菌株培养滤液对病菌分生孢子萌发具有抑制作用，并造成芽管畸形膨大，呈泡囊状，泡囊消解破裂；两菌株产生的抑菌物质具有热稳定性 . 表明 B86 和 B91 菌株具有一定的生防潜力。（马青 苏静，2007）。采用组织块分离法、单菌丝挑取法，从采自 3 个不同地点的银杏（*Ginkgo biloba* L.）叶和茎部中分离出 16 株内生真菌，对其进行了抗菌活性的初步研究 . 结果表明：有 9 株能够抑制苹果腐烂病病原菌的生长，其中 4 株菌对病原菌有显著的抑制作用，并大于同样条件下拮抗培养的瑞氏木霉的抑菌效果。（邓振山 [1，2] 赵龙飞 张薇薇 冀玉良 [1，2009）。本文主要研究了不同贮藏温度下禾草内生真菌 *Bacillus amyloliquefaciens* ES-2 菌株对苹果青霉病的抑制效果。ES-2 菌株的各处理液在苹果果实和 PDA 培养基上对苹果青霉病菌均有抑制作用。较低的贮藏温度有利于拮抗菌对病菌的抑制效果；24h 后接种病菌孢子的果实其病斑直径一般都高于 48h 后接种的果实。（孙力军 王超男 孙德坤 吴士云 孙永康，2008）。

蒲公英

[目的] 从蒲公英中筛选对禽类致病菌有较强抑制作用的植物内生真菌。[方法] 采用形态学方法对分离菌株进行鉴定，以鸡致病性大肠杆菌、沙门氏菌为指示菌对分离得到内

生真菌株发酵产物进行抑菌试验。[结果]从药用植物蒲公英的根和叶中分离得到3株内生真菌，分别记为PG1、PG2和PG4。初步鉴定PG1属于镰孢霉属，PG2和PG4属于卵形孢霉属。它们的发酵产物对鸡致病性大肠杆菌均有较强的抑制效果，但对沙门氏菌无抑制作用。其中，PG1的发酵液与PG2菌丝体丙酮提取液抑菌效果与2种常用禽用抗生素抑菌效果相当。[结论]蒲公英内生真菌在禽类细菌性疾病的防治中具有一定的效果。（李伟南 张慧茹，2008）。

旗草

从形态学水平和DNA水平上对11个旗草内生真菌交织顶孢霉 *Acremonium implicatum* 分离物的遗传多样性进行研究。结果表明，分离物在形态学和DNA水平上都表现出遗传多样性。在PDA培养基上，依据生长特性将这11个分离物划分为9类。通过11个随机引物对旗草内生真菌分离物基因组DNA进行RAPD分析，当相似系数为0.93时，11个旗草内生真菌分离物被聚类为7组。用4对选择性引物进行AFLP分析，当相似系数为0.95时，这些分离物也被聚类为7组。RAPD聚类结果与AFLP聚类结果的相关系数大于0.98。RAPD和AFLP聚类结果与形态学上的分类基本一致。（黄东益 黄贵修 吴坤鑫 黄小龙，2008）。旗草内生真菌交织顶孢霉的7个不同分离物对旗草主要病源真菌德氏霉和立枯丝核菌在PDA培养基上的体外对峙试验表明，大多数内生真菌分离物对这2个病原菌都有不同程度的抑制作用，不同分离物对同一病原菌的抑制作用不同，同一分离物对不同病原菌的抑制作用也不同，EB6780.501和EH 32a对德氏霉和立枯丝核菌的抑制作用最强。旗草植株抗病试验表明，内生真菌感染的植株对叶枯病具有明显的抗性，但这种抗性随着病原菌立枯丝核菌入侵时间的延长而减弱。（黄东益 黄小龙 SEGENET Kelemu，2009）。[目的]研究杀真菌剂去除旗草内生真菌的效果。[方法]采用杀真菌剂Benomyl、Propiconazole、Folicur对感染内生真菌 Acremonium implicatum 的旗草植株进行杀菌处理，通过内生真菌的特异PCR检测，评价不同处理的除菌效果。[结果]每种处理都有除菌作用，但都不能100%地去除内生真菌。相对而言，杀真菌剂在低浓度（10~25μg/L）长时间（35 d）沙培处理的效果比高浓度（75~150μg/L）短时间（5 h）的浸根处理效果好。[结论]杀真菌剂Benomyl、Propiconazole、Folicur对旗草内生真菌的去除有一定的效果，采用低浓度沙培处理效果较好。（黄东益 黄小龙，2008）。

茜草

对中药植物茜草（*Rubia cordifolia* L）的内生真菌进行了分离和抗菌活性筛选，获得一株具有广谱抗菌活性的内生细菌。该细菌对常见的3种人类病原菌和4种植物病原菌具有拮抗作用。传统分类学和基于16SrRNA基因的分子分类学证据表明，该内生细菌为一株新的枯草芽孢杆菌，命名为Bacillus subtilisRC4。B.subtilisRC4在综合马铃薯培养基

（pH 值 5.0）中于 28℃振荡培养 60h，产生的代谢物对白色念珠菌的抗菌活性最强。抗菌活性物质在 100℃受热 20min，活性维持 80% 以上，且在 pH 值 2.0-11.0 范围内稳定。经硅胶柱层析和高效液相色谱分离，得到主要抗菌活性化合物，质谱分析表明其分子量约为 288Da。（周涛 肖亚中 李妍妍 洪宇植 王永中，2007）。

茄子

从罹病及健康的茄子植株中分离到 409 株内生细菌，通过离体抑菌作用初筛，共得到 55 株对茄子黄萎病菌有拮抗作用的细菌，占菌株总数的 13.45%。拮抗活性测定表明，多数拮抗细菌与病原真菌之间可以产生清晰的抑菌圈，抑菌圈直径最大的可达 13.9cm，少数细菌在 PDA 平板上呈蔓延生长。过滤除菌的细菌培养液经生长速率测定，浓度为 20% 时，有 6 株内生细菌对茄子黄萎病菌抑制率 ≥50%，最高的达 61.21%。（乔勇升 [1，2] 林玲 张爱香 陈双林，2005）。

芹菜

用扫描电镜观察了芹菜（*Apium graverolens*）、蕹菜（*Ipomoea alba*）、辣椒（*Capsium annuum*）3 种植物根瘤的内生真菌。在这 3 种植物的根瘤内生真菌里发现了菌丝、泡囊、孢囊和孢等结构。另外，在蕹菜根瘤内生真菌里还发现了拟类菌体结构。经初步鉴定这 3 种植物的根瘤内生真菌为弗兰克氏菌（*Frankia*）。（刘丽 郭永军，1999）。

青蒿

应用酸解法对黄花蒿（*Artemisia annua* L.）内生胶孢炭疽菌（*Colletotrichum gloeosporioides*）菌丝体进行提取，在黄花蒿发根培养系统中比较了各制备提取物的青蒿素诱导活性。活性提取物经过 SephadexG25 层析后，部分纯化的内生真菌寡糖提取物（MW〈2500）可显著促进发根青蒿素的合成，培养 23d 的发根经诱导子（0.4mg/mL）处理 4d 后，青蒿素产量可达 13.51mg/L，比同期对照产量提高 51.63%，诱导作用与诱导子浓度、作用时间相关。（王剑文 郑丽屏 谭仁祥，2006）。在黄花蒿（*Artemisia annua* L.）发根液体培养中，黄花蒿内生炭疽菌（*Collctotrichum* sp.b501）细胞壁寡糖提取物可促进发根青蒿素的合成，经寡糖诱导子（20mg/L）处理 4d 后，发根青蒿素含量达 1.15mg/g，比对照高出 64.29%。诱导作用与诱导子浓度，作用时间相关。诱导处理 1d 后，X 射线能谱分析表明黄花蒿发根细胞中 Ca^{2+} 积累量显著增高，电镜观察发现液泡内出现高电子致密物，具活性氧清除作用的过氧化物酶表现出高活性（6.5unit·min-1·g-1FW）。诱导处理第三天，细胞核 DNA 呈梯度条带降解，部分细胞出现程序化死亡。内生真菌细胞壁寡糖提取物引起的生理反应有利于细胞中青蒿素的生物合成。（王剑文 夏仲豪 等，2002）。以菊科植物青蒿的根、茎、叶为材料，从中分离出内生真菌 63 株，其中细菌 43 株，真菌 12 株，放线菌 8 株；以棉花枯萎、小麦赤霉、番茄叶霉等 12 种病原真菌做为靶标菌，研究内生真菌的抗菌活性，筛选出了有较高抗菌活性的 1 株内生真菌、9 株内生细菌和 3 株内生放线菌。（田小曼 [1，2] 吴云锋 张珏，2008）。

瑞香

为了进一步研究根际真菌和内生真菌与植物之间的关系，笔者对生长在甘肃的甘肃瑞香根茎和根际土壤进行真菌的分离，结果获得真菌 66 株。经显微形态观察鉴定，它们均属于半知菌亚门的 9 个属，其中青霉属 30 株，约占总数的 45.5%，属于绝对优势类群。试验结果充分表明甘肃瑞香的根际真菌和内生真菌有着丰富的多样性。（杨航宇 芦维忠 袁君辉，2006）。从瑞香（*Daphne odora Thunb*）的茎、叶分离获得植物内生真菌共 20 株，经显微形态观察将其中 16 株分类鉴定的 8 个属，结果表明，瑞香具有丰富的内生真菌资源，不同部位内生真菌的分布是不同的。（陈晔 罗敏 帅敏 李军 方亮，2003）。

三叶草

有关苇状羊茅与三叶草属植物间毒素抑制现象已有报道结果并不一致，许多苇状羊茅的植株侵染内生真菌（Acremonium coenphialum Morgan-Jones & Gams），这可能是造成研究结果不一致的部分原因。在研究无内生真菌的苇状羊茅（TF-E）和有内生真菌的苇状羊茅（TF＋E）的种子浸出液对 5 种三叶草种（Trifolium）的种子萌发和幼苗生长（包括枝条、枝和根毛的密度）的影响，这 5（Spri.，TL 白朴，1998）。150 桑桑粒肩天牛（Apriona germari Hope，Ag）幼虫是一种营钻蛀性生活的重要林业害虫，通过传统纯培养、生理生化鉴定和 16SrDNA 分子生物学分析等方法分离、鉴定出其肠道优势内生真菌溶血葡萄球菌（*Staphylococcus haemolyticus*，S.haemolyticus）Ag06 菌株和人葡萄球菌（*Staphylococcus homis*）Ag08 菌株。从中筛选菌株 S.haemolyticus Ag06 进行质粒消除后作为出发菌株，利用电转化技术将含有对鞘翅目昆虫具专一性毒力 Bt 杀虫基因 cry3A 的 Escherichia coli-Bacillus thuringiensis 穿梭表达质粒 pHT305a 和 pHT7911 分别转入其中。经质粒稳定性试验、转化子生长特性测试等分析，结果显示 cry3A 基因已经成功转入 Ag 幼虫的优势内生真菌溶血葡萄球菌中。（何伟 王中康 陈金华 李强 曹月青 殷幼平，2008）。报道了分离自我国尼泊尔马桑根瘤的 2 0 株内生放线菌的系统的生物学特性。这些菌株在形态上具弗兰克氏菌属的典型特性，即丝状菌丝体上有孢囊和泡囊。少数菌株还有串珠状生殖菌丝。但它们在培养特征，生理特性，细胞化学组分，拮抗性，细胞可溶性蛋白和脂酶同功酶电泳图谱，质粒类型和限制酶切图谱彼此均有较大差异，几乎没有两个菌株在所有检测指标的结果上是相似的。表明马桑弗兰克氏菌在生物学特性上有明显的多样性。（胡传炯 周平贞，1998）。多次采用根瘤切片法直接从野生的马桑树瘤中分离内生真菌纯培养物均未获成功；但用同样方法从温室里人工接种形成的马桑根瘤中却分离到大量纯培养物，其中 273 株经盆栽回接后发现有 24 株能侵染结瘤，少数菌株还通过半固体斜面和珍珠岩盆栽回接成功。对 10 株纯培养物表型特性的研究表明，它们均具有 Frankia 的形态和培养特征；生理类型除有 A，B，两型外，尚出现有一害 A，B 混合型，其中凡属 B 型菌株均能侵染结瘤，A 型则不能侵染结瘤。（胡传炯 周平贞，1999）。采用胶内裂解法快速检测了 21 株马桑根瘤内生真菌纯培养物和 4 株弗兰克氏菌参考菌株的质粒，其中有 5 株马桑分离菌株和 1 株参考菌株含有质粒。除马桑菌株和参考菌株各有 1 株携带 2 个质粒外，其它菌株均只含有 1 个质粒。这些质粒的分子量约为 13-20kb。根据所含质粒的大小和数目，将 2 1 株马桑分离菌株划分成 4 个质粒类群。实验还对菌丝体生长，细胞酶解和裂解等条件对质粒检测效果的影响进行了探讨。（胡传炯 周平贞，1997）。【目的】对从健康桑树叶片中分离到的一株内生拮抗细菌 Lu10-1 进行鉴定，并探讨该菌株在桑树体内的定殖。【方法】通过形态观察、生理生化指标测定及 16S rRNA 基因序列同源性分析，结合 recA 基因特异引物 PCR 检测法对菌株 Lu10-1 进行分类学鉴定；以抗利福平（RiD 和氨苄青霉素（Amp）双抗药性为标记，采用浸种、浸根、涂叶和针刺等方法接种，测定 Lu10-1 菌株在桑树体内的定殖。【结果】结果表明，菌株 Lu10-1 属于伯克霍尔德氏菌属（*Burkholderia*），与亲缘关系较近菌株 B.cepacia（X80284）的同源性达 98%，该菌株的 16S rDNA 序列已在 GenBank 中注册，登录号为 EF546394；Lu10-1 菌株浸种接种后，菌株在桑苗组织中的数量总体上呈现下降趋势，到第 20 天后菌量趋于稳定；细菌浸根接种后，菌株在茎叶部定殖的菌量均呈现出"先增后降"的趋势。【结论】内生拮抗细菌 Lu10-1 归属于洋葱伯克霍尔德氏菌基因型Ⅰ；该菌株可在桑树体内长期定殖并传导，且在定殖过程中菌株的拮抗性能未改变；为将该菌株导人桑树体内进行病害的生物防治提供了理论依据。（牟志美 路国兵 冀宪领 盖英萍，2008）。禾草内生真菌种类多、分布广，具有促进植物生长、增强宿主植物抗逆性等多种作用。同时禾草内生真菌能产生多种不同类型的次生代谢产物，并已成为新型化合物开发的重要来源和途径。桑树作为重要的经济植物，其内生真菌的研究对桑树病虫害的生物防治、新药的开发都具有十分重要的意义。本文就桑树内生真菌的研究现状及利用前景进行简要综述。（谢洁 夏天，2008）。对不同品种健康桑树植株组织中的内生细菌进行分离，共得到 229 个菌株。探讨了较合理的内生细菌分离纯化方法，对内生细菌数量进行了测定。结果表明，桑树根、茎、叶柄、叶片、花蕾等组织内均存在大量的内生细菌，且不同品种及组织中内生细菌的数量均存在差异。离体抑菌作用测定表明，229 株桑树内生细菌中，有 42 株（18.3%）菌株对桑树炭疽病菌有拮抗作用，有 25 株（10.9%）菌株对桑粘格孢菌有拮抗作用；以上 67 株菌种又有 8 株菌株对多种病原真菌都有抑菌作用，表现出较强抑菌活性，具有作为生防菌的应用潜能。对 8 株内生拮抗菌株进行了细菌学鉴定，结果表明，菌株 G21、G49 、Y12 和 J26 归属于芽孢杆菌属（Bacillussp.），G82 和 J50 归属于假单孢菌属（Pseudom onas sp.），Y33 归属于欧文氏菌属（Erwinia sp.），B19 归属于短小杆菌属（Curtobacterium sp.）。（路国兵 冀宪领 张瑶 牟志美 王，2007）。用组织分离法从不同桑树品种的器官组织中共分离出内生真菌 114 株，经显微形态观察，鉴定 114 株内生真菌分别归属于镰孢霉属 Fusarium、链格孢属 Alternaria、柱霉属 Scytalidium 等 21 个属，表明桑树内生真菌具有丰富的生物多样性。不同桑树品种树体内的内生真菌分布有一定差异。（窦学娥 牟志美 韩景瑞 高绘菊，2008）。【目的】将特异性杀虫毒蛋白基因 Btcry3A 转入桑粒肩天牛（Apriona germari Hope，Ag）幼虫肠道常驻内生真菌中，构建能在天牛幼虫肠道中定殖并表达特异性杀虫基因 Bt cry3A 的工程菌。【方法】以传统方法和 16S rDNA 分子生物学分析等方法分离、鉴定 Ag 幼虫肠道优势的常驻内生真菌，从中筛选出适合转化的候选菌株。利用电转化技术将含有对鞘翅目昆虫具专一性毒力 Bt cry3A 基因的 Escherichia coli-Bacillus thuringiensis 穿梭表达质粒 pHT305a 和 pHT7911 分别转入 Ag 幼虫肠道常驻内生真菌短短芽孢杆菌（Brevibacillus brevis Ag12，Ag12）和苏云金芽孢杆菌（Bacillus thuringiensis Ag13，Ag13）中。

【结果】从 Ag 幼虫肠道共分离获得 18 个不同种的可培养细菌菌株，并从中选取菌株 Ag12 和 Ag13 作为出发菌株转入 Bt cry3A 基因。经质粒稳定性试验、转化子生长特性测试、伴胞晶体电镜检测、毒蛋白 SDS-PAGE 分析、工程菌定殖性分析以及生物毒力测试，结果显示 cry3A 基因已经成功转入 Ag 幼虫的常驻内生真菌短短芽孢杆菌和苏云金芽孢杆菌中，并且工程菌 Ag12-305a、Ag13-305a、Ag12-7911 和 Ag13-7911 都能在天牛幼虫肠道内稳定生长、繁殖并表达分子量约 65kDa 的伴孢晶体杀虫蛋白 Cry3A。

【结论】Bt cry3A 基因已成功转入桑粒肩天牛幼虫肠道优势常驻内生真菌中，获得了四株能在桑粒肩天牛幼虫肠道内定殖，并能表达目的杀虫基因 Bt cry3A 的转基因工程菌。（王中康 何伟 彭国雄 夏玉先 李强 殷幼平，2008）。首次对金钱松内生真菌进行了分离，采用改良氯化三苯四氮唑显色（TTC）微量稀释法，对其活性菌株进行筛选：以 11 种常见导致食品腐败的细菌、酵母菌、霉菌为指示菌，研究了活性菌株的抗菌能力。结果表明：金钱松内存在着广泛的具有抗菌活性的内生真菌，占内生真菌总数的 28.5%，高活性菌株占 15.2%，其中 JJ18 菌株发酵粗提物具有强烈的抗细菌、酵母菌和丝状真菌的广谱抗菌能力，JJ314 抗细菌、酵母菌活性强。金钱松内生真菌抗菌活性是潜在的食品防腐抗菌资源。筛选方法准确可靠。（何佳 陈钧 赵启美 [1, 2] 祁红兵，2007）。洋葱伯克霍尔德氏菌（Burkholderia cepacia）Lu10-1 是从桑叶中分离得到的一株具有抗菌及促进植物生长等多种生物学功能的内生细菌。利用基于统计学的响应面法（response surface methodology，RSM）对影响该菌产生抗细菌活性物质的发酵培养基组成和发酵培养条件进行了优化。部分重复因子试验表明，酵母浸粉和氯化钠是培养基组分中的主要影响因子，其中酵母浸粉为正效应，氯化钠为负影响；结合最陡爬坡路径逼近最大响应区域和中心组合设计及响应面分析，确定了培养基中主要配方的最佳质量浓度为蔗糖 17.0 g/L、酵母浸粉 5.855 g/L、氯化钠 4.519 g/L、磷酸二氢钾 0.2 g/L。通过 PB（plackeet-burman）试验发现接种量和发酵温度是该菌株产生抗菌活性物质发酵条件中的主要影响因子，经中心组合设计法优化的最佳发酵条件为：接种量 0.0277 mL/mL，摇瓶装液量 100 mL，发酵温度 30.29℃，培养基初始 pH6.2，培养时间 42 h。（查传勇 董法宝 杨悦 冀宪领 牟志美，2009）。从多年生野生鲁桑的枝条中分离出 190 株内生细菌，并分析其多样性指数（H）、丰度（D）、均匀度（J），发现在不同发育时间的桑树枝条中，内生细菌的种类、数量和多样性指数明显不同，枝条发育时间越长，越不利于内生真菌的生长，而 1 年生枝条最有利于内生细菌的生长。分离得到 1 株优势内生细菌，命名为 ME0717。经培养性状观察、形态鉴定、染色反应等生化特性测定以及 16SrDNA 序列分析，鉴定 ME0717 为枯草芽孢杆菌（*Bacillus subtilis*）。ME0717 菌体和发酵液对桑炭疽病菌（*Colletotrichum morifolium Hara.*）、桑漆斑病菌（*Myrothecium roridum TodeetFr*）的菌丝生长和孢子萌发均有明显的抑制作用，随着培养时间的延长，菌株的发酵液对两种病原菌的菌丝生长和孢子萌发的抑制作用增强。（胥丽娜 徐亮 刘宝军 许玉娟 赵春青 刘振宇，2008）。从尼泊尔马桑根瘤中分离到一株内生真菌纯培养物 Cs146，它能使生长在半固体琼脂凭着同和珍珠岩上的原寄主植物结瘤。该纯 2 物具有 Frankia 属典型的形态和 2 特征。在放线菌样菌巍体上着生有泡囊和孢囊。在 28-30℃下均能在流体和固体 2 基上缓慢生长。菌丝呈橙黄色，产淡黄色可溶性色素，无气丝。但是，菌株 Cs146 的生理类型；细胞壁氨基酸组分和全细胞糖型等均与已知弗兰克氏菌有明显差别。因此认为，马桑根瘤内生真菌（胡传炯 周平贞，1997）。从经过严格表面消毒的桑树根、茎、叶中分离获得内生细菌 76 株。以金黄色葡萄球菌（*Staphylococcus aureus*）作为指示菌进行拮抗菌的筛选，其中 5 个分离株具有抑菌活性，复筛选出抑菌活性及热稳定性最强的 G21 菌株。进一步研究表明 G21 菌株对家蚕病原真菌球孢白僵菌（*Beauveria bassiana*）、绿僵菌（*Metarhizium*）均具有较强的拮抗作用。该菌株的形态及部分生理生化特征为：革兰阳性，杆状，产芽孢，接触酶阳性，好氧。16S rDNA 序列分析表明该菌株与芽孢杆菌（*Bacillus*）的同源性达到 99.8%。综合以上鉴定结果确定 G21 菌株为芽孢杆菌。（谢洁 夏天 林立鹏 左伟东 周泽，2009）。从健康桑树叶片中分离到一株内生拮抗细菌 L144，该菌株对多种植物病原真菌及病原细菌均有较强的抑制作用。通过形态学观察、生理生化指标测定、16S rDNA 碱基序列测定和同源性分析，鉴定该菌株为枯草芽孢杆菌，定名为 *Bacillus subtilis* L144。该菌株已在 GenBank 注册，登录号为 EU118756。对菌株部分生物学特性研究表明，其生长的最适 pH 值为 6.5，最适生长温度为 33℃，能广泛利用碳源，氮源。（路国兵 李季生 牟志美 冀宪领，2008）。

水稻

本研究成功地构建以水稻体内定殖的优势细菌巨大芽孢杆菌为载体菌的工程杀虫内生细菌，这一内生工程杀虫细菌的建成是以水稻内生细菌的动态研究，定殖研究以及重组 DNA 和细菌转化方法研究背景为基础，利用杀虫毒性强，表达苏云金芽孢杆菌 δ—内毒素较高的重组质粒为供体，通过改进的 PEG 原生质体转化法及新型高新电脉冲穿孔转化法完成。（刘云霞 张青文，1997）。本研究首次报道了电镜免疫胶体金对水稻内生细菌的定位，用硫酸铵沉淀结合梯度离心提取表面消毒后离的大田水稻内优势菌巨大芽孢杆菌的特异性胞内蛋白，制备兔抗血清为金标一抗，进行微皮固定的组织超薄切片免疫胶体金的染色电镜观察，组织切片中菌体有大量金颗粒沉积，证明表面消毒后分离的巨大芽隐杆菌为水稻内生细菌，大多寄生在植物组织的胞间隙，偶尔也在胞质内存在。（刘云霞 张青文，1996）。近日，利用内生真菌技术改良的水稻品种"德润生"牌健康大米获得国家体育总局训练局的授牌，成为中国运动员的专用健康大米。授牌仪式在该水稻种植基地之一的吉林省长春市举行。（无，2006）。禾草内生真菌拟茎点霉（*Phomopsis*）是广谱内生真菌，在多种植物体内都有发现。笔者曾在重阳木中分离出多株拟茎点霉属内生真菌，并对其中1株B3菌株进行研究，发现该菌可以帮助水稻抗病，促进其苗期生长。对水稻整个生育期进行盆栽研究表明，该菌可以促进水稻增产，提高水稻抗病性。同时，该菌可以分泌漆酶，促进水稻秸秆降解。此外，该菌对水稻生长环境中的菲降解也有促进作用。（戴传超 袁志林 杨启银 史青山，2008）。为了阐明内生真菌B3促进水稻生长的机理，对该菌株产生的激素、游离氨基酸、水溶性维生素、脂肪酸、SOD酶等一系列生理指标进行了研究。结果表明，该菌株能分泌IAA和ABA两种激素，发酵液中含有VB1；氨基酸成分分析表明，含有16种游离氨基酸，其中Val、Ile、Leu、Phe、Arg、Met、Lys、Tyr、His的含量均比水稻中要高；气相色谱分析表明B3菌丝中亚油酸（18∶2）含量是水稻叶片中的4倍多；SOD酶测定结果显示，B3菌株与其他非内生真菌的SOD酶活力并无显著差异。研究结果表明，内生真菌B3促进水稻生长是多种因素的协同作用。（袁志林 戴传超 史央 王安琪 张德珍，2004）。在水稻苗期（4叶期）分别施加内生真菌B3菌剂、B3无菌发酵液、灭菌培养基，CK为全空白处理. 分别测定SOD酶活性、POD酶活性、根系活力等生理指标。结果表明，处理10d后接种内生真菌B3能诱导水稻体内SOD酶、POD酶活性的提高，与CK组差异达到（极）显著水平。内生真菌B3能有效调节水稻的根系活力，在整个处理期中B3菌剂组的根系活力均高于其他各组，且下降速度最慢。同时，抗病试验表明，B3菌剂组与发酵液组的水稻对稻瘟菌均有一定抑制作用。（袁志林 戴传超 李霞 田林双，2005）。分析了水稻内生放线菌纤维素酶、木聚糖酶、果胶酶三种酶活性，结果表明：52%的菌株具有纤维素酶活性，35%的菌株具有木聚糖酶活性，61%的菌株具有果胶酶活性。（蔡爱群 田新莉 周世宁，2007）。采用常规方法对广东省番禺和五山两地种植的水稻内生放线菌进行分离、鉴定和分析，结果表明水稻内生放线菌多属于链霉菌属（*Streptomyces*），其中灰褐类群链霉菌（*S.griseofuscus*）的分离频率最高为36.1%～69%，是水稻植株中的优势内生放线菌类群。研究了内生放线菌在水稻植株各器官中的分布，结果表明根中内生放线菌的多样性高于茎叶。番禺地区种植的水稻中分离出的内生放线菌种类较多。从感病品种及生长不良水稻植株中分离出的内生放线菌种类比较丰富。通过回接分离试验及利用扫描电镜观察内生真菌在植物体内分布发现，水稻优势内生放线菌回接无菌组培苗后，不仅能够定殖在水稻植株的根表和根内部，而且存在于茎杆和叶片中。通过平板颉抗及代谢物的活性测定试验，发现所分离的内生放线菌50%对水稻某些病原菌有颉抗活性，其中灰褐类群链霉菌的比例达到55.4%，成为所分离的水稻内生放线菌类群中具有颉颃活性的最大群体。（田新莉 曹理想 杨国武 黄炳超，2004）。从 20 个水稻品种中分离得 423 个内生细菌。采用对峙培养法筛选出对水稻纹枯病菌（*Rhizoctonia solani Kuhn*）、水稻稻瘟病菌（*Magnaporthe grisea*）和水稻恶苗病菌（*Fusarium moniliforme Sheld*）有显著抑菌作用的内生颉颃细菌 75 株。测定了各颉颃细菌胞外酶（蛋白酶、几丁质酶和纤维素酶）活性和次生代谢物（噬铁素）活性，初步揭示了其抑菌机理。（杨敬辉 朱桂梅 潘以楼 庄义庆，2009）。从江苏省扬州、南通、常州和徐州等地的水稻根、茎和种内分离获得了内生细菌 276 个菌株。以乙炔还原法测定，其中 234 个菌株具有联合固氮活性，占供试菌株总数的 84.8%。根据乙炔还原活性（ARA）大小，将水稻内生固氮细菌分为 3 类：强固氮活性 [ARA>100μmol·（h·mL）~（-1）] 菌株，占总数的 2.1%；中等固氮活性 [ARA 为 1 ~ 100μmol·（h·mL）~（-1）] 菌株，占总数的 81.2%；弱固氮活性 [ARA≤1μmol·（h·mL）~（-1）] 菌株，占总数的 16.7%。5 个强固氮活性菌株经转管培养 20 代后，其固氮能力表现稳定。经形态学和生理生化试验，固氮活性强且稳定的菌株 J115 和 G161 鉴定为阴沟肠杆菌（*Enterobacter cloacae*）。其 ARA 分别为 20 987.820 0 和 9 212.313 0μmol·（h·mL）~（-1）。通过菌液蘸根和喷雾接种，这 2 个菌株均能促进水稻幼苗的生长，水稻苗期叶绿素含量、地上部干物质量和株高分别增加 6.9% ~ 17.1%、16.7% ~ 31.0% 和 15.3% ~ 20.4%。（陈夕军 朱凤 童蕴慧 纪兆林，2007）。利用乙炔还原法和固定 ^15N2 活性测定法对分离自水稻"越富"种子，根，茎和叶的内生细菌进行了筛选，获得 29 株具有体外固氮能力的水稻内生联合固氮细菌。鉴定结果表明它们分属于根癌土壤杆菌（*Agrpbacteroim tumefaciens*（*Smith et Townsend*）*Conn*），放射土壤杆菌（*A. radiobacter*（*Berjerinck et van Delden*）*Conn*）；阴沟肠杆菌（杨海莲 王云山，1999）。植物内生放线菌的研究是一个近年来兴起的学科领域，在进一步探索和开发微生物资源方面，植物内生放线菌逐渐成为相关领域同行的关注热点。本期介绍了"中国科学院上海生命科学院植物生理生态研究所"田新莉、覃重军与"中山大学生命科学院"周世宁等合作发表的文章《水稻内生链霉菌中线型和环型质粒的检测》，作者通过脉冲电泳技术，对采集到的 44 株水稻内生链霉菌进行了内源性质粒的检测，观察到了内源性质粒不但以环型存在，同时也以线型状态存在，这是在相关研究领域首先报道植物内生放线菌中存在线型质粒。他们还发现水稻内生链霉菌的线形质粒存在的比例和端粒酶 tap 基因存在比例与土壤中的链霉菌相当，而环形质粒却显示出较高的存在比例。两位审稿专家与相关编委认为：本文获得了较为重要的初步检测结果，并具有深入研究的价值。（赫荣乔，2008）。从江苏省扬州、南通、常州和徐州等地水稻根、茎和种子分离获得内生细菌 736 个菌株，其中对稻瘟病菌、稻恶苗病菌、稻纹枯病菌和稻白叶枯病菌拮抗的菌株分别占 20.7%、5.4%、3.1% 和 1.1%，且主要来自根和茎，并有 24 个和 3 个菌株分别对 2 种和 3 种病菌有拮抗活性。对稻瘟病菌，多数菌株拮抗活性稳定，对其他两种病菌拮抗的菌株转管培养后则拮抗能力大都显著下降或丧失。经形态和生理生化鉴定，高拮抗菌株 G87（对稻瘟病菌、稻恶苗病菌、稻白叶枯病菌拮抗）和 J215（对稻瘟病菌、稻恶苗病菌拮抗）为枯草芽孢杆菌。针刺和剪叶接种试验表明，大多数水稻内生细菌不致病，少数（3.4%～4.8%）在人工接种条件下可有致病能力或潜在致病性。（朱凤 [1，2] 陈夕军 童蕴慧 纪兆林，2007）。（杨海莲 王云山 等，2001）。用分离自水稻品种越富苗期根内的阴沟肠杆菌 MR12 接种品种越富表面灭菌种子，通过扫描电子显微镜观察接种后种子发育的幼苗根，茎和叶，发现水稻内生阴沟肠杆菌 MR12 不仅可以分布于水稻幼苗的根表面和根内部，而且能够分布于茎麦，茎内，叶表面。（杨海莲 孙晓璐，1999）。为研究内生细菌对宿主植物侵染定殖的机理和其共生生物学作用，对水稻内生优势成团泛菌（Pantoea agglomerans）YS19 与绿色荧光蛋白（GFP）标记的 YS19gfp 菌株的生长动力学进行了比较研究，探讨了成团泛菌 YS19Bgfp 的标记稳定性和荧光性质，标记菌株与野生型菌株相比，最大比生长速率和最大生物量仅减小 12.4% 和 6%，代时延长 14.0%，成团泛菌 YS19B 转 gfp 在指数期连续传代培养 100 代后，GFP 标记的保持率为 89.1%，建立了标记菌株在有标记丢失存在时的生长动力学模型，解析出细胞分裂时标记丢失的概率 $p=9.756 \times 10^{-7}$ 确定了方程的模型参数，标记菌株的荧光光谱在激发波长为 400nm 时，最大发射波长为 508nm，与供体菌株完全相同，结果说明，在 GFP 标记后成团泛菌 YS19B 转 gfp 的生长仅受到较小影响，不致对成团泛菌的生理活动造成大的改变，同时由于该菌对宿主的侵染能力比其它内生细菌一要强得多，历而该菌对植物的侵染活性影响也较小，该菌仍然柯以保持其内生优势地位，该标记的稳定性比较高，荧光产生正常，很适合进一步应用于植物和微生物相互作用的研究中。（冯永君 宋未，2002）。从水稻越富品种分离到一株代表性的内生真菌株 YS19，经形态、生理生化特征鉴定成为团肝杆菌（Enterobacter agglomerans）。YS19 菌株 DNA 的 G＋C 含量为 55.1%，与成团泛菌（Pantoea agglomerans）模式菌 JCM1236（ATCC27155）的 DNA 同源性为 90.1%，因此将 YS19 菌株归为成团泛菌。而以 16Sr DNA 基因序列为基础的系统发育分析表明，YS19 与（沈德龙 东秀珠，2000）。采用常规方法对广东省番禺和五山两地种植的水稻内生真菌进行分离、鉴定和比较分析，结果表明两地水稻内生真菌的优势菌群为镰刀菌 Fusarium spp.。同一地区从感病品种和生长不良水稻植株中分离出内生真菌种类相对丰富。水稻根和茎叶中分离出内生真菌的种类有差异，叶片中内生真菌的多样性高于根部，一些内生真菌的分布呈现出器官特异性。通过平板颉抗试验，发现分离到的内生真菌中有 41.2% 表现出不同程度的抗病原菌活性，一些内生真菌的抗病原菌活性与产生铁载体有关。（田新莉 蔡爱群 曹理想 肖汉翔，2005）。经过对水稻两品种（沈农319、中百 4 号）不同时期不同组织内生细菌动态变化研究结果表明，根组织带菌量最高，其次是叶，茎最低。发育以孕穗期带菌量显著增高，随着组织衰老而降低。对分离到的 4 个主要各显著性检验结果表明，巨大芽孢杆菌为两品种体内细菌优势种。通过对水稻这一世界性粮食作物体内细菌的种类，以及随生育期、组织间菌体数量变化的探讨研究为水稻害虫的生物防治，提供遗传改良工程杀早细菌的载体菌。（刘云霞 张青文，1999）。从水稻种子植物内分离到 50 种内生和表生细菌菌株，通过与水稻纹枯病菌的对峙培养，得到了 S-11，S-13，S-14 和 S-18 共 4 种对水稻纹枯病菌菌丝生长有明显抑制作用的菌株，将这 4 种菌株的菌悬液浸种杂交水稻威优 46，形成细菌化种苗，4 叶期接种水稻纹枯病菌，表现出良好的抗病性，将它们的菌悬液以 3×10^9/mL 喷雾，发现菌株 S-18 对水稻纹枯病有一定的防治作用，效果优于井岗霉素。（易图永 陈先玉，2000）。对水稻品种 D 优 527 体内筛选到的优势细菌 SR-15、SR-25、SL-37 进行浸染、扫描电镜和透射电镜观察，结果表明，菌株主要在水稻组织的细胞间隙、细胞质内和液泡内定位。SR-15 菌株通过质粒 PU-18 转化和 ERIC-PCR 再分离实验验证，结果显示重组菌株在植株体内稳定定位。致病性和促生性试验表明，菌株对水稻植株无致病性，在水稻生长中后期有明显促生作用。将带有 CrylAc 基因的质粒转入菌株 SR-15，并经 Southern 分析证明，其表达产物具有致死水稻二化螟 84.7% 的效应。（郑爱萍 孙惠青 李平 [1, 2] 谭芙蓉，2005）。由中国科学院武汉分院植物所和江苏省镇江市丹徒区农林局在内生真菌研究基础上共同开发成功的水稻种植新技术，今年在丹徒区姚桥镇研究成功。这标志着一种水稻种植新技术的诞生。（无，2005）。由中国科学院武汉分院植物所和江苏省镇江市丹徒区农林局在内生真菌发现基础上共同研发成功的水稻种植物技术，2004 年在丹徒区姚桥镇种植成功。这标志着一种水稻种植新技术的诞生。（无，2004）。对转几丁质酶和葡聚糖酶双价抗真菌基因抗病水稻七转 39 种植后的根际土壤微生物群落和酶活性进行了分析。研究结果表明，七转 39 根内生真菌和细菌数量显著低于非转基因阴性对照七丝软粘和常规水稻竹籼 B，根际土壤中真菌和细菌数量也少于七丝软粘，与竹籼 B 数量接近。在水稻抽穗期测定，转基因水稻根际土壤过氧化氢酶、多酚氧化酶、蔗糖酶和脲酶活性以及可溶性有机质、氮、磷含量均与对照无显著差异。转基因水稻残体腐解过程中土壤腐殖酸含量变化与七丝软粘一致。与对照相比，种植七转 39 未对下茬水稻的生长产生显著影响。（袁红旭 张建中 郭建夫 许新萍，2005）。有用"直接观察法"和"分离培养法"对转基因水稻根系微生物群落的初步分析结果表明，导入外源水稻几丁质酶基因（RC24）的转基因水稻根内和根表的微生物群落发生显著变化，转基因水稻根部内生真菌总数显著减少，内生细菌总数显著增加，其内生细菌总数是未转基因亲本对照的 10 倍左右。采用"直接观察法"测得 2 个转基因水稻品种有内生真菌的根段率为 55.2% 和 81.1%，而对照为 100%，转基因水稻根系真菌和细菌种类与对照存在显著差异，有 VA 菌根泡囊的根段率显著降低。（杨毓峰 许新萍 等，2002）。

甜菜

采用内生真菌 F11 液浸种、喷叶及灌根处理方法，调查其对甜菜栽培品种 KWS2409 的主要农艺性状及对甜菜氮、糖代谢关键酶即硝酸还原酶（NR）、谷氨酰胺合成酶（GS）、蔗糖合酶（SS）和蔗糖磷酸合酶（SPS）活性的影响。结果表明，内生真菌 F11 菌株对甜菜的含糖量有明显的提高作用，其叶鲜重、叶绿素含量、单根重、含糖率和产糖量的平均值分别提高了 66.67%、47.42%、6.96%、17.46% 和 25.63%。在整个生育期，内生真菌

F11 显著提高了氮糖代谢酶活性，其中 NR 和 GS 活力分别呈"M"型双峰曲线和抛物线型变化，而 SS 和 GS 活力呈单峰曲线变化，生育前期 SPS 活力高于后期。叶丛形成期达到最高峰，说明 NR、GS、SS 和 SPS 活性的增强是甜菜含糖量升高的主要生理原因。（史应武 [1，2] 娄恺 李春，2009）。对新疆昌吉和石河子两地种植的甜菜内生真菌进行了分离、鉴定和分析，结果表明甜菜内生真菌多属于细菌，其中假单胞菌（Pseudomonas sp.）和芽孢菌类（Bacillus sp.）的分离频率分别在 33.2% ～ 59.2% 和 12.7% ～ 28.1%，是甜菜植株中的优势内生真菌群。16S rDNA 和 ITS 序列同源性比较和系统发育分析表明内生真菌具有丰富的多样性。根中内生真菌的多样性高于茎、叶，昌吉地区种植的甜菜中分离出的内生真菌种类较多。从感病品种及生长不良甜菜植株中分离出的内生真菌种类比较丰富。（史应武 [1，2] 娄恺 李春，2009）。内生细菌是植物体内种类和数量最多的微生物，具有在植株体内分布广、定殖能力强、防病效果好及增殖和扩散快等优点，因而成为发展前景很好的植物病害生防菌。（史应武 [1，2] 娄恺 李春 [1，3] 王红刚，2009）。

甜瓜

抗利福平标记的菌株内生定殖测定结果表明，分离自辣椒叶片的内生枯草芽孢杆菌 BS-2 菌株既可在辣椒体内定殖，又可进入茄子、蕃茄、白菜、黄瓜、西瓜、丝瓜、甜瓜和豇豆等多种植物体内定殖；拮抗和防病作用测定发现，该菌株对多种植物病原真菌具有较强拮抗作用．菌液浸种处理后对黄瓜、甜瓜和蕃茄苗期立枯病有 78.96% 以上的抑制效果，并对这些蔬菜有较明显的促生作用．（何红 蔡学清 洪永聪 兰成忠 关雄 胡方平，2004）。在对甜瓜枯萎病温室防效试验的研究中发现，内生枯草芽孢杆菌 B6 菌株与绿色木霉 T23 菌株复合处理的相对防效达 82.22%，比 B6 和 T23 的单独处理分别提高 32.8% 和 146.7%。分析比较了 B6 和 T23 单独和复合处理甜瓜幼苗后，甜瓜根部防御反应相关酶系苯丙氨酸解氨酶、过氧化物酶、多酚氧化酶、β-1，3- 葡聚糖酶比活性的变化趋势。结果表明：内生细菌 B6 和木霉 T23 复合接种，其苯丙氨酸解氨酶、过氧化物酶、多酚氧化酶和 β-1，3- 葡聚糖酶比活性比单独接种有不同程度的增强，这种变化在挑战接种甜瓜枯萎病菌之后更加明显。（徐韶 庄敬华 高增贵 黄艳青，2005）。从 2 ～ 5 叶期甜瓜根茎部共分离纯化了内生细菌 81 株，平皿对峙试验结果表明，有 6 株内，仁细菌对甜瓜枯萎病菌的生长有明显的拮抗作用。其中 Z46，Z53.Z54 和 Z56 菌株的拮抗性较强。上述 4 株拮抗菌的 5 倍发酵滤液对镰刀菌的抑制率分别为 62.8%，66.8%，63.0%.64.7%。温室内防效试验得到，菌株 Z56 对甜瓜枯萎病的防效最高，200 倍和 400 倍发酵液的防效分别为 80.0% 和 60.0%，同时对奇主具有明显的促生作用。说明 Z56 菌株具有潜在生防功能。（高增贵 李天来 赵玥 陈捷，2005）。从长势健壮的黄瓜、南瓜和甜瓜苗的根部及茎部分离获得 294 株内生细菌，与枯萎尖孢镰孢菌进行对峙培养，获得具有抑菌活性细菌 18 株，占总菌株数的 6.1%。再利用生长速率法、孢子萌发法对其进行体外生物活性检测，结果表明，

H-2、H-4、H-6、N-7、T-16、T-18 等 6 个菌株的发酵滤液对枯萎镰孢菌的拮抗作用较强，但 H-1 与 H-4 对种子萌芽有强烈的抑制作用。H-5、H-6 和 N8 等菌株对甜瓜幼苗具有促生作用，对甜瓜枯萎病的防效分别为 75.6%、60.1% 和 66.7%。H5 菌株对甜瓜枯萎病可能具有潜在的生防功能。（周婧 高增贵 何秀玲 庄敬华 张小飞 吴海云，2008）。

苇状羊茅

从苇状羊茅植株中发现了与 *Nepotyphodium coenophialum* 不同的内生真菌，经过分离、培养，分离菌株被鉴定为 *Neotyphodium uncinatum*（*W.Gams，Petrini & D.Schmidt*）*Glenn，Bacon &Hanlin*。通过对苇状羊茅植株各部位的调查，确认该菌在植株的地上部分有较为系统的分布。所发现的 *Neotyphodium uncinatum-Festuca arundinacea* 这一内生真菌——宿主植物的新组合将成为禾本科植物内生真菌研究的宝贵材料。（纪燕玲 王志伟 于汉寿 王世梅，2003）。苇状羊茅内生真菌和多年生黑麦草内生真菌曾给一些国家的畜牧业造成巨大损失。为防止内生真菌随进境草籽传入我国并在中国扩散危害，我们对该 2 种进境草籽内生真菌的带菌率进行了研究。首先通过分离培养，得到了苇状羊茅内生真菌和黑麦草内生真菌，7 份苇状羊茅样品中有 18 个品种带菌，34 份多年生黑麦草样品中 14 个品种带菌，带菌率最高可达 86.7%。早熟禾、剪股颖等其它禾本科草籽目前尚未发现带有内生真菌。（刘跃庭 崔铁军 黄国明 廖芳，2005）。综述了内生真菌的分类及其在宿主苇状羊茅 *Festuca atundinacea* 和多年生黑麦草 *Lolium Perenne* 中的分布与传播方式，阐述了内生真菌对苇状羊茅和多年生黑麦草生长、抗生物（病虫害）和非生物胁迫（P 胁迫和干旱胁迫等）、以及对其他草类的竞争他感作用的影响，并提出今后的研究方向。（张颖 韩建国，2004）。苇状羊茅上常见的内生真菌 *Acremonium coenophialum* 是一个引起肉牛和马饲喂苇状羊茅后生产性能降低的原因，绵羊蹒跚病这种神经系统疾病与多年生黑麦草中的真菌 A.lolii 有关，用无内生真菌的苇百茅和黑麦草品种更换侵染内生真菌的牧地，虽能提高家畜的生产性能，但牧草产量和持久性下降，这与虫这，病害，线虫对根的侵害以及干旱等一系列有关。（Joost，RE 余丽清，1998）。本文介绍了重要禾本科牧草苇状羊茅及多年生黑麦草内生真菌对家畜的影响，对寄主本身的影响及内生真菌的传播，控制，鉴定和运用。苇状羊茅与多年生黑麦草内生真菌同属枝顶孢霉属，极为相似，苇状羊茅内生真菌导致牛的苇状羊茅中霉症。多年生黑麦草内生真菌造成羊及其它家畜的黑麦草蹒跚病，内生真可促进寄主的生长，延长寄主的寿命，抵抗病虫的侵害。内生真菌通过种子传递给牧草后代，牧草生产中用种子贮藏，种子高温处理，种子或植（韩建国 樊奋成，1995）。苇状羊茅内生真菌 *Neotyphodium coenophialum* 和多年生黑麦草内生真菌 *N.lolii* 对美国、新西兰等国家的畜牧业曾经造成过巨大损失。以 *N.coenophialum* 和 *N.lolii* 及其近似种 *N.huerfanum*、*N.chisosum*、*N.aotearoae*、*N.sp.* 共 6 种 18 个菌株，以及苇状羊茅和多年生黑麦草 8 个品种种子为供试材料，根据 Tub-2 基因设计了通用 Taqman 探针及引物，根据 NC25 基因设计了 *N.coenophialum* 和 *N.lolii* 的特异 Taqman 探针及共用引物，通过通用探针的单色荧光 PCR 和特异探针的双色荧光 PCR，建立了 *N.coenophialum* 和 *N.lolii* 的菌丝及单粒种子稳定可靠、特异性强的荧光 PCR 检测方法，检测灵敏度达到单粒种子，使检测时间由至少一个月缩短至 7 ~ 8 个小时。（黄国明 廖芳 刘跃庭 崔铁军 罗加凤，2007）。感染内生真菌的禾草在牧草和草坪业上具有重要的生态和经济意义，家畜采食感染 *Neotyphodium coenophialum* 和 *N.lolii* 的苇状羊茅和多年生黑麦草会发生中毒。本研究收集天津口岸 1998 年以来进境的部分苇状羊茅和多年生黑麦草种子，对经镜检确认带有内生真菌的种子进行分离培养，对疑似菌株的菌丝用改进的 Moiler 等方法进行基因组 DNA 抽提，测定浓度及纯度，对照原方法，基因的引物 IS1-IS3 扩增结果显示为单一的条带，结合形态学和序列比对，分离培养得到的菌株可以基本确定为 *N.coenophialum* 和 *N.lolii*。根据 Genbank 中 *N.coenophialum* 和 *N.lolii* 的 NC25 基因序列设计出引物 F1-R1，扩增得到能区分开 *N.coenophialum* 和 *N.lolii* 的单一条带（相差 160bp），建立了 *N.coenophialum* 和 *N.lolii* 的 PCR 检测方法，结果准确可靠。（廖芳 刘跃庭 崔铁军 黄国明 罗家凤 尹旭芳，2006）。有关苇状羊茅与三叶草属植物间毒素抑制现象已有报道结果并不一致，许多苇状羊茅的植株侵染内生真菌（*Acremonium coenphialum Morgan-Jones & Gams*），这可能是造成研究结果不一致的部分原因。（Spri.，TL 白朴，1998）。

蕹菜

用扫描电镜观察了芹菜（Apium graverolens）、蕹菜（Ipomoea alba）、辣椒（Capsiumannuum）3 种植物根瘤的内生真菌。在这 3 种植物的根瘤内生真菌里发现了菌丝、泡囊、孢囊和孢等结构。另外，在蕹菜根瘤内生真菌里还发现了拟类菌体结构。经初步鉴定这 3 种植物的根瘤内生真菌为弗

乌拉尔甘草

从乌拉尔甘草样品的根、茎中共分离出 54 株内生真菌，统计发现从根中分离得到的内生真菌的种类比茎中多。抑菌实验共得到 20 株活性菌株，其中编号为 dG9-1 的菌株对多种病原菌有抗菌活性。通过进一步对其培养特征，显微形态特征观察以及 ITS 序列测定和系统发育树构建与分析，发现该菌与灰黄青霉（*Penicillium griseofulvum*）的亲缘关系最接近，相似性为 99.46%。（王丽 刘磊 韩素贞，2009）。

五唇兰

为探索菌根技术在兰科植物保育中的应用，以野生五唇兰的内生真菌根真菌和五唇兰组培苗为材料，进行组培瓶苗和盆栽苗的菌根化研究。利用固体培养的菌丝体与五唇兰无菌组培苗进行共生培养，15d 后，根染色法检测结果表明，真菌能够成功侵染根，菌根化

苗的移栽成活率均达到 100%（对照为 63.33%）。种植 90d 后各菌株处理苗的鲜样质量增长率均高于对照，其中 F29 菌株处理苗的鲜样质量增长率高于对照 31.3%。在大棚栽培条件下，利用液体菌剂对盆栽苗进行菌根化培养。90d 后各菌株处理苗的成活率和鲜样质量增长率均高于对照，其中 1729 菌株处理成活率比对照高出 35%，鲜样质量增长率比对照高 33.24%。（柯海丽 宋希强 [1，2] 罗毅波 朱国鹏 [1，2008]）。

五味子

从健康五味子植株根内共获得 322 株内生细菌，通过平板扩散对峙试验，结果表明，28 个菌株对五味子茎基腐病菌具有拮抗性，占菌株总数的 8.7%；22 个菌株对人参锈腐病菌具有拮抗性，占菌株总数的 6.8%；24 个菌株对穿山龙黑斑病菌具有拮抗性，占菌株总数的 7.5%。以上拮抗细菌中，有 3 种抑菌效果明显，抑菌圈半径达到 10mm 以上，其编号分别为 Wr082、Wr096、Wr153。对这 3 株拮抗菌进一步进行了形态和培养特性观察及 16SrDNA 序列测定，将菌 Wr082 鉴定为类黄假单胞菌（*Pseudomonas synxantha*），菌株 Wr153 鉴定为蒙氏假单胞菌（*P.monteilii*），菌株 Wr096 鉴定为葛氏沙雷氏菌（*Serratia grimesii*）。（徐丽 严雪瑞 傅俊范 周如军，2009）。

西红柿

从黄海海岸芦竹中分离到一株木霉属的内生真菌 F0238。研究结果表明，F0238 菌发酵 4d 后的发酵液对西红柿的防腐保鲜作用与化学保鲜剂多菌灵和甲基托布津的混合液无显著差异，有良好的生物保鲜作用。（纪丽莲 张强华，2005）。（郭永军，2001）。

西葫芦

以西葫芦白粉病为对象，通过温室盆栽试验和叶盘筛选试验，从 50 个内生放线菌菌株中筛选出 2 个防病效果较好的菌株，叶盘筛选试验发现菌株 GKSHJA 和 PR1-8 的无菌滤液原液在接种病菌的同时使用防治效果最佳，分别达到 60.98% 和 63.22%。温室人工接种白粉病菌的盆栽试验发现，（无，2008）。

线叶嵩草

从线叶嵩草 *Kobresia capillifolia* 中分离得到 7 株内生真菌，经过形态学方法鉴定有 3 株属于镰孢属 *Fusarium sp.*，1 株属于枝顶孢属 *Acremonium sp.*，1 株属于黑团孢霉属 *Periconia sp.*，另外有 2 株未产孢，不能用形态学方法鉴定。测定这 7 株内生真菌在不同温度下的生长速度，并以棉花立枯丝核菌 *Rhizoctonia solani*（简称 R-1）、小麦根腐离孺孢 *Bipolaris sorokiniana*（简称 B-1）、终极腐霉 *Pythium ultimum*（简称 P-1）和黄瓜枯萎病菌 *Fusarium oxysporum*（简称 F-1）作为试验菌进行了抑菌活性测定。结果表明，供试的内生真菌有 71.43% 表现出良好的喜低温生长的特性；7 株菌株中有 4 株对小麦根腐离孺孢的抑制作用较强，菌株 SY3 的抑制作用最强，抑菌率达到了 84%，抑菌区也在 10mm 以上；有 4 株对棉花立枯丝核菌有抑制作用，4 株对终极腐霉有较强抑制作用，抑菌率为 13.75%，抑菌区也达到了 5 ~ 10mm。（张苗苗 张蓉 陈伟 王生荣，2009）。

香榧

从三尖杉、南方红豆杉及香榧中分离到 172 株植物内生真菌，利用抗肿瘤体外细胞毒筛选模型（MTT 法）对其进行活性检测，结果表明，25 株内生真菌（占总分离菌株的 14.5%）对 KB（人口腔上皮癌）或 HL-60（人白血病）细胞具有显著的抑制活性。三尖杉、南方红豆杉及香榧内生赵菌的抗肿瘤活性 23%、19.6% 和 8.6%。其中 7 个菌株的细胞毒 ID50 为 1，000 以上，占总供测菌株的 4.1%，抗肿瘤活性菌株主要分布在拟青霉属及头孢霉属中。（李桂玲 王建锋 等，2001）。

香附子

从药用植物香附子中分离出 4 种内生真菌，经初步鉴定分别归属于曲霉属（代号为 XFf06.1、XFf06.2），固氮菌属（XFb）和链霉菌属（XFa）。对这些内生真菌发酵产物提取液活性进行测定，结果表明：其发酵产物均有稳定的抑菌活性，其中链霉菌 XFa 对枯草芽孢杆菌的抑菌率特别强，XFf06.1 菌的发酵液提取物对苹果腐烂病原菌的抑菌率高达 96.3%。（王娜娜 秦宝福 刘建党 史鹏 常佳丽，2009）。

香荚兰

为了获得具有良好应用效果的特色风味料，从香荚兰气生根中分离到一株产香内生芽孢杆菌 Van-1a，200 r/m in、37℃摇床培养 3d，Van-1a 可转化阿魏酸生成含有香兰素及愈创木酚衍生香味物的天然香料。采用 GC/MS 从中分离鉴定出 10 种挥发性香味化学成分。卷烟加香试验表明：该天然香料能与烟香较好谐调，具有提调烟香、细腻醇和烟气、改善卷烟吸味的良好效果。（李雪梅 [1, 3] 徐若飞 杨黎华 杨金奎 [3，2008]）。

小檗

以产小檗碱的内生真菌 S6 为出发菌株，采用多种单一或复合诱变措施对其菌丝体进行诱变处理，最终筛选得到高产菌株 S-Nu-302。其小檗碱产量比出发菌株提高 170%，达到 12.28mg/L；生长速率提高 81.7%，达到 5.72g/L；经 10 次传代显示该菌株具有良好的遗传稳定性。（高杨 殷红 孙宇宏 张志强 崔迎，2008）。对生长于云南省嵩明县的川八角莲植株及其根际土壤进行了内生真菌与根际真菌的分离，结果共获得内生真菌 29 株，分别属于 2 科 4 属；获得根际真菌 29 株，分别属于 6 科 9 属，并对这两组真菌类群作了比较研究，对植物内生真菌的起源作了初步探讨。（郭仕平 张玲琦 蒋斌 徐成东 刘仕平，2004）。[目的] 探索黄檗植物产小檗碱的内生真菌的分离与鉴定。[方法] 从黄檗中分离内生真菌，采用改良的碘化铋钾试剂及薄层层析法对其代谢产物进行分析，对可能产生小檗碱的菌株进行扩大培养，然后对培养后提取物采用 KBr 涂片法进行红外光谱检测，并以氘代甲醇为溶剂进行核磁共振氢谱检测。[结果] 从黄檗中分离得到 13 株内生真菌，其中菌株 BBH6 可能产生小檗碱：通过扩大培养以及红外光谱检测和核磁共振氢谱检测，最终确定内生真菌 BBH6 能够产小檗碱；该菌株菌丝发达，分生孢子暗色，多细胞，由横纵隔膜分成砖格状。[结论] 该研究为药用植物内生真菌的研究提供了参考依据和借鉴。（李端 郭利伟 殷红 丰慧根 李延，2009）。

小花棘豆

小花棘豆（*Oxytropis glabraDC.*）是内蒙古草原上的重要毒草，实验结合微生物学和分子生物学手段进行了其内生真菌研究。结果表明：体外培养的小花棘豆内生真菌生长缓慢，呈圆形、隆起、边缘整齐、辐射状生长的白色菌落，后菌体分泌黑褐色的色素物质，分生孢子近圆柱形，有粗且比孢子壁厚的暗色横隔膜，隔膜数 1-5 个。10 个菌株的 5.8S rDNA/ITS 序列与内生真菌 *Embellisia sp.*L12 株的序列高度相似。推测该内生真菌属于 *Embellisia*。（卢萍 Dennis Child 赵萌莉 Dale R，2009）。

小麦

对抗、感叶枯病小麦品种不同生育时期叶部的附生和内生真菌区系进行了系统分析. 结果表明，每个品种都有自己独特的叶部真菌区系，抗病和感病品种叶部附生真菌区系差异不大，但内生真菌区系组成则有明显不同，一般感病品种内生真菌种类多于抗病品种. 研究结果还发现，小麦内生真菌种数明显多于附生真菌. 小麦叶部内生真菌优势属主要为链格孢属（*Alternaria spp.*）、青霉属（*Penicillum spp.*）和曲霉属（*Aspergillus spp.*）；附生真菌优势属多为木霉属（*Trichoderma spp.*）和镰刀菌属（*Fusarium spp.*）。生育时期对小麦叶部真菌区系组成具有较大影响，随生育时期延长，叶部附生和内生的真菌种类也不断增多. （刘素芳 张猛 李洪连，2008）。植物内生细菌是指能定殖在健康植物组织内，并与植物建立了和谐关系的一类细菌。内生细菌对植物的益生作用主要表现为促进植物生长、抑制植物病原物、增加植物的抗逆性和他感作用等几个方面。小麦全蚀病（wheat take-all）作为一种世界毁灭性病害，目前，由于缺乏抗病品种和有效的化学防治药剂，所以利用微生物之间的拮抗作用来控制小麦全蚀病危害具有广阔的应用前景。本研究通过从小麦里分离出内生细菌，从中筛选出对小麦全蚀病菌具有拮抗作用的菌株，在研究其拮抗机制和定殖作用基础上，对其防治小麦全蚀病的作用进行了初步研究。（张颖 [1，2] 王刚 [1，2] 郭建伟 王美南，2007）。利用涂布平板法从小麦根系中分离出 8 株内生细菌，从中筛选出 1 株对小麦纹枯菌（*Rhizoctonia cerealis*）具有拮抗作用的内生真菌。室内测定该菌株培养液对小麦纹枯病菌的抑制作用，结果发现，小麦纹枯病菌在培养液中生长缓慢，培养 6d 后菌丝量与对照相比下降了 89%，同时发现病菌菌丝生长畸形，出现断裂和细胞壁瓦解。（王刚 李志强，2005）。小麦全蚀病是世界各大小麦产区危害十分严重的一种土传病害，目前对其防治还没有好的抗病品种和特别有效的化学农药。自从成功地用荧光假单胞菌 *Pseudomonas fluoresens* 防治小麦全蚀病以来，生物防治逐渐成为防治该病的一种经济而有效的措施。近几年，内生真菌由于其独特的优点已成为生物防治的研究热点，但对其防病机制的研究仍不够深入，作者对健康小麦上获得的 5 株内生细菌防治小麦全蚀病的作用及其机制进行了研究，为其进一步应用提供理论基础。（刘冰 黄丽丽 康振生 乔宏萍，2007）。采用土壤浇灌法检测了 37 株小麦内生细菌对盆栽小麦全蚀病发生情况及小麦幼苗生长的影响，结果表明，内生细菌 GL4、GS1 和 GR13 对小麦根系及茎基部发生全蚀病的防治效果达 50% 以上，其中 GL4 和 GR13 对小麦幼苗的生长有促进作用。说明利用小麦内生细菌防治全蚀病发生将可能是一种有效方法，GL4 和 GR13 对小麦全蚀病的实际防治效果有待进一步的试验观察。（孙侨南 李进才，2008）。分别利用肉汁胨琼脂、营养琼脂、胰酶大豆琼脂、马铃薯葡萄糖琼脂、脑心浸液琼脂、金氏培养基 B、LB 营养琼脂和酵母膏蛋白胨琼脂 8 种常用的细菌分离培养基来分离小麦内生细菌，以选择适宜的分离培养基，结果显示，胰酶大豆琼脂和金氏培养基 B 的分离效果显著优于其他培养基，马铃薯葡萄培养基和胰酶大豆琼脂分别对豫东麦区的 7 个小麦品种的内生细菌进行分离，进一步确认了胰酶大豆琼脂和金氏培养基 B 为分离小麦内生细菌的适宜培养基。（王刚[1,2] 王俊芳[1,2] 刘凤英 彭娟，2007）。对小麦植株不同生育期、不同器官的内生细菌进行了分离和数量变化分析. 结果表明，根、茎、叶及未成熟籽粒等器官中存在大量的内生细菌，鲜组织中平均约含内生细菌 5.0×10^5CFU·g-1，其中根系中内生细菌数量达 7.8×10^5 CFU·g-1，而茎秆、叶片和未成熟籽粒中内生细菌数量分别为 4.8×10^5、3.2×10^5 和 2.8×10^5CFU·g-1. 内生细菌数量在不同生育期也存在差异，幼苗期平均约为 3.1×10^5CFU·g-1、拔节期和灌浆期分别为 5.7×10^5 和 $7.0 \times 10 \times 10^5$CFU·g-1. 不同小麦田块之间存在明显差异. 长武县一田块植物鲜组织中内生细菌的数量为 6.1×10^5CFU·g-1，而大荔县一田块约为 3.9×10^5CFU·g-1. 试验结果发现，对小麦全蚀病菌具有拮抗作用的内生细菌有 51 株、对小麦纹枯病菌具有抑制作用的内生细菌有 45 株. 用平板对峙法测定，有 71 株对两种病原真菌均有拮抗作用，对小麦全蚀病菌抑菌圈直径大于 10mm 的有 23 株，其中来源于根系、茎秆、叶片和籽粒 6 株、7 株、9 株和 1 株；对小麦纹枯病菌抑菌圈超过 10mm 的有 20 株，其中来源于根系、茎秆、叶片和籽粒的分别为 7 株、5 株、7 株和 1 株，说明从小麦叶片诱捕分离的内生细菌中，对小麦全蚀病菌和纹枯病菌抑菌作用较强的分离株比率最高. 其次为茎秆，（乔宏萍 黄丽丽 康振生，2006）。（金玲 巴峰，1996）。[目的] 为小麦纹枯病的生物防治及其机制研究提供依据。[方法] 从河南 47 份健康小麦品种根系内分离获得小麦内生细菌，筛选其中具有生防活性的菌株并进行运动性、产酶能力、铁载体产生能力、对病原真菌抑制性测定。

[结果] 活性植株筛选中有 10 株细菌可显著降低小麦纹枯病发病率和严重度，有防治效果分别是 0-10、-90、-19、0-23、0-270、-280、-30、0-38、2-26、2-27，其中 0-9 生防效果最好，防治效果为 82.86%。[结论] 不同生防菌株可能具有不同的生物防治作用机制。（刘凤英 王淼 孙勇娜 王刚 [1，2]，2009）。从河南、北京等地采集小麦植株，分离得到 202 株内生芽孢杆菌，平板拮抗测定获得 27 株对小麦纹枯病菌拮抗效果明显的菌株。温室盆栽测定了 27 个菌株对小麦纹枯病的生防效果，其中菌株 M-1、W-2 和 W-3 的防治效果分别为 60.4%、59.4% 和 56.6%。对 3 株生防菌株进行了分类学鉴定，M-1 为多粘类芽孢杆菌，W-2 为地衣芽孢杆菌，W-3 为枯草芽孢杆菌。（姚丽瑾 王琦 付学池 梅汝鸿，2008）。从小麦种子的形成初期，乳熟期和腊熟期各取 900 粒种子，分别分离鉴定出 9 种、12 种 10 种内生真菌，随着小麦种子逐渐发育成熟，种子内部带菌率由 7.2% 提高到 65%，种子内生真菌的种类，数量和优势种都发生了变化。（岳红宾 王守正，1996）。通过筛选获得对小麦纹枯病有明显防治效果的蜡状芽孢杆菌 B946 菌株。采用链霉素和利福平抗性标记 B946 菌株，用平板菌落计数法检测其在小麦根、茎基部、叶内的定殖情况。结果表明：叶部接种。B946，该菌能在接种叶内定殖，并能向茎基部、其它叶和根内转移；用 B946 菌悬液浸种处理，该菌能向茎基部和叶内转移；在一定范围内，菌悬液浓度 108cfu/ml 以上，浸种时间 3h 以上，栽培温度 25℃，有利于 B946 在小麦体内的定殖转移。（刘忠梅 王霞 赵金焕 王琦 梅汝，2005）。

鸭毛藻

从采自大连近海的红藻鸭毛藻（*Symphyocladia latiuscula*）中分离到一株肉座菌目真菌（*Hypocreales sp.*），对其发酵代谢产物的化学成分进行了研究。利用正相硅胶柱层析、葡聚糖凝胶 Sephadex LH-20 柱层析、制备薄层层析（PTLC）以及重结晶等分离手段，并通过一维、二维核磁共振技术、质谱技术等从该菌发酵液中分离鉴定了 10 个化合物：双酚 A（1）；邻羟基苯甲酸（2）；吲哚甲酸（3）；吲哚乙酸（4）；N- 乙酰色胺（5）；（22E，24R）- 麦角甾 -7，9，22 三烯 -3β - 醇（6）；（22E，24R）-5α，6α - 环氧麦角甾 -8，22- 二烯 -3β，7α - 二醇（8）；（22E，24R）- 麦角甾 -7，22- 二烯 -6β - 甲氧基 -3β，5α - 二醇（9）；啤酒甾醇（10）。这些化合物均为首次从该菌中分离得到，其中化合物 1 为首次作为天然产物分离得到。（李冬利 [1，2] 李晓明 崔传明 王斌贵，2008）。

烟

以表面消毒法分离白肋烟 TN90 和 TRN 品种 30 个样品的内生细菌，共分离到 33 株内生细菌。对这些菌株进行了初步分类鉴定，它们属于假单胞菌属、黄单胞菌属、节杆菌属、葡萄球菌属、棒杆菌属、黄杆菌属、气球菌属和利斯特氏菌属。筛选出 TEB11、TEB17、TEB23、TEB26、TEB30、TEB34 等 6 株还原硝酸盐和亚硝酸盐能力较强的菌株，以粉碎烟叶接种、叶柄浸泡接种和叶面喷雾接种 3 种方式处理调制后，化验分析结果表明，接种内生细菌能降低 27.56% ~ 99.88% 白肋烟 TSNA 含量，降低百分率以粉碎烟叶接种最高，其次是叶柄浸泡接种，叶面喷雾接种最低。（祝明亮 李天飞 汪安云，2004）。从树龄达 7a 以上杜仲皮中分离得到 122 株内生真菌，其中真菌 75 株，细菌 47 株，经摇瓶培养后分析各菌株产松脂醇二葡萄糖苷（PDG）的能力，结果发现有 8 株菌能产生 PDG，最高产量可达 13.387 mg/L. 经初步鉴定，这 8 株菌分属于 5 属，即茎点菌属（*Phloma*）、腐霉属（*Pythium*）、卵形孢霉属（*Oospora*）、球黑粉霉属（*Tolyposporium*）、砖红镰孢霉属（*Lateritium*）。（李爱华 樊明涛 师俊玲，2007）。从健康烟草的叶、茎中分离到302 株非病原内生细菌，通过平板对峙培养，筛选出对烟草赤星病菌 [*Alternaria alternata*（*Fr.*）*Keissl*] 不同致病力的 4 个代表菌株均有拮抗作用的 11 个菌株。室内测定其对赤星病菌抑菌带的宽度达 5.5 ~ 13.2mm；拮抗、防病试验测定，来自叶片内的内生真菌株Itb162 对赤星病菌有较强和稳定的拮抗作用，对赤星病有 52.0% 的防病效果。无菌滤液实验表明，拮抗内生细株 Itb162 无菌滤液在一定浓度范围内均能有效地抑制菌丝生长，减少孢子萌发，且浓度越高，抑制能力越强。（易龙 肖崇刚 马冠华 王万能 龙良鲲，2004）。试验研究结果表明富贵竹中广泛存在具有多种生物效应的内生细菌群落。从 4 个品种富贵竹茎叶中分离出 64 个内生细菌，以烟草过敏性反应和半叶接种法测定其内生细菌中有 22个菌株具有潜在致病性；采用抑菌圈法测定其内生细菌中有 25 个菌株对 6 个病原真菌具不同拮抗作用，其中分别有 16 个、5 个、4 个菌株对 1 种、2 种和 3 种病原真菌有拮抗作用。有 16 个菌株可刺激水稻或绿豆生长，具有刺激生长作用的混合菌株还可促进富贵竹生根。（袁红旭 周立赖 周锦兰 郑向华 许良珠，2005）。【目的】研究根结线虫生防菌 ZK7 和IPC 菌株在烟草根表及皮层的定殖情况。【方法】利用光学显微镜和扫描电子显微镜观察了生防菌 ZK7 和 IPC 菌株在烟草根表和根内的定殖部位、定殖方式、生长和繁殖等。【结果】生防菌 ZK7 和 IPC 菌株能以菌丝方式稳定定殖于烟草根表的根冠区、伸长区、根毛区、成熟区等不同部位，而存根内的定殖仅局限于根表皮层较深的细胞组织，不能侵入烟草根部的韧皮部和木质部组织。【结论】生防菌 ZK7 和 IPC 菌株与烟草并非病原物与寄主的关系，而更类似于菌根菌或内生真菌与植物间的共生关系。（祝明亮 张克勤，2008）。本研究分别通过温室和田间试验，对健康烟苗和 *Rastinuia solanacearum* 侵染的烟苗内生细菌分布多样性进行了研究。供试烟草品种为 K326 和 K346。温室试验：用无菌土种植烟草，每 7d 取完整烟株 5 株，连续 3 个月分离鉴定内生细菌，测定烟株导管组织内微生物种群分布情况。植物组织经表面消毒，接入磷酸缓冲液（PBS），系列稀释，然后转到TSBA+cy *clohexamide* 平板上，28℃下培养 72h 后计菌落数，测定组织生物活性（cfu/g）。从分离平板上随机选择菌落，利用 FAME/MIDI（脂肪酸甲酯）分析系统进行鉴定。田间试验：（BOTTOMLY-TENNISONS FORTNUMBA KURTZ，2005）。内生细菌菌株 Itb162和附生细菌菌株 Ata28 能有效地抑制烟草赤星病，本试验观测和比较拮抗内生细菌和拮抗附生细菌及其混合菌液对烟草赤星病的控病作用及其对烟草苯丙氨酸解氨酶、多酚氧化酶、过氧化物酶活性的诱导情况及病程相关蛋白的变化。结果表明，内生细菌和附生细菌及其混合菌液对烟草赤星病的控病作用，PAL、PPO、POD 活性有不同程度的提高，病程相关蛋白也有量的积累，而附生细菌没有诱导作用。上述试验结果说明内生细菌比附生细菌更易对烟草产生诱导抗性，其混合作用的诱导抗性主要来自于内生细菌。（易龙 肖崇刚 马冠华 杨水英，2007）。为了获得具有良好应用效果的特色风味料，从香荚兰气生根中分离到一株产香内生芽孢杆菌 Van-1a，200 r/m in、37℃摇床培养 3d，Van-1a 可转化阿魏酸生成含有香兰素及愈创木酚衍生香味物的天然香料。采用 GC/MS 从中分离鉴定出 10 种挥发性香味化学成分。卷烟加香试验表明：该天然香料能与烟香较好谐调，具有提调烟香、细腻醇和烟气、改善卷烟吸味的良好效果。（李雪梅 [1, 3] 徐若飞 杨黎华 杨金奎 [3，2008）。从黄海岸芦竹（Arundo donax）中分离得到一株木霉属的内生真菌 F0238，在皿内及盆栽苗上对该菌防治烟草赤星病（Alternarina alternate）的作用进行了试验研究。皿内的对峙培养结果表明，F0238 对烟草赤星病菌有较强的营养竞争作用；盆栽试验表明，F0238 在 10^{10} 个 /ml 孢子浓度下对烟草赤星病的预防能力达 90% 以上，10^8-10^9 个 /ml 孢子浓度下对烟草赤星病的治疗效果达 50% 以上，表明该菌具有潜在的防治烟草赤星病的能力。（纪丽莲，2005）。为了明确内生枯草芽孢杆菌 B-001 对烟草的促生机制和对烟草青枯病的防治效果，采用温室盆栽试验、内源激素检测及处理烟草植株 B-001 菌量追踪测定等方法研究内生枯草芽孢杆菌 B-001 的作用机制及其自身在烟草体内的群体数量动态等。结果表明：施用 B-001 菌株后，烟草幼苗鲜重增加了 43.01% ~ 57.70%；烟草中吲哚乙酸、赤霉素和玉米素核苷的含量增加，而脱落酸的含量降低；苗期至旺长期的烟草 K326 中 B-001 数量大幅增加，但到成熟期数量大幅下降；1×10^7、1×10^8、1×109、1×10^{10} cfu/mL 的菌悬浮液对烟草青枯病的防治效果分别为 50.3%、62.8%、70.2%、70.3%。（易有金 肖浪涛 王若仲 柏连阳，2007）。采用烟草 /TMV 体系，初步研究了内生细菌 EBS05 代谢活性物质的抗烟草花叶病毒活性. 结果表明，EBS05 代谢活性物质不仅对 TMV 有较强的体外钝化作用，而且能有效抑制 TMV 在寄主体内的增殖，对 TMV-CP 体外聚合和抗原位点也具有一定的抑制和干扰作用，但对 TMV 粒体形态没有影响.（尹志刚 赵玉华 陈建光 文才艺，2009）。在黄花蒿（Artemisia annua L.）发根液体培养中，黄花蒿内生炭疽菌（Collctotrichum sp.b501）细胞壁寡糖提取物可促进发根青蒿素的合成，经寡糖诱导子（20mg/L）处理 4d 后，发根青蒿素含量达 1.15mg/g，比对照高出 64.29%。诱导作用与诱导子浓度，作用时间相关。诱导处理 1d 后，X 射线能谱分析表明黄花蒿发根细胞中 Ca^{2+} 积累量显著增高，电镜观察发现液泡内出现高电子致密物，具活性氧清除作用的过氧化物酶表现出高活性（6.5unit·min-1·g-1FW）。诱导处理第三天，细胞核 DNA 呈梯度条带降解，部分细胞出现程序化死亡。内生真菌细胞壁寡糖提取物引起的生理反应有利于细胞中青蒿素的生物合成。（王剑文 夏仲豪 等，2002）。从南海红树林内生真菌菌体中提取到胞外多糖 W21，甲醇解研究表明 W21 由葡萄糖，半乳糖和少量木糖组成。（胡谷平 佘志刚 等，2002）。为了防治烟草晒黄烟青枯病，从湖南宁乡烟区分离烟草内生细菌菌株 160 株，32 株对青枯菌有抑制作用，其中 001，009，011 抑制效果最好．经鉴定，001 为枯草芽孢杆菌，009 与 011 为短芽孢杆菌．田间试验 5 种内生真菌的防效以 011，001 效果最好．（周燕 成志军 易有金 罗宽，2005）。[目的] 研究皖南烟区 2 株烟草内生真菌细菌与烟草青枯病的相互关系。[方法] 从烟草植株中分离获得 2 株内生真菌，对这 2 株细菌进行形态观察、生化试验和 23srDNA 基因部分序列测定分析。[结果] 结果表明，这 2 株细菌属与肠杆菌属，与杨树内生真菌（*Enterobacter sp.*638）、阴沟肠杆菌（*Enterobacter cloacae*）和阿氏肠杆菌（*Enterobacter asburiae*）的亲源关系紧密。[结论] 分离的这 2 株肠杆菌属的内生细菌在一定条件下会导致烟草发病，也是烟草的病原菌，这需更深入的进行研究。（章东方 高正良 顾江涛 许大凤，2008）。为利用有益微生物防治烟草某些病害，从 7 个烤烟品种（云烟 85、红大、K326、K346、RG11、G28 和 NC89）不同生育期的根、茎、叶中分离获得内生细菌 1729 株，并通过平板对峙培养法筛选出对烟草灰霉病菌、黑胫病菌、赤星病菌和炭疽病菌有较好拮抗活性的菌株 61、38、52 和 55 株。结果显示，在各个品种、各个时期及根、茎、叶中均有不同数量拮抗这 4 种病原菌菌株存在。（马冠华 肖崇刚 李浩申，2004）。为寻找防治烟草黑胫病新途径，2001 至 2003 年，从湖南永州和宁乡等地烟草黑胫病发病严重的田块采集健株，共分离到内生细菌株 120 株，经测定，8 株内生细菌菌株在室内有较强的拮抗作用，这 8 株内生细菌与烟草黑胫病菌共培结果显示，55y，NN-3，YN-4 和 YN-10 对烟草黑胫病菌抑菌效果均在 86% 以上．根据内生细菌形态特征和生理生化性状，初步鉴定内生细菌 55y 为假单胞杆菌属铜绿假单胞菌，NN-3 为芽孢杆菌属枯草芽孢杆菌，YN-4，YN-10 为芽孢杆菌属凝结芽孢杆菌，且这 4 菌株均为烟草内生细菌．（周向平 肖启明 罗宽 巢进 田慧，2004）。对烟草黑胫病的症状，病原菌的形态，生理，寄主范围，致病性分化，侵染，传播及引起该病发生的主要因素和防治方法等进行了简要综述。（屈霞 李爱国 颜合洪，2007）。在烟草青枯病区采取健康烟草植株，从其茎杆内分离到 2 株对烟草青枯拉尔氏菌（*Ralstonia solanacarum*）有强拮抗作用的内生真菌株 009 和 011。形态观察、生理生化鉴定及 16S rDNA 序列比对结果表明，菌株 009 和 011 均归属为 *Brevibacillus brevis*，009、011 菌株与 B.brevis（AY591911）相似性分别为 99.5% 和 99.0%，GenBank 登录号分别为 DQ444284、DQ444285。生长特性研究结果表明，它们的最适生长 pH 值分别为 6.5、7.5，最适生长温度分别为 25、30℃。温室内用淋根法分别先接种 009 和 011 菌株，后接种病原菌，其防效分别为 87.25% 和 52.30%。用 009 和 011 菌液分别和烟草青枯病菌的混合液淋根，其防效明显低于前者。田间小区试验结果表明，011 菌株的防效明显高于 009 菌株和农用链霉素。（易有金 尹华群 罗宽 刘学端 刘，2007）。为了获得防治烟草青枯病新途径，从湖南桂阳烟草青枯病重病区采集的健株上，共分离到内生真菌株 160 个，经对峙培养法测定，32 个菌株对烟草青枯菌有拮抗作用，其中 H-1、H-9 和 H-11 有强拮抗作用，抑菌圈分别为 3.0、3.0、4.5mm。根据其形态特征和生理生化性状，初步鉴定内生真菌 H-1 为枯草芽孢杆菌，H-9 和 H-11 为短芽孢杆菌。（彭细桥[1, 3] 刘红艳 罗宽 邓正平，2007）。从烟草根部分离到的内生细菌 118 菌株，对烟草黑胫病有很好的防效。实验证明，其防治作用机理包括直接拮抗作用和诱导抗病作用。该菌能抑制烟草疫霉菌丝生长，游动孢子游动，萌发；而且具有诱导抗病作用。施菌后，POD，PAL 活性明显上升。（王万能 肖崇刚，2003）。从烟草根部分离到的内生细菌 118 菌株，对 8-10 叶期烟苗进行诱导，6d 后挑战接种，防效达 41.79%；对 4-6 叶期烟苗施菌后，抗性相关酶 POD、PPO、PAL 活性明显上升。第 13d 时，分别比对照上升 29.65、197.01 和 21.05 个酶活性单位。（王万能 全学军 韦云隆，2004）。从烟草根部分离到的内生细菌 118 菌株，对烟草有明显的诱导作用，对 4～6 叶期烟苗施菌后，抗性相关酶 POD、PPO、PAL 活性明显上升，第 13d 时，分别比对照上升 29.65、197.01 和 21.05 个酶活性单位。（王万能 肖崇刚 杨水英 易龙，2004）。筛选扶得的烟草内生细菌 Atp-oe 在温室试验中对烟草黑胫病的防效可达 69.23%.通过对烟草内生细菌 Atp-oe 发酵动力学的研究，拟合出了细菌生长曲线模型，得到最佳优化发酵参数 .（王万能 全学军，2006）。烟草内生拮抗菌枯草芽孢杆菌 B.001 菌株在田间连续 4 年防治烟草青枯病均有较好的防治效果 . 为了提高发酵水平，节省发酵成本，使其能大规模应用于生产实际，通过正交优化试验 L9（3^4）确定其 5L 发酵罐装液量为 3L，最佳发酵条件：通气量 100L/h，转速 220r/min，温度 30℃，起始 pH8，发酵时间 60h.（易有金 罗坤 柏连阳 刘二明 罗宽，2007）。【目的】研究烟草内生细菌对烟株根际生态的影响。【方法】用对烟草黑胫病菌有拮抗作用的 10 种内生细菌菌悬液对烤烟 K326 进行浸种、灌根和喷灌处理，测定土壤的理化性质、酶活性及微生物数量。【结果】Itb95 灌根处理的土壤有机质含量最高，Itb220 浸种处理的土壤全磷浓度增加了 30%，Itb185 和 Itb220 灌根处理的土壤过氧化氢酶活性最高，均为 37.2ml/s，Itb162、Itb220、Itb95 和 Itb80 处理的土壤脲酶活性明显下降，Itb185 处理的土壤蔗糖酶活性明显升高。Itb57 和 Itb12 处理的土壤真菌数量减少，Itb57 灌根处理的土壤细菌数量最多，达 1.58×10^6 cfu/ml，Ata28 灌根处理的土壤放线菌数量最多。【结论】该研究为进一步利用内生细菌提供了生态学理论依据。（马冠华 肖崇刚 易龙 陈国康 蔡乐，2008）。利用烟草内生细菌进行了防治烟草黑胫病的试验，获得了对烟草黑胫病有较好防效的内生细菌菌株 118、57、93 等，其防效分别选 69.23%、61.53% 和 65.38%。其中 118 菌株具有较广的抗菌谱，对几种主要的烟草病害的病原菌均有拮抗作用，对烟草疫霉菌有明显的拮抗作用，而且对烟草有促生效果，鲜重增产率为 13.10%。（王万能 全学军 肖崇刚，2006）。筛选烟草内生细菌防治烟草黑胫病，获得了对烟草黑胫病有很好防效的内生细菌 118、57 和 93 等菌株。在温室控病实验中它们的防效分别可达 69.23%、61.53% 和 65.38%。118 菌株对烟草疫霉（*Phytophthora parasitica var.nicotianae*）菌丝生长有明显的拮抗作用。118 菌株具有较广的抗菌谱，且对烟草有促生效果，烟草的鲜重增产率为 13.10%。（王万能 全学军 肖崇刚，2005）。对烟草内生细菌的来源、数量动态变化、与青枯病抗性的关系，以及内生细菌防病和促进种子萌发等方面进行了研究。结果表明烟草内生细菌可来源于种子内部，在烟草不同生育期，抗病品种中内生细菌的总数量以及对青枯病菌具有拮抗作用的内生细菌数量均高于感病品种，部分内生细菌具有促进烟草种子萌发和防治烟草青枯病的作用。（周岗泉 张建华 陈泽鹏 刘琼光，2008）。经过对 7 个田间种植的烟草品种不同栽培时期、不同组织内生细菌种群动态研究表明，不同品种内生细菌种群有一定程度差异。同一品种中有的内生细菌为常住菌群，有的为暂居菌群，带菌量根中最高，茎次之，叶中最低。在整个生育期中，7 个品种内生细菌数量表现出从种子到出苗期大幅增加，从出苗期到十字期又大幅度下降，随后从缓苗期到伸根期再一次急剧增加并维持在一个较高水平。通过对烟草这一重要经济作物内生细菌种群动态变化研究，可为烟草病虫害生物防治和促生增产研究提供理论基础。（马冠华 肖崇刚，2004）。从白肋烟 TN90 品种的主脉组织中分离到 1 株内生真菌株 WT。根据形态和生理生化特征进行鉴定。该菌株在 TSA 培养基上菌落形态为白色，环状突起。对利福平和萘啶酮酸敏感。革兰氏阳性（G+），催化酶活性，产生芽孢。可运动，杆状。具一定的碱性磷酸酶活性和一定的脲酶活性，鉴定为芽孢杆菌（*Bacillus sp.*）。在温室移栽时将该内生细菌接种于白肋烟 TN90。并在收获后喷施细菌悬液于烟叶表面，进行亚硝胺类物质的检测，结果表明：接种 WT 可减少白肋烟 TN90 的亚硝胺组分，TSNA 总量比对照减少，叶片组织减少 21.7% ~ 44.6%，主脉组织减少 16.7%-80%。整个根系接种可有效降低叶片和主脉组织内烟草特有亚硝胺（TSNA）总量（P≤0.05），分别降低了 38.0% 和 80%。叶面喷施可使叶片组织内烟草特有亚硝胺（TSNA）总量降低 44.6%，也明显影响叶片和主脉组织中 N- 亚硝基去甲基烟碱（NNN）含量，差异显著（P≤0.05）。对 N- 亚硝基新烟草烟碱（NAT）和 N- 亚硝基假木贼碱（NAB）含量的影响不显著。（雷丽萍，2007）。从烟草的根、茎、叶中共分离得到 619 株内生真菌，根据形态特征鉴定出 12 个属。其中链格孢属（*Alternaria*）和毛壳属（*ChaetomiumKunze*）为优势种群，分别占已分离菌株数的 24.56%、18.74%。不同组织部位所分离得到的内生真菌在种群及数量上都存在差异：根中的优势属为镰孢属，占到了分离物的 8.32%；叶和茎中的优势属是链格孢属，分别占到叶和茎中分离菌种数的 31.02% 和 28.88%；表明烟草内生真菌的分布具有一定的组织专一性。（裴洲洋 张猛，2009）。研究了发酵时间、发酵温度、菌龄、接种量、摇瓶转速、溶氧量对菌量的影响，以及烟草青枯病拮抗菌湘 2-3 发酵条件与菌量之间的关系，并运用正交试验确定了最佳发酵条件. 结果表明：当发酵时间 24h，发酵温度 28℃，菌龄 18h ~ 22h，接种量 4%，摇瓶转速 210r/min，溶氧量 100mL/150mL 时，湘 2-3 菌生长最快（彭细桥 [1，3] 刘红艳 罗宽 邓正平，2007）。从病区健康烟草植株茎杆内分离到一株对烟草青枯罗尔氏菌（*Ralstonia Solarbocarum*）有强拮抗作用的内生细菌，命名为 B-001 菌株. 拮抗性研究表明，B-001 菌株对多种革兰氏阳性细菌、革兰氏阴性细菌以及病原真菌均有较强的抑制作用. 形态和生理生化特征初步表明菌株 B-001 为芽孢杆菌属（*Bacillus*）细菌. 经扩增、测序得到 B-001 的 16S rDNA 序列，GenBank 接收号为 DQ444283. 用 ClustalX 进行多重序列对比，并通过 MEGA3 方法构建 16SrDNA 系统发育树，表明：菌株 B-001 与 *Bacillus subtilis*（DQ415893）的相似性为 99.2%，并处于同一分支；结合形态和生理生化指标，将其鉴定为枯草芽孢杆菌（*B.subtilis*）。2005 和 2006 年在湖南省桂阳县、宁乡县进行了田间试验，防效在

40.03% ~ 78.14%，防治效果良好，且明显优于农用链霉素.（易有金 刘如石 尹华群 罗宽 刘，2007）。植物体内的大量微生物，在进化的过程中，由于长期生活在植物特定部位，因而与植物形成了一种特殊的关系，这些微生物在植物体内大量繁殖和扩散，有望成为生物防治有潜力的微生物。内生细菌是植物体内大量存在的微生物之一，具有在植株体内分布广、定殖能力强、防效好以及增殖和扩散快等优点，因而成为发展前景很好的植物病害生防菌。烟草青枯病是由青枯劳尔氏菌（Ralstonia solanacearum）引起的一种以土壤传播为主的毁灭性细菌病害。目前，对该病的防治尚无理想的药剂和抗病品种，防治手段以化学农药为主。但长期大量施用化学农药既易使病菌产生抗药性，又易导致严重的环境污染。烟草是叶用作物，不合理施用农药后，不但影响品质，而且严重危害人体健康，所以在烟草生产中探索生物防治途径显得尤为重要。以往用于烟草青枯病防治的生防菌株主要是从根围分离到的真菌和细菌，定殖能力较差、易受环境影响且防效不稳定。鉴于根际拮抗菌的不足，本试验将从烟草植株内筛选对烟草青枯病菌有拮抗作用的内生细菌，以期获得防治烟草青枯病的新途径。（彭细桥 [1，2] 周国生 邓正平 匡传富 [1，2007]）。烟草青枯病是由青枯雷尔菌（Ralstonia solanacearum）引起的一种以土壤传播为主的细菌性病害。目前对该病的防治主要以化学手段为主，但长期大量施用化学农药易产生抗药性和造成环境污染，因此生物防治受到国内外研究者的广泛重视。内生细菌可系统地在植物体内定殖，生存环境较为稳定，是一类潜在的重要生防菌资源。在室内对 60 株内生真菌株进行了对青枯病拮抗作用的测定，选择拮抗效果较好的菌株进行了小区防效试验。（尹华群 易有金 罗宽 匡传富 邓，2004）。从烟草体内、体外分离出对烟草赤星病、黑胫病有控病作用的内生细菌菌株和附生细菌菌株.用于烟草种子的细菌化处理，待种子在平皿细菌液中萌发后，以无菌土盆栽的方式测定其对烟草幼苗的促生性，以无菌水（CK）处理的作空白对照，分别测定其地上部鲜重，最大叶长、宽，真叶数，实验结果表明，内生细菌Itb225，附生细菌 Ata28 能明显对烟草幼苗产生促生效应，与对照相比达到差异显著水平。（易龙 马冠华 肖崇刚，2006）。

羊草

对我国部分国产和引进的禾草品种进行了种带内生真菌的检验。自检验的 22 属，48 种，84 个种样的国产禾草中，发现 6 种 7 个种样的种子中含有内生真菌，按带菌率的高低，它们依次是：产自甘肃山丹县的中华羊茅：100%；产自甘肃天祝县的紫羊茅：80%；产自新疆阿勒泰的布顿大麦草：18%；产自青海省的羊草：12%；产自甘肃省甘南州的大雀麦：10%；产自甘肃省的无芒雀麦：6.0% 和产自甘肃甘南州的中华羊茅：4.5%（南志标，1996）。

羊茅

"精英"是改良型高羊茅新品种，提高了耐热性、抗病性和适应性以及矮生能力和草坪质量。叶片颜色深绿，质地中等。含有的大量内生真菌使其对食草虫类的抗性强。（无，2007）。"精英"是改良型高羊茅新品种，提高了耐热性、抗病性和适应性以及矮生能力和草坪质量。叶片颜色深绿，质地中等。含有的大量内生真菌使其对食草虫类的抗性强。（无，2007）。提高草坪草的抗性是培育草坪的重要目标之一，综述了内生真菌对改良两种常见冷季型草坪草 - 黑麦草（*Lolium perenne* L.）和高羊茅（*Festuca arundinacea Schreb.*）抗逆性等方面的作用，为更好地利用我国广泛分布的真菌草种资源提供参考。（王晓洁 张志飞 饶力群 胡晓敏，2007）。从苇状羊茅植株中发现了与 *Nepotyphodium coenophialum* 不同的内生真菌，经过分离、培养，分离菌株被鉴定为 Neotyphodium uncinatum（W.Gams，Petrini & D.Schmidt）Glenn，Bacon & Hanlin。通过对苇状羊茅植株各部位的调查，确认该菌在植株的地上部分有较为系统的分布。所发现的 *Neotyphodium uncinatum-Festuca arundinacea* 这一内生真菌——宿主植物的新组合将成为禾本科植物内生真菌研究的宝贵材料。（纪燕玲 王志伟 于汉寿 王世梅，2003）。研究对内生真菌（Acremonium coenophialum Morgan-Jones & Gams）侵染（E^+）和未侵染（E^-）的交战Ⅱ（Corossfire Ⅱ）高羊茅，在温室持续干旱胁迫下膜系统保护酶活性变化连续测定，发现：在干旱胁迫过程中 E^+ 植株的茎、叶中过氧化氢酶（CAT）的活性均显著高于 E^- 植株 CAT 的活性（P < 0.05），在茎中的变化差异极显著（P < 0.01）。但 E^+ 植株与 E^- 植株中的过氧化物酶（POD）的活性表现与 CAT 活性相反，也就是在干旱胁迫过程中 E^+ 植株 POD 酶活性显著低于 E^- 植株 POD 活性（P < 0.05）。干旱胁迫下，E^+ 植株在抗旱形态特征表现均优于 E^+ 植株，其根量、卷叶率均高于不带菌植株；干旱后的恢复率带菌植株达到 70% 以上。（胡桂馨 王代军 等，2001）。在研究和大量借鉴国内外最新研究成果的基础上．系统论述和报道了高羊茅在水分、温度、酸碱盐以及重金属等逆境胁迫下的生理变化，也包括内生真菌和植物生长调节剂对高羊茅的影响。同时，对高羊茅的生化特性的研究进展作了报道，主要包括高羊茅品种的生化鉴定以及以转基因技术应用为主的基因工程等方面的研究。展望了高羊茅在生理生态以及生化特性方面的研究趋势．特别是高羊茅的抗性机理以及有关分子生物学方面的研究将成为未来研究的重点和热点．为今后深入开展高羊茅的研究和利用提供科学依据。（徐胜 李建龙 赵德华，2004）。根据 GenBank 上报道的内生真菌 Neotyphodium coenophialum 和 N.lolii 的 Nc25 基因序列，设计了 2 对特异性引物 FM1/R1 和 F3/R652，建立了一套适合于从高羊茅和多年生黑麦草种子中检测内生真菌 N.coenophialum 和 N.lolii 的常规 PCR 和巢式 PCR 方法。（梁玮莎 易建平 周而勋，2006）。近年来对高羊茅的逆境生理研究进行了综述．报道了高羊茅在逆境胁迫下（如：干旱、温度、酸碱盐以及重金属等）的生理变化，以及内生真菌和植物生长调节剂对高羊茅抗性的提高作用．最后指出高羊茅的抗性机理以及有关分子生物学方面的研究将成为未

来研究的重点和热点。（王彬 谢应忠，2007）。对中国农科院畜牧所、四川长江草业研究中心、中农草业有限公司提供的 7 个高羊茅品种进行种子带菌的检验。结果表明，高羊茅品种 2、坦波、法尔肯、猎狗 5 号带菌。带菌率依次为 73%、56%、50%、80%。（李剑 袁庆华，2006）。在高羊茅 Festuca arundinacea 组织培养中最常用的外植体是成熟种子，而种子中共生的半知菌亚门内生真菌 Neotyphodium coenophialum 使消毒较为困难，污染率高。为了研究温水处理对富含内生真菌的高羊茅种子发芽率、污染率和出愈率的影响，以不同温度（40，50，60℃）、不同时间（10，20，30min）的温水浸泡和次氯酸钠配合使用处理高羊茅种子，并进行发芽率试验和愈伤组织培养。消毒方法在保证较高种子发芽率的前提下，可降低种子污染率，提高出愈率。该消毒技术对于解决高羊茅因内生真菌造成的严重污染、出愈率低等现象有重要作用。（张志飞 [1，2] 饶力群，2008）。苇状羊茅内生真菌和多年生黑麦草内生真菌曾给一些国家的畜牧业造成巨大损失。为防止内生真菌随进境草籽传入我国并在中国扩散危害，我们对该 2 种进境草籽内生真菌的带菌率进行了研究。27 份苇状羊茅样品中有 18 个品种带菌，34 份多年生黑麦草样品中 14 个品种带菌，带菌率最高可达 86.7%。早熟禾、剪股颖等其它禾本科草籽目前尚未发现带有内生真菌。（刘跃庭 崔铁军 黄国明 廖芳，2005）。高羊茅是美国南北过渡地带肉牛的重要饲草来源。高羊茅在南北过渡区的存在和长期存活与内生真菌（Neotyphodium coenophialum）有关，但是，这利，内生真菌却与高羊茅中毒症有关，其症状表现为动物增重减少，这很大程度上是由于内生真菌产生的麦角生物碱不消化的缘故。动物食用这种草以后除性能减弱外还伴随着每日干物质摄食量减少或者消化不良或者两种情况同时存在。（邱敦莲（摘译），2006）。采用便携式 LI-6400 光合测定仪，在晴朗的天气，对感染和未感染内生真菌 Neotyphodium.typhinum 高羊茅商品种植株成熟叶片净光合速率（Pn）、蒸腾速率（Tr）、水分利用效率（WUE）、细胞间 CO_2 浓度（Ci）、气孔导度（Gs）进行田间测定。结果表明：感染内生真菌的高羊茅植株净光合速率（n）、蒸腾速率（Tr）、水分利用效率（WUE）、细胞间 CO_2 浓度（Ci）、气孔导度（Gs）都高于非感染高羊茅植株，高温下光合性能和抵抗高温的能力都优于非感染高羊茅植株。这一结论为水资源短缺城市的绿化，干旱、半干旱地区及特殊立地条件地区的绿化提供了解决问题的新思路。（杜永吉 王祺 韩烈保 [1，3]，2009）。研究了草坪型高羊茅品种 Crossfire II 的含有内生真菌（简称带菌）和不含内生真菌（简称不带菌）植株，接种新月弯孢霉病原菌后叶斑病的发生情况。结果表明：带菌植株的发病率和病情指数明显低于不带菌植株，抗病效果达 30% 以上。叶片保护酶活性测定结果表明，过氧化物酶（POD）、苯丙氨酸解氨酶（PAL）酶活性在接种病原菌前，带菌植株低于不带菌植株；接种病原菌后，带菌植株这 2 种酶的活性均显著增加，增加的幅度和速度均较不带菌植株叶片相应酶活性大；多酚氧化酶（PPO）酶活性的变化没有规律性。（古燕翔 [1，2] 王代军 胡跃高，2007）。研究了内生真菌对草坪型高羊茅褐斑病叶内防御酶活性的影响。结果表明：感染植株和未感染植株的 β-1，3- 葡聚糖酶、苯丙氨酸解氨酶活性的变化趋势相同，且在整个测定期内感染植株的酶活性均较未感染植株高，经相关分析得出这些酶的活性与内生真菌提高高羊茅抗褐斑病能力显著具有相关性，1，3- 葡聚糖酶、苯丙氨酸解氨酶等防御酶活性。使植株对褐斑病原菌的侵染产生强烈而快速的反应，从而抑制了病原菌侵染。多酚氧化酶活性变化没有一定的规律性，且与植株的抗病性之间没有相关关系。（王志勇 江淑平，2007）。综述了内生真菌的分类及其在宿主苇状羊茅 Festuca atundinacea 和多年生黑麦草 Lolium Perenne 中的分布与传播方式，阐述了内生真菌对苇状羊茅和多年生黑麦草生长、抗生物（病虫害）和非生物胁迫（P 胁迫和干旱胁迫等）、以及对其他草类的竞争他感作用的影响，并提出今后的研究方向。（张颖 韩建国，2004）。对高羊茅品种交战Ⅱ（Crossfire Ⅱ）和阿道比（Adobe）带菌和不带菌植株接种褐斑病病原菌，于接种后统计病情指数、发病率和抗性效果。结果表明，内生真菌能够提高高羊茅对褐斑病的抗性，抗性效果在 30% 以上。（江淑平 王志勇，2006）。从内生真菌的涵义及其基本生物学特征出发，着重对国内外近 10 年来有关内生真菌与高羊茅关系的研究情况作了综述，主要包括内生真菌对高羊茅生长发育及其抗逆性的影响、内生真菌对高羊茅植物群落及生态系统的影响等，并对内生真菌研究的实际意义及其应用前景作了总结。（韩春梅 张新全 彭燕 刘明秀 马啸，2005）。人们对植物内生真菌的研究已有 100 多年的历史，对内生真菌的研究最初始于黑麦草（*Lolium perenne*）等牧草上产生生物碱类毒素引起家畜病害的内生真菌研究，但直到上世纪 80 年代很少有涉及这一领域的研究，少数的研究也是围绕黑麦草、高羊茅等少数几个禾草展开的。随着研究的深入，人们逐渐发现内生真菌与宿主植物之间存在明显的互惠共生关系。（史洪中 胡肆珍 陈利军 李永丽，2005）。苇状羊茅上常见的内生真菌 *Acremonium coenophialum* 是一个引起肉牛和马饲喂苇状羊茅后生产性能降低的原因，绵羊蹒跚病这种神经系统疾病与多年生黑麦草中的真菌 A.lolii 有关，用无内生真菌的苇百茅和黑麦草品种更换侵染内生真菌的牧地，虽能提高家畜的生产性能，但牧草产量和持久性下降，这与病害，线虫对根的侵害以及干旱等一系列有关。（Joost，RE 余丽清，1998）。本文介绍了重要禾本科牧草苇状羊茅及多年生黑麦草内生真菌对家畜的影响，对寄主本身的影响及内生真菌的传播，控制，鉴定和运用。苇状羊茅与多年生黑麦草内生真菌同属枝顶孢霉属，极为相似，苇状羊茅内生真菌导致牛的苇状羊茅中霉症。多年生黑麦草内生真菌造成羊及其它家畜的黑麦草蹒跚病，内生真可促进寄主的生长，延长寄主的寿命，抵抗病虫的侵害。内生真菌通过种子传递给牧草后代，牧草生产中用种子贮藏，种子高温处理，种子或植（韩建国 樊奋成，1995）。苇状羊茅内生真菌 *Neotyphodium coenophialum* 和多年生黑麦草内生真菌 *N.lolii* 对美国、新西兰等国家的畜牧业曾经造成过巨大损失。以 N.coenophialum 和 N.lolii 及其近似种 N.huerfanum、N.chisosum、N.aotearoae、N.sp. 共 6 种 18 个菌株，以及苇状羊茅和多年生黑麦草 8 个品种种子为供试材料，根据 Tub-2 基因设计了通用 Taqman 探针及引物，根据 NC25 基因设计了 N.coenophialum 和 N.lolii 的特异 Taqman 探针及共用引物，通过通用探针的单色荧光 PCR 和特异探针的双色荧光 PCR，建立了 N.coenophialum 和 N.lolii 的菌丝及单粒种子稳定可靠、特异性强的荧光 PCR 检测方法，检测灵敏度达到单粒种子，使检测时间由至少一个月缩短至 7 ~ 8 个小时。（黄国明 廖芳 刘跃庭 崔铁军 罗加凤，2007）。感染内生真菌的禾草在牧草和草坪业上具有重要的生态和经济意义，家畜采食感染 Neotyphodium coenophialum 和 N.lolii 的苇状羊茅和多年生黑麦草会发生中毒。本研究收集天津口岸 1998 年以来进境的部分苇状羊茅和多年生黑麦草种子，对经镜检确认带有内生真菌的种子进行分离培养，对疑似菌株的菌丝用改进的 Moiler 等方法进行基因组 DNA 抽提，测定浓度及纯度，对照原方法，基因的引物 IS1-IS3 扩增结果显示为单一的条带，结合形态学和序列比对，分离培养得到的菌株可以基本确定为 N.coenophialum 和 N.lolii。根据 Genbank 中 N.coenophialum 和 N.lolii 的 NC25 基因序列设计出引物 F1-R1，扩增得到能区分开 N.coenophial um 和 N.lolii 的单一条带（相差 160bp），建立了 N.coenophialum 和 N.lolii 的 PCR 检测方法，结果准确可靠。（廖芳 刘跃庭 崔铁军 黄国明 罗家凤 尹旭芳，2006）。采用玫瑰红染色法，对新疆天然草地中的部分禾草植物内生长菌进行了调查，发现醉马草和阿拉套羊茅种子及群组织中均含有丰富的内生真菌，50 粒种子侵染率分别为 96% 和 100%。（李保军 孙穗长，1996）。通过萃取和复萃取的方法从牧草中获得结晶状的二氢氯化黑麦草碱。8 种不同分子结构的黑麦草碱具有不同生物活性，并具有一定的抗牧草虫害的作用。但牧草中的黑麦草碱的含量随着季节变化也发生相应变化，并影响抗虫的效果。因此，试验用草甸羊茅经内生真菌对生长在新西兰的草甸羊茅 Festuca praten-sis 进行 12 种不同的感染处理，测定草甸羊茅叶和茎在不同季节中黑麦草碱的含量，选出高产量、生长期长和抗虫害强的共生牧草。（田发益 李晓忠 何冰梅，2009）。感染内生真菌的羊茅属植株在畜牧业和草坪业上具有重要的生态和经济意义。关于内生真菌与羊茅属植株互利共生的关系已有大量研究，就已报道的有关羊茅属内生真菌种类、内生真菌促进羊茅属植株生长发育以及内生真菌提高羊茅属植株抵抗生物胁迫和非生物胁迫的研究做一综述，指出羊茅属内生真菌研究中存在的问题并做出展望，以期更好地利用我国羊茅属内生真菌资源。（杜永吉 曾会明 韩烈保，2008）。从高羊茅（Fescue arundinacea）植株中分离纯化得到 6 株内生真菌，通过抑菌谱的研究发现 J24 对油菜菌核病原菌 Sclerotinia sclerotiorum 有抑制作用，体外对峙实验观察两菌落之间有明显的拮抗带，圆盘滤膜法研究发现其非挥发性代谢产物可以抑制核盘菌菌丝的生长，抑制率达到 69%；平板上形成菌核的重量减少率为 49.7%，菌核萌发率为 69.2%，培养基分割法研究发现可挥发性产物可以抑制菌核的萌发，培养 7d 菌核萌发率为 0。J24 在生物防治方面存在巨大的潜力，对 J24 进行体外培养及电镜观察，分生孢子长卵形，（4.1 ~ 7.2）×（1.2 ~ 1.5）μm，初步鉴定为 Acremonium alternatum，与高羊茅优势内生真菌 Neotyphodium coenophialum 不同。从而发现了一个新的共生体系 .（张晓娟 李世林 吴丽虹 徐颖 刘谊 董明奇 曹，2006）。有关苇状羊茅与三叶草属植物间毒素抑制现象已有报道结果并不一致，许多苇状羊茅的植株侵染内生真菌（Acremoniunm coenphialun Morgan-Jones & Gams），这可能是造成研究结果不一致的部分原因。在研究无内生真菌的苇状羊茅（TF-E）和有内生真菌的苇状羊茅（TF+E）的种子浸出液对 5 种三叶草种（Trifolium）的种子萌发和幼苗生长（包括枝条、枝和根毛的密度）的有影响 。（Spri.，TL 白朴，1998）。华东地区匍匐剪股颖褐斑病杀菌剂的田间防治效果；高羊茅种子内生真菌的消毒方法；湘西南地区马蹄金草坪中春季杂草的化学防除试验；四川省紫茎泽兰监测报告（无，2009）。南京农业大学的王志伟教授和他的学生陈永敢，经过三年的不懈努力，在南京的一种野草"小颖羊茅"体内发现了内生真菌。这是在中国的本土羊茅属植物上首次找到的内生真菌，因此最终被冠以"中华"的名称。专家还发现，这种内生真菌具有奇特的"本领"，那就是能帮助植物自动除虫。（金陵晚报）（无，2009）。

油菜

实验结果表明，柑桔拮抗性内生真菌重桔 1 号（*Pseudomonas sp.*）为革兰氏阴性菌、杆菌，无芽孢，无荚膜。在 90℃处理 60 min 和 90℃处理 90 min 条件下重桔 1 号的抗菌产物对油菜菌核病菌的抑制效果最为明显。（罗永兰 张志元 余建 赵清利 徐峰 唐建洲 张，2007）。从高羊茅（*Fescue arundinacea*）植株中分离纯化得到 6 株内生真菌，通过抑菌谱的研究发现 J24 对油菜菌核病原菌 *Sclerotinia sclerotiorum* 有抑制作用 . 体外对峙实验观察两菌落之间有明显的拮抗带 . 圆盘滤膜法研究发现其非挥发性代谢产物可以抑制核盘菌菌丝的生长，抑制率达到 69%；平板上形成菌核的重量减少率为 49.7%，菌核萌发率为 69.2%. 培养基分割法研究发现可挥发性产物可以抑制菌核的萌发，培养 7d 菌核萌发率为 0.J24 在生物防治方面存在巨大的潜力 . 对 J24 进行体外培养及电镜观察，分生孢子长卵形，（4.1 ~ 7.2）×（1.2 ~ 1.5）μm，初步鉴定为 *Acremonium alternatum*，与高羊茅优势内生真菌 *Neotyphodium coenophialum* 不同。从而发现了一个新的共生体系 .（张晓娟 李世林 吴丽虹 徐颖 刘谊 董明奇 曹，2006）。研究一株产黄绿色素的油菜内生细菌的分离及其所产色素的性质。实验结果表明，应用表面消毒法从油菜的根、茎、叶内分离出一种产黄绿色素的细菌，初步鉴定为荧光假单胞菌。该菌在 PDA 培养基上产生色素，该色素的最大吸收峰为 395nm，溶解于水、甲醇、乙醇、丙酮等极性较大的溶剂。在该色素的稳定性实验中，DH 对色素的影响较大，温度和紫外光对它的影响较小；金属离子中，K^+、Na^+、Ca^{2+}、Mn^{2+} 和 Mg^{2+} 对其影响较小，Fe^{3+}、Ba^{2+} 对色素具有很强的增色作用，Zn^{2+} 对色素有明显减色作用。研究结果表明，该色素是一种具有开发前景和应用价值的天然物质。（王丽娟 冯昕 王吉中，2008）。从油菜植株体内分离出的内生细菌 BY-2，经过生物学鉴定为枯草芽孢杆菌（*Bacillus subtilis*）。用 BY-2 回接油菜，重新分离到具有 BY-2 相同形态特征和抑制病原真菌能力的内生真菌株。油菜接种后的第 10d，体内的 BY-2 菌数达（2.24 ~ 9.02）× 10^3cfu/g 鲜植株，25d 仍然保持在（3.13 ~ 8.59）× 10^3cfu/g 鲜植株。BY-2 与油菜核盘菌 [*Sclerotinia sclerotiorum*（*Lib.*）*de Bary*] 对峙培养可以形成直径为 3.1cm 的抑菌圈；可使油菜核盘菌菌丝细胞浓缩变短，细胞壁破裂，原生质外溢，从而抑制真菌生长发育；同时还能抑制菌核的萌发，抑制率达 60% ~ 70%；在油菜离体叶片试验中，BY-2 对菌核病的防治效果达 100%。（江木兰 [1，2] 赵瑞 胡小加 [2，3] 张银波 [2，2007]）。植物内生细菌（Endophytic bacteria）指定殖在植物组织内部但不引起明显病害症状的细菌。内生细菌对其宿主具有许多生物学作用，如促进植物生长，帮助植物抵抗病虫害侵袭等，因而植物内生细菌概念提出的时间虽然较短，但已引起了多学科科学家们的广泛关注。本研究对油菜不同组织器官中的内生细菌进行了系统分离并初步归类，利用 16SrDNA 序列系统发育分析对分离获得的内生分离物进行了鉴定。（杨瑞先 陈立军 张荣 孙广宇，2005）。[目的] 探讨油菜内生真菌的抑菌活性。[方法] 从油菜的不同组织内分离内生真菌，研究它们对植物病原真菌的抑制作用，并对 . 活性菌株进行了初步鉴定。[结果] 从油菜的根、茎、叶中共分离出 12 株内生真菌，其中 2 株（WG5 和 WJ2）对病原真菌均有不同程度的抑制作用，尤其对油菜菌核病菌有很强抑制作用。[结论] 油菜内生真菌可以产生具有抑菌活性的次生代谢产物，为新型活性物质的筛选提供新的途径。（王丽娟 刘苏萌 司艳红 何培新，2008）。本试验通过对健康油菜组织表面消毒、内生真菌的分离培养和鉴定，获得以下结果：共获得内生真菌 45 种，其中子囊菌 1 种，半知菌 43 种（丝孢纲 40 种，腔孢纲 3 种），担子菌 1 种，分离物中 37 个种分属于 20 个不同属，8 个种归属待定 . 从分离几率来看，没有明显优势的种类存在，在叶部分出率最高的是 *Alternaria alternata*，分离几率仅为 7.04%. 不同油菜器官的内生真菌种类有一定的差异，从叶部分离出 25 种，根部分离出 12 种、花器 11 种、茎 12 种、幼苗 2 种 . 以上结果显示油菜内生真菌复杂、具有丰富的种类多样性。（Isolation and Identification of Endophyt，2004）。油菜种子浸泡与否对消毒效果的影响研究表明，在种子消毒之前，经无菌水浸泡 30h（预处理）的比不浸泡的消毒效果好，无菌水浸泡后再经 0.1% 升汞消毒的种子带菌率为 40.7%，而未经无菌水浸泡的带菌率为 53.6%。地菌杀净浸种的温、时效应对种子杀菌消毒效果的影响研究表明，提高浸种温度、延长浸种时间，可增强杀菌消毒效果。（张志元 官春云，2005）。采用组织分离法检测油菜种子内生真菌的带菌率和栖息部位，并进行杀灭内生真菌高效杀菌剂的筛选。结果表明：油菜各品种带菌率都较高，供试的 8 份材料中，带菌率最低的是品系 "084"，其菌落出现频率也达 70.8%，带菌率最高的为甘油 5 号，菌落出现频率高达 100%，油菜种子的内生真菌群主要为 *Alternaria brassicae*（*Berk*）*Saee A.brtassicola*（*Sehw*）*Witts*、*Seclerotinia sclerotiorum*（*Lid*）*Barg* 等和多种内生细菌。油菜内生真菌既可栖息在种皮，也可栖息在胚中，而内生细菌则只栖息于胚中。采用不同杀菌剂 37℃下浸种 7h，发现 500 倍 50% 地菌杀净可湿性粉剂对油菜种子内生真菌有很强的杀菌作用。（张志元 罗永兰 官春云，2005）。测定了植物内生细菌 ye8 对油菜菌核病菌的抑菌活性。研究结果表明，yc8 对油菜菌核病菌菌丝有强烈的溶菌作用，EC50 为 10.14%。光学显微镜观察证实，yc8 发酵液处理后可造成病原菌细胞畸形、胞内物质外泄和细胞壁崩溃。（任璐 刘慧平 韩巨才 邢鲲，2007）。报道了一个中国新记录种一垣孢埃里砖隔孢（*Embellisia chlamydospora Simmons*），该种为从油菜（*Brassica napus* L.）中分离到的一种内生真菌。文中对垣孢埃里砖隔孢的形态特征作了描述，并附有形态图。（陈

利军 孙广宇 张荣 郭井泉，2004）。利用农杆菌介导的花蕾浸泡转化法将拟南芥生长素反应因子 8（Auxin Response Factor 8，AtARF8）基因导入油菜花序后获得转化种子。在转化种子的抗性筛选中会产生种子内生真菌污染现象。通过对内生真菌的细胞学观察及 PCR 分子鉴定，确定种子内生真菌来自转染的农杆菌 LBA4404；选择抗生素头孢曲松钠和硫酸庆大霉素进行抑菌试验，50mg/L 头孢曲松钠可以抑制农杆菌生长，同时对植株真叶数量、根系数量、株高、叶片颜色等影响较小。因此，头孢曲松钠可作为该转基因材料抗菌素抗性筛选中种子内生真菌的抑制剂。（姚焱 王小兰 刘顺枝 汪珍春 黄富财 邱显程，2009）。

油茶

每年清明节前后，油茶树的树梢会长出一种与油茶果不同的空心肉质果，同时低矮的新枝嫩叶长出实心肉质叶，二者皆可直接食用，味道酸甜可口。据研究表明，油茶肉质果、肉质叶是由一类担子菌亚门、层菌纲、外担菌目、外担菌科、外担菌属（*Exobasidium Womn*）的外担菌（*Exobasidium Vexans Massee*）侵染油茶（*Camellia Oleifera Abel*）后膨大引起的。本课题组研究发现油茶肉质果、叶具有很高的营养价值，由于许多药用植物的药用价值与其内生真菌密切相关，被真菌侵染后所形成的肉质果、叶是否具有药用保健价值，本文以油茶肉质果和肉质叶为材料，研究其提取物对四氧嘧啶糖尿病小鼠血糖的调节作用及其作用机制。（彭凌 朱必凤 刘主，2007）。从健康的油茶叶中分离得到内生细菌菌株 156 株，经平板对峙法初筛，筛选到油茶炭疽病菌菌丝生长有抑制作用的有 25 株，再通过发酵法复筛，筛选到 1 株具有较强拮抗作用的菌株 Y13，其抑菌直径达 10mm 以上.对 Y13 进行形态学和生理生化指标分析，初步鉴定为芽孢杆菌.抗菌谱测定表明，该菌对黄瓜枯萎病菌、水稻纹枯病菌、番茄早疫病菌、油茶叶枯病菌等 4 种病原真菌也具有较强的抗菌活性.（周国英 卢丽俐 刘君昂 李河，2008）。

油桃

以禾草内生真菌 EJS 作为生防菌种，研究油桃表面不同消毒方法（酒精消毒、紫外线消毒、无菌水消毒）对内生真菌 EJS 防治效果的影响，以及生防液和其不同处理液（生防菌液、无菌液、热处理液、离心上清液）对油桃采后青霉病的防治效果。实验表明，酒精对油桃表面的消毒效果最好，紫外线消毒次之，无菌水较差；生防菌液的防治效果最好，无菌液和离心上清液次之，热处理液有很微弱的防治效果。（吴士云 孙力军 周声 陈守江，2007）。本实验以植物内生多粘类芽孢杆菌作为生防菌种，研究该菌对油桃青霉病的抑制效果。研究了对油桃表面不同消毒方法（酒精消毒、紫外线消毒、无菌水消毒）的效果，以及生防液和其不同处理液（生防菌液、无菌液、热处理液、离心上清液）对油桃采后青霉病的抑制效果。实验表明：酒精对油桃表面的消毒效果最好，紫外线消毒次之，无菌水较差；生防菌液的抑制效果最好，无菌液和离心上清液次之，热处理液有很微弱的抑制效果。（吴士云 孙力军 周声 陈守江，2007）。

油樟

为了研究两株油樟内生真菌对植物病原真菌的抑制作用，并对其生防能力做出评价，采用对峙生长法研究了油樟内生真菌 YY6、YG48 对辣椒疫霉病原真菌（*Phytophthora Capsici*）、杨树溃疡病原真菌（*Dothiorella gregaria*）、苹果炭疽病原真菌（*Glomerella cingulata*）、棉花枯萎病原真菌（Fusarium oxysporum）、玉米大斑病原真菌（*Fusarium graminea-ru*）、水稻纹枯病原真菌（*Corticium sasakii*）的抗菌活性，同时采用滤纸酶活测定法检测其发酵液的纤维降解能力。发现油樟内生真菌 YY6 对辣椒疫霉、杨树溃疡、苹果炭疽、棉花枯萎及玉米大斑这 5 种常见植物病害的病原真菌具有明显抑制作用，其发酵液的滤纸酶活性可达 0.327U/mL，YG48 对辣椒疫霉病原菌、玉米大斑病原菌及水稻纹枯病原菌具有明显抑制作用，很难降解利用纤维素。因此，YY6 具备开发为多种植物病害生防菌的潜力。（游玲 王涛 王松 杜江，2009）。从油樟（*Cinnamomum longepaniculatum*）根茎叶中分离得到 203 株内生细菌，通过形态观察选出形态特征不完全相同的 68 株内生细菌（根 56 株、叶 9 株、茎 3 株），初步显示油樟中内生细菌具有多样性和器官特异性的特点。通过平板拮抗的方法，对选择出的 68 株内生细菌进行抑制植物病原真菌试验。7株（全部分离自根部）对辣椒疫霉菌（*Phyto phthora capsici*）、胶孢炭疽菌（*Colletotrichum gloeosporioides*）、禾谷镰刀菌（*Fusarium graminearum*）、大斑凸脐蠕孢菌（*Exserohilum turcicum*）等 4 种植物病原真菌中的至少 1 种有抑制作用。这些内生细菌对辣椒疫霉菌的抑制效果最好，对胶孢炭疽菌的抑制效果最差。（王涛 游玲 魏琴 崔晓龙，2009）。从油樟（*Cinnamomum longepanictdatum*）根、茎、叶分离出 104 株内生真菌，形态学鉴定表明，其中 100 株分属于 2 个纲、4 个目、8 个科、23 个属，4 株不能确定其分类地位。其中，组丝核菌属（*Phacodium Pers.*）、痂圆孢属（*Sphaceloma de Bary*）、简梗孢霉属（*Chromosporium Corda*）为优势属。通过检测发现，104 株内生真菌中有 33 株对 8 种植物病原真菌中至少 1 种具有不同程度的抑制效果。（王涛 游玲 黄乃耀 李欣龙 魏琴，2009）。采取在马铃薯培养基上加无菌油樟（Cinnamomum longepaniculatum N.Chao ex H.W.Li）叶汁液作为分离培养基的办法，从油樟树叶中分离到 24 株内生真菌，经过鉴定，其分属于子囊菌纲的双足囊菌属（*Dipodascus Lagerh.*）、拟指突孢曲霉属（*Emericellopsis J.F.H.Beyma*）和半知菌类的花核菌属（*Anthina Fr.*）、青霉属（*Penicillium Link*）、组丝核菌属（*Phacodium Pers.*）、茎叶核菌属（*Ectostroma Fr.*）、地霉（*Geotrichum Link*）、皮核菌（*Acinula Fr.*）、团丝核菌（*Papulaspora Preuss*）、发菌（*Capillaria Pers.*）、峡串孢霉（*Paepnlopsis J.G.Kuhn*）、小卵孢霉（*Ovularia Sacc.*）、卵形孢霉（*Oospora Wallr.*）、稀丝头孢霉（*Haplotrichum Link*）、单梗曲霉（*Briarea Corda*）等 15 个属，且以无孢菌居多，表现出较为丰富的类群（物种）多样性。（王涛 魏淑芳 魏琴 侯茂 崔晓龙，2007）。

月季

本试验以月季、白网纹草、一品红为材料，对其内生真菌分离并进行一系列的生化特征鉴定试验及生长曲线测定试验、不同温度下菌株的生长情况试验等，经查阅《常见细菌鉴定手册》，可初步确定月季的内生真菌属欧文氏菌属（*Erwinia winsloetal*，1920），白网纹草的内生真菌属类芽孢杆菌属（*Paenibacillus Ash*，*Priest & collin*，1994），一品红的内生真菌属短芽孢杆菌属（*Brevibacillus Shida*，1996）。（李艳梅 李小六 陈超 王桂兰 武江英，2005）。

月见草

通过内生真菌的分离鉴定和回接植物宿主鉴定，获得 12 株不同形态特征的月见草内生真菌。月见草真菌油脂含量在 17.73%-35.22%，部分菌株与宿主相同，可以产稀有的 γ-亚麻酸（γ-linolenic acid，GLA）。YF6 是一株高产 GLA 的月见草内生真菌，油脂的 GLA 含量达 22.08%，并具有生长速度快、营养要求简单等特点。（江木兰 张银波 胡小加 黄沁洁 黄凤洪，2004）。

重楼

目的分离滇重楼内生真菌，研究其抑制病原性真菌的作用并进行分类鉴定，方法从滇重楼植株中分离培养内生真菌，在体外，用指示菌株金黄色葡萄球菌、伤寒沙门菌、普通变形杆菌、痢疾杆菌、大肠埃希菌及白色念株菌进行抑菌活性筛选，对具有抑制白色念珠菌的内生真菌菌株进行培养，观察显微形态特征，确定其分类地位。结果从滇重楼的根中分离到一株内生真菌菌株，对白色念株菌有较强抑制作用，鉴定为无孢菌群。结论滇重楼内生真菌无孢菌群菌株 LRF4 具有抑制白色念珠菌的作用。（宣群 张才军 张玲琪 张愉 施明，2008）。采用间接竞争性酶联免疫吸附法（EHSA）测定滇重楼内生真菌中薯蓣皂苷元的含量。该方法快速、灵敏、操作简便，可以同时检测多个样品，其检测结果与薄层层析方法的检测结果一致，这为高效筛选产薯蓣皂苷元类化合物的内生真菌创造了条件。（曹晓冬 李家儒 周立刚 徐利剑，2007）。从华重楼（Paris polyphylla chinensis Franch）的地下块茎中分离出 107 株内生真菌，经 TLC 筛选检测，菌株 RZ03 和 RZ07 可产生薯蓣皂贰。进行了形态和生理生化鉴定并将菌株的 16S rDNA 序列分别与用 BLAST 调出 GenBank ＋ EMBL ＋ DDBJ 中的相关序列比较，用 ClustalW 绘制系统发育树，RZ03 与 DQ019167（*Exiguobac-terium acetylicum*）同源性为 99%，鉴定为 *Exiguobacterium acetylicum*，RZ03、RZ07 与 DQ207730（*Bacillus subtilis*）序列同源性为 99%，初步鉴定为 *Bacillus subtilis*RZ07。（任智 张晓喻 祝凯 冯定胜 王一丁，2007）。从华重楼（Paris polyphylla var.chinensis Franch）的地下块茎中分离筛选得到 2 株可能产生甾体皂贰的内生真菌（SS01

和 SS02），薄层层析检测菌株 SS01、SS02 的发酵产物分别有 3 条和 2 条层析带与重楼总皂甙的层析带迁移率相当. 形态和生理生化特征初步表明 SS01 和 SS02 分属于肠杆菌科（Enterobacteriaceae）和芽孢杆菌属（Bacillus sp.）细菌. 扩增、测序得到 SS01 和 SS02 的部分 16S rDNA 序列，GenBank 接收号分别为 AY842143 和 AY842144. 用 Blastn 调出与菌株 16S rDNA 同源的序列，用 ClustalW 进行多重序列对比，用软件 Phylip 按 Neighbor-Joining 方法构建 16S rDNA 系统发育树. 菌株 SS01 和 SS02 分别与 Cedecea davisae DSM 4568、Paenibacillus daejeonensis 处于同一分支，相似性分别为 98.9% 和 97.7%，将它们鉴定为 Cedecea davisae SS01 和 Paenibacillus daejeonensis SS02.（赵明 贺声蓉 陈小静 黄春萍 王一丁，2005）。目的：研究重楼内生真菌的次生代谢产物的医用价值。方法：从产自四川彭州的华重楼（Paris polyphylla var.chinensis Franch）地下块茎中分离、筛选内生真菌，采用 PDA 液体培养基 26℃ 发酵培养；发酵液分别经泡沫反应、Salkowski 反应、Liberman 反应及以薯蓣皂甙元为标准对照的薄层层析分析。结果：表明其中编号为 SNUF-1 的真菌和编号为 SNUA-1、SNUA-2 的放线菌菌株均能分泌甾体皂甙或其类似化合物。结论：华重楼内生真菌发酵液具有产生宿主药用活性的成份。（张晓洁 汤丽丽 王一丁，2007）。从采自云南的滇重楼（Paris polyphylla var.yunnanensis）根状茎韧皮部、木质部和种子中分离出 50 株内生真菌，其中从根状茎的韧皮部中分离出内生真菌最多。建立了甾体类化合物的检测和分析方法。检测到 32 株内生真菌的发酵培养物中含有甾体化合物，其中 5 株内生真菌的发酵培养物中甾体化合物的产率超过了 50mg/L。（周立刚 曹晓冬 杨成宗 吴学宏 张力群，2004）。从滇重楼根状茎中分离到 133 株内生真菌，对其中的 7 株真菌进行了生物学性状观察和甾体化合物含量测定。结果表明，2 号、8 号和 12 号真菌能合成大量的甾体化合物，培养液中甾体化合物的产率分别为 208.62，144.97 和 198.79mg/L。（曹晓冬 周立刚 徐利剑 谈满良，2005）。从华重楼（Paris polyphylla var.Chinensis Franch）的地下块茎中分离到一株内生细菌（SS02），试验表明其发酵液对 13 种作物致病菌的生长有抑制作用。形态和生理生化特征表明 SS02 属于芽孢杆菌属（Bacillus sp.）细菌。扩增、测序得到 SS02 的部分 16SrDNA 序列，GenBank 接收号 AY842144。用 Blastn 调出与菌株 16SrDNA 同源的序列，用 Clustalw 进行多重序列对比，用 Phylip 按 Neighbor-Joining 法构建 16SrDNA 系统发育树。菌株 SS02 与 Paenibacillus daejeonensis 处于同一分支，相似性为 97.7%，将其鉴定为 Paenibacillus daejeonensisSS02。（杨正强 张耀兮 陈小静 赵明 王一丁，2006）。本实验室从华重楼（Paris polyphylla chinensis Franch）的地下块茎中分离出 107 株内生真菌，经 TLC 筛选检测，菌株 SS01 和 SS02 可产生甾体皂甙，通过水解发酵液检测到薯蓣皂甙元成分的存在，并通过比色法测定其含量。（任智 张晓喻 冯定胜 王一丁，2006）。本文采用石蜡永久制片和光学显微摄像的方法对七叶一枝花 Paris polyphylla 根的显微结构及其内生真菌的分布进行了研究. 结果表明，七叶一枝花的根茎由栓皮层、薄壁组织及维管组织组成，其中栓皮层由 4 层细胞组成；薄壁组织的细胞含有丰富的营养物质，其内有时分布有针状结晶束. 不定根由表皮层、皮层、内皮层及维管束构成，表皮上有根毛，皮层所占根 20% 以上；木质部为三原型．在七叶一枝花的根茎和不定根的皮层细胞中均有内生真菌的分布．真菌由表皮、外皮层侵入到皮层薄壁组织，在皮层薄壁细胞中形成菌丝结，并扩展成一定的侵染区域，部分皮层细胞中菌丝结已被消化吸收．内生真菌只侵染皮层薄壁细胞，不侵染维管柱。（谭小明 郭顺星 周雅琴 余丽莹，2006）。从华重楼（Paris polyphylla var Chinensis）的新鲜块茎中分离得到 107 株内生真菌．对这 107 株菌进行了液体培养，经初步检测鉴定，有 6 株菌产生薯蓣皂甙或其类似物等甾体皂甙，对其中 4 株菌的形态学和理化特征进行了研究，确定这 4 株菌分别属于德克斯氏菌属（Derxia sp）、芽孢杆菌属（Bacillus sp）、动性球菌属（Planococcus sp）、肠杆菌属（Enterobacter sp）。（陈小静 冯定胜 赵明 张小洁 王一丁，2005）。从产自四川彭州的华重楼（Paris polyphylla vat.chinensis Franch）地下块茎中分离得到 16 株菌。经以薯蓣皂甙元为标准对照的薄层层析分析，表明其中编号为 SNUS-1（AY842149）的菌株能分泌重楼皂甙或其类似化合物。16S rDNA 序列（约 1，500bp）系统发育分析表明：菌株 SNUS-1 与 *Pseudomonas tolassii*（AF255336）和 *Pseudomonas tolassii*（D84028）的遗传距离分别为 0 和 0.003，在系统进化树上三者又严格聚为一族，结合形态及生理特征确定其为托氏假单孢菌（*Pseudomonas tolassii*）。（张晓洁 [1，2] 查岭生 陈小静 冯定胜 [1，2006]）。首次从云南重楼植物中分离得到的 1 株内生真菌（编号 c 196），发现它对多种病原菌有抗菌活性．通过进一步对其培养特征，显微形态特征，电镜扫描特征的观察以及 ITS 序列测定和系统发育树构建与分析，发现该菌与巴西青霉（*P.brasilianum*）的赫昆青霉（*P.paraherquei*）的亲缘关系最为接近，相似性为 99.6%，但形态特征存在差别，c 196 菌株的分生孢子小梗有 1~3 个分支，而巴西青霉和赫昆青霉 [1，2] 的分生孢子小梗都是 4~7 个分支．因此我们建议将其定为 P.paraherquei 的 1 个变种——赫昆青霉云南变种（*Penicillium para-herqueivar.yunnanensisn. var Sun et Chen*）．（孙桂丽 陈有为 张琦 吴少华 杨丽源 李绍兰，2006）。从云南重楼 [Paris polyphylla Smithvat, yunnnanensis（Franch.）Hand.Mazz,] 块状茎中分离出 166 株内生真菌，对其进行形态分类鉴定归于 4 目，6 科，20 个属，体现了云南重楼植物内生真菌的生物多样性特征。同时，选择与人类和植物相关的 37 株病原微生物作为抗菌活性筛选指示菌，进行了云南重楼植物内生真菌抗菌活性的初步研究。结果表明，4 株内生真菌对细菌、植物致病真菌、皮肤致病真菌多种病原微生物具有显著抑制生长的作用。（孙桂丽 陈有为 夏国兴 吴少华，2005）。

苎麻

分别于春夏两季用不同浓度的 NaClO 处理苎麻的不同部位后，对分离出来的内生真菌的数量和种类进行分析。结果发现，NaClO 浓度的改变对所分离内生真菌的种类无影响，但对菌株生长有显著影响。用 NaClO 作消毒试剂的最佳处理浓度和时间分别为 2.5% 和 10 ~ 15min，筛选得到了两株有较强影响。（周建刚 谭远友，2008）。

醉马草

通过测定一系列生理变化指标，研究人工接种条件下禾谷缢管蚜（*Rhopalosiphum padi*（L.））对带内生真菌（E＋）与不带菌（E-）醉马草（*Achnatherum inebrians*（*Hance*）*Keng*）幼苗的影响。结果表明：在一定时期内，禾谷缢管蚜刺吸可使醉马草幼苗叶片相对含水量和叶绿素含量显著降低（P<0.05），同一个虫口密度 E＋与 E- 植株之间差异显著（P<0.05）；幼苗体内 SOD 活性和 POD 活性均随危害时间的延长而显著升高（P<0.05）；接种蚜虫可使 MDA 和游离脯氨酸的含量显著提高（P<0.05），同一个虫口密度内 E+ 与 E- 植株之间差异显著（P<0.05）。综上所述，内生真菌的侵染可以在一定程度上间接影响禾谷缢管蚜取食，进而影响醉马草幼苗生理生化的变化。（张兴旭 陈娜 李春杰 南志标，2008）。对我国醉马草的 7 种病害的病原菌、症状、危害和分布分别进行了描述，它们分别是：锈病（*Puccinia stipae-sibiricae*（*Ito*）*Greene et Cumin.*）、白粉痛（*Blurneria graminis*（*Golov.*）*Speer*）、茎黑粉病（*Ustilagohypodytes Fries*）、麦角病（*Sphacelia sp.*）、离蠕孢叶斑病（*Bipolaris sorokiniana*（*Sacc.*）*Shoemaker*）、苗腐病（*Alternaria alternata*（*Fr.*）*Keissl.*）和内生真菌病害（*Neotyphodium sp.*）。其中白粉病、离蠕孢叶斑病和苗腐病为新记录病害。（李春杰 高嘉卉 马斌，2003）。采用玫瑰红染色法，对新疆天然草地中的部分禾草植物内生长菌进行了调查，发现醉马草和阿拉套羊茅种子及群组织中均含有丰富的内生真菌，50 粒种子侵染率分别为 96% 和 100%。（李保军 孙穗长，1996）。通过饲喂试验，研究了带内生真菌（E+）和不带内生真菌（E-）的醉马草对家兔健康的影响。内生真菌的侵染，使醉马草粗脂肪含量显著提高，粗蛋白和粗纤维含量无显著改变。按 10mL/kg 体重的剂量灌服 E＋醉马草水提液，家兔表现出明显的中毒症状；但累计灌服 20mL/kg 体重的剂量，亦未引致死亡。平均按每 kg 体重累计饲喂 E+ 醉马草 131.6g，可引起家兔中毒；累计饲喂 350.9g 可使家兔致死，死亡率达 66.7%。而灌服和饲喂 E- 醉马草的家兔则无异常。初步认为，醉马草对家兔的致毒机理是由内生真菌与宿主互作产生的生物碱所致。（李春杰 南志标 张昌吉 张崇岳，2009）。牧畜采食一定数量的醉马草后往往表现出一系列中毒症状，多数表现为典型的麦角中毒症。醉马草种子叶鞘组织经苯胺蓝染色后，光学显微镜观察的结果表明有大量的内生真菌，该真菌的形态特征在植物体内的分布与苇状羊茅及多年生黑麦草的内生力极为相似，该类真菌均可产生引起草食家 畜中毒的麦角类生物碱。本文同时讨论了醉马草有毒物质的合成与其内生真菌的关系。（李学森 张学洲，1998）。

第三章　禾草内生真菌种类

Alternaria

从健康无病害的半夏（*Pinellia tertlate*）根、茎、叶和花组织中分离获得内生真菌共计 6I 株，对其进行形态学鉴定后，针对不产孢的菌株，测定了 ITSrDNA 序列以进行分子鉴定。分离到的内生真菌分别来自 11 个属，以半知菌为主要群落，其中 *Hyphomyeetes*，*Zygomyeetes* 和 *Coelomycetes* 的比例分别为 62.2%，18.1% 和 8.2%；镰刀菌属（*Fusarium spp.*）是半夏植物中分离率最高（6%）的属，其余主要优势属为 *Ahernaria*，*Mucor*，*Epicoccum*，*Mortierella* 和 *Plectosphaerella*。研究表明：从半夏球茎组织中分离到的内生真菌数量多于其他组织：（苏昊 [1，2，3] 康冀川 [1，2，3] 何劲 [1，3] 曹晋，2009）。

AM 菌根

丛枝菌根是植物界分布最广的内生真菌根之一。对 AM 菌根侵染植物根系过程中诱导寄主植物产生防御反应以及分子生物学技术尤其是分子标记技术在 AM 真菌研究中的应用现状进行了综述。（龙永彬，2009）。

Bacillus

本文主要研究了不同贮藏温度下禾草内生真菌 *Bacillus amyloliquefaciens* ES-2 菌株对苹果青霉病的抑制效果。ES-2 菌株的各处理液在苹果果实和 PDA 培养基上对苹果青霉病菌均有抑制作用。较低的贮藏温度有利于拮抗菌对病菌的抑制效果；24h 后接种病菌孢子的果实其病斑直径一般都高于 48h 后接种的果实（孙力军 王超男 孙德坤 吴士云 孙永康，2008）。

Camarosporium

内生真菌 *Camarosporium eucalypti*，*Conostroma didymum* 和 *Pleuroplaconema sambuci* 是从辽东栎组织中分离到的我国 3 个新纪录种。对它们进行了重新描述与图解。这 3 个种的标本存放在中国科学院微生物研究所菌物标本馆。（孙翔 [1，2] 郭良栋，2006）。

Cephalosporium

对南海海洋内生真菌 *Cephalosporium sp.* 的代谢产物进行了研究，从中分离得到 8 个化合物，其中 6，8- 二羟基 -4-（1- 羟基乙基）- 异香豆素和 4- 甲基 -6-（1- 甲基乙基）-3- 苯甲基 -1，4- 嗪 -2，5- 二酮均是首次从该菌属中分离得到。它们的结构通过波谱方法得到确定。（杨瑞云 李春远 林永成 邵长伦，2007）。

Chaetomium

采用柱层析方法从银杏叶内生真菌 *Chaetomium globosum* ZY-22 的培养菌丝体提取物中分离得到脑苷脂 B（1）、脑苷脂 C（2）、尿囊素（3）、9（11）- 去氢麦角甾醇过氧化物（4）以及 4，6，8，22- 四烯 -3- 酮 - 麦角甾烷（5）和球毛壳甲素（6）共 6 个次生代谢物；经波谱分析确定了 6 个化合物的结构，其中脑苷脂 B、脑苷脂 C 和尿囊素是首次从内生真菌中得到；海虾致死试验结果显示，化合物 1 ~ 6 在 10μg/mL 浓度下对丰年虾的致死率分别为 1.6%、4.2%、7.4%、16.9%、12.8%、83.6%、表明球毛壳甲素对海虾表现出很强的毒性作用.（秦建春 白莉 李晓明 张雅梅 高，2009）。

Conostroma

内生真菌 *Camarosporium eucalypti*，*Conostroma didymum* 和 *Pleuroplaconema sambuci* 是从辽东栎组织中分离到的我国 3 个新纪录种。对它们进行了重新描述与图解。这 3 个种的标本存放在中国科学院微生物研究所菌物标本馆。（孙翔 [1，2] 郭良栋，2006）。

Disculina

内生真菌 *Disculina vulgaris*、*Geniculosporium serpens* 和 *Myxocycluspolycystis* 是从阔叶树和地衣组织中分离的中国 3 个新记录属、种。对它们进行了重新描述与图解。这 3 个菌种的干培养物标本存放在中国科学院微生物研究所菌物标本馆（HAMS）。（孙翔 [1，2] 李文超 [1，2] 郭守玉 郭良栋 [1，2007]）。

Epichloee

对中国长江中下游地区的江苏、浙江、安徽、湖北、湖南 5 个省的 7 个市（南京、无锡、扬州、杭州、合肥、武汉、长沙）的禾本科植物进行了采样调查。从以上地区的 17 个地点发现了大量的分蘖上长有真菌子座的鹅观草植物群落。从中分离到 75 株真菌菌株，并对这些菌株进行了形态学研究：

真菌子座圆柱状，初期白色，成熟后变黄；子囊壳梨形，高 205-275μm，最大直径 90-140μm；子囊柱状，（188.6-251.7）μm×（5.0 ~ 5.3）μm；子囊孢子无色透明，丝状，（183.4-250.2）μm×（1.9-2.1）μm，萌发时有隔膜，不分节；分生孢子无色透明，舟形或肾形，单个顶生，（4.9±0.6）μm×（2.8±0.7）μm；分生孢子梗长16.5-30.6μm，基部宽2.2-3.1μm，顶端变尖，为典型的 Epichloee 属真菌的形态结构。研究发现我国的 Epichloee-Roegneria 组合在长江中下游地区分布比较广，资源丰富，而且这些真菌的形态学特征显示，这些菌株与前人报道的有明显的差别。（李伟 纪燕玲 于汉寿 王庆亚 吴坤 王志伟，2006）。*Epichloe yangzii* 是共生于鹅现草属 Roegneria 植物的产子座有性型内生真菌。2004-2008年，分别在南京的不同地区采集产子座的鹅观草植株，研究 E.yangzii 在宿主植物体内的分布特征和种传能力。结果显示，E.yangzii 在宿主的地上部分有系统的分布，并进入种子，可以进行垂直传播。同时发现种传的 *Epichloe* 属真菌在宿主植物体上也同样具有形成子座的能力。但子座不一定每年都能形成。在须根中没有发现 *E.yangzii* 的存在。菌丝体随在植株体内分布部位的不同，其形态特征有一定的差异。（申靖 陶文文 陈昌 陈永敢 王志伟，2009）。采用 RAPD 技术对分离自我国的 13 株 *Epichlo*（e）*spp.* 和 9 株 *Neotyphodium spp.* 的禾本科植物内生真菌进行了遗传多样性分析，同时对其中的 4 株进行了 rDNA-ITS 序列分析及系统发育研究. RAPD 分析结果显示：原产自我国的菌株与原产自欧洲的菌株 *N.uncinatum* 之间亲缘关系较远；我国的 21 个菌株之间也存在一定的遗传多样性. rDNA-ITS 序列分析表明：原产自我国的菌株聚为一枝，表明我国的 *Neotyphodium* 属真菌很有可能直接由我国的 *Epichlo*（e）属真菌演化而来的新的类群；我国的 Epichlo（e）属真菌有可能和国外推测的一个未确定的 *Neotyphodium* 属真菌的杂交进化起源（LAC）有关.（李伟 纪燕玲 于汉寿 莫凌霄 李飞凤 王志伟，2006）。

Epicoccum

从健康无病害的半夏（Pinellia tertlate）根、茎、叶和花组织中分离获得内生真菌共计 6I 株，对其进行形态学鉴定后，针对不产孢的菌株. 测定了 ITSrDNA 序列以进行分子鉴定。分离到的内生真菌分别来自 11 个属，以半知菌为主要群落，其中 *Hyphomyeetes*，*Zygomyeetes* 和 *Coelomyectes* 的比例分别为 62.2%，18.1% 和 8.2%；镰刀菌属（*Fusarium spp.*）是半夏植物中分离率最高（6%）的属，其余主要优势属为 *Ahernaria*，*Mucor*，*Epicoccum*，*Mortierella* 和 *Plectosphaerella*。研究表明：从半夏球茎组织中分离到的内生真菌数量多于其他组织：（苏昊[1，2，3]康冀川[1，2，3]何劲[1，3]曹晋，2009）。

Fonsecinone

从壳斗科植物麻栎中共分得 81 株内生真菌，对其发酵液的乙酸乙酯提取物进行抗菌活性测定，其中 36 株菌的代谢产物显示出较强的抑制细菌或真菌的能力。对其中一株抗菌活性很强的曲霉进行了产物富集，通过活性追踪分离得到 Rubrofusarin B 和 Fonsecinone A。（李蓉，2007）。

Frankia

由木麻黄中分离的内生真菌 *Frankiasp* Cel517 菌株，可在以丙酸为碳源的限定培养基中表现出较高的固氮酶活性。固氮周期在 180h 达到高峰。蛋白胨与 NH4Cl 对固氮活怀有抑制人艇，氧分压为 10-15% 时，固氮酶活性最高，泡囊的诱导时间对固氮酶活性影响较大。（郝家骐 朱世琴，1999）。通过光学和电子显微镜对 5-10 月生长季节内的毛赤杨（*Alnus hirsute*）固氮根瘤进行了研究。超微结构研究结果表明其根瘤有明显季节变化。瘤内生真菌表现为 2 种形式：有分枝且有隔菌丝（0.4-0.8μm）及生长于母体菌丝顶端泡囊（1.5-3.0μm）。毛赤杨根瘤内生真菌超微结构与其它赤杨根瘤内生真菌相似。（巴那耶夫 E·V· 戈尔季延科 N·Ya· 玛依斯蹋 ?008）。蒙自桤木（*Alnus nepalensis*）根瘤内生真菌—*Frankia* 菌感染寄主根部后能形成一个围绕中柱维管束的含菌组织，在受感染的寄主细胞内，*Frankia* 菌的菌丝从寄主细胞中央开始生长，菌丝生长的同时，受感染细胞的体积也随之增大，最后，菌丝顶端膨大，在靠近寄主细胞壁的区域形成泡囊从而成为成熟的固氮细菌。（赵之伟 张兵 等，1992）。对与福建、广州的细枝木麻黄、短枝木麻黄和粗枝木麻黄共生的 17 株根瘤内生真菌进行了形态培养、生理类群、营养源利用、代谢酶、宿主特异性等生物学特性进行了系统研究。结果表明，17 株木麻黄根瘤内生真菌具有分枝状菌丝、孢囊、泡囊等 *Frankia* 菌的特征性结构，FCc64、FCc92、FCe33 等菌株还具有串珠状菌丝段。木麻黄内生真菌有 A、B、AB 等 3 种生理类群，其中 B 群内生真菌多。菌株离体培养具有固氮酶活性，且差异显著。多数木麻黄内生真菌能良好利用吐温，只有少数菌株可利用葡萄糖等糖类物质。内生真菌不同生理类群在碳氮源利用、有机酸羧化和代谢酶产生等方面没有明显的对应关系，表现出丰富的多样性。侵染试验表明木麻黄 *Frankia* 菌株不仅可在木麻黄属内种间进行交叉侵染，还能侵染杨梅、沙枣和桤木等植物结瘤。（李志真 谢一青 王志洁 杨宗武 陈启锋，2003）。用透射电子显微镜观察了春、夏、秋、冬四个季节的沙棘根瘤，以及瘤瓣上、中、下三个部位。结果表明，不同季节，不同部位的瘤瓣内，根瘤内生真菌有 7 种不同形态。即侵染菌丝体、繁殖菌丝体、营养菌丝体、春孢子及春孢子囊、泡囊、冬孢子及冬孢子囊和类菌体。在多年生珊瑚状的根瘤中，它们的世代交替是：春夏季以侵染菌丝、繁殖菌丝、营养菌丝、春孢子囊及春孢子、泡囊为主；秋冬季以衰退的营养菌丝、衰老泡囊、冬孢子囊和冬孢子、类菌（张吉科 陆锡芳，1996）。（张吉科 张小民，1992）。从荸荠种杨梅根瘤中分离获得 3 个内生真菌株，经显微镜检查、回接、固氮活性测定、革兰氏染色检测，证实这 3 个内生真菌为 3 个 *Frankiasp.*，分别命名为 Mpc11、Mpc12、Mpa11，并对这 3 个分离株的培养特性进行了研究 . 结果表明，Mpc11、Mpc12、Mpa11 3 个菌株的固氮酶活性分别为 691nmol 乙烯 /mg 蛋白h、689 nmol 乙烯 /mg 蛋白·h 和 1039nmol 乙烯 /mg 蛋白·h. 适宜于在 BAP（有氮）固体培养基、BM+NZ 和 FMS 液体培养基上生长 . 且分别以葡萄糖、丙酮酸钠（含量均为 1g/L）、吐温 -20（含量为 1mL/L）为唯一碳源或分别以酪蛋白水解物、酵母抽提物（含量均为 0.5g/L）为唯一氮源的 BAP 培养基上生长良好；能利用丙酸钠，但利用率较低，Mpc11 和 Mpa11 分离株适宜于在 pH5.5 ~ 6.5 范围内生长，pH7.0 以上则菌体生长受到抑制．（何新华 陈力耕 柴春燕 何水平，2003）。以 5 株细枝木麻黄、短枝木麻黄、粗枝木麻黄和四川桤木的共生 *Frankia* 菌株为对照，研究 12 株杨梅根瘤内生真菌的形态培养特征、生理类群、细胞壁类型、营养源利用、固氮酶、宿主特异性等生物学特性。结果表明：供试菌株具有分枝状菌丝、多腔孢囊、泡囊等典型的 *Frankia* 结构，杨梅菌株 FMr16、FMr43 和木麻黄菌株 FCc64、FCe33 还具有串珠状生殖菌丝。多数杨梅菌株在有氮培养基中能形成泡囊，固氮活性差异显著。细胞壁类型多为Ⅲ型，菌株 FMr16 为Ⅱ型。生理类群有 A、B 和 AB3 种，同一株杨梅根瘤内有 B 和 AB2 种生理类群的菌株共存。菌株能良好利用丙酸钠、丙酮酸钠、乙酸钠、吐温和酪蛋白，部分菌株利用硝态氮、铵态氮和牛肉膏，利用糖类差，不利用蛋白胨和尿素，不使明胶液化，不分解纤维素，不产生硫化氢，不利用苯丙氨酸。杨梅根瘤内生真菌可使原宿主结瘤，能感染沙枣和四川桤木，但不侵染木麻黄结瘤，这为菌株的选择应用提供基础。（李志真 [1，2]，2009）。杨梅属 35 个种中有 28 个种能与 *Frankia* 放线菌共生结瘤固氮。根据有关文献从杨梅属植物共生固氮根瘤及其内生放线菌的形态结构、杨梅属植物根瘤内生放线菌的分类地位、杨梅属植物共生固氮放线菌的生理生化特性、环境条件对杨梅属植物根瘤共生固氮的影响以及分子生物学方法在杨梅属植物根瘤共生固氮放线菌的应用。（何新华 陈力耕 等，2002）。

Fusarium

从健康无病害的半夏（*Pinellia tertlate*）根、茎、叶和花组织中分离获得内生真菌共计 6I 株，对其进行形态学鉴定后，针对不产孢的菌株．测定了 ITSrDNA 序列以进行分子鉴定。分离到的内生真菌分别来自 11 个属，以半知菌为主要群落，其中 *Hyphomyeetes*，*Zygomyeetes* 和 *Coelomycetes* 的比例分别为 62.2%，18.1% 和 8.2%；镰刀菌属（*Fusarium spp.*）是半夏植物中分离率最高（6%）的属，其余主要优势菌为 *Ahernaria*，*Mucor*，*Epicoccum*，*Mortierella* 和 *Plectosphaerella*。研究表明：从半夏球茎组织中分离到的内生真菌数量多于其他组织：（苏昊 [1，2，3] 康冀川 [1，2，3] 何劲 [1，3] 曹晋，2009）。目的：研究海草 *Spartina alterniflora* 中内生真菌 *Fusarium sp.*F4 中的活性代谢物。方法：经硅胶、Sephadex LH-20 反复柱层析分离纯化并通过波谱分析鉴定了 6 个化合物。结果：6 个化合物分别被鉴定为麦角甾醇（Ⅰ）、过氧化麦角甾醇（Ⅱ）、白僵菌素（Ⅲ），T-2 毒素（Ⅳ），ilicicolin H（Ⅴ），alcaligin（Ⅵ）。结论：化合物、Ⅴ、Ⅵ为首次从该属真菌中发现。全归属了化合物Ⅴ的氢谱数据。药理实验表明化合物Ⅲ对结核分枝杆菌毒株（*Mycorbacerium tuberculosis* H37RV）有显著抑制．（邵志宇 冯永红 邓云霞 徐德强，2007）。

Geniculosporium

内生真菌 *Disculina vulgaris*、*Geniculosporium serpens* 和 *Myxocycluspolycystis* 是从阔叶树和地衣组织中分离的中国 3 个新记录属、种。对它们进行了重新描述与图解。这 3 个菌种的干培养物标本存放在中国科学院微生物研究所菌物标本馆（HAMS）。（孙翔 [1，2] 李文超 [1，2] 郭守玉 郭良栋，2007）。

Mycoepoxydiene

Mycoepoxydiene 是从南海海洋红树内生真菌 1893 号中分离得到一个具有抗肿瘤活性的化合物。对 mycoepoxydiene 进行了催化氢化，得到一个新化合物 hexahydromycoepoxydiene，其结构通过 UV，IR，FAB MS，1HNMR，13C NMR 等证实。（陈海燕 戚平 林永成 陈光英，2005）。

Myxocyclus

内生真菌 *Disculina vulgaris*、*Geniculosporium serpens* 和 *Myxocyclus polycystis* 是从阔叶树和地衣组织中分离的中国 3 个新记录属、种。对它们进行了重新描述与图解。这 3 个菌种的干培养物标本存放在中国科学院微生物研究所菌物标本馆（HAMS）。（孙翔 [1，2] 李文超 [1，2] 郭守玉 郭良栋，2007）。

Neoechinulin

从三种红树林内生真菌 Paecilomycessp.（treel-7），4557，ZZF65 中分到九个环肽类的次级代谢产物，分别是 viscumamide（1），cyclo（Pro-Iso）（2），cyclo（Phe-Gly）（3），cyclo（Phe-Ana）（4），cyclo（Gly-Pro）（5），cyclo（Gly-Leu）（6），cyclo（Trp-Ana）（7），neoechinulinA（8），cyclo（Pro-Thr）（9）。其中化合物 1，7，8，9 是首次从海洋真菌中分离得到。（郭志勇 [1，2] 黄忠京 温露 [2，3] 万乔，2007）。自湖北钟祥产金雀根的内生真菌 HB-1 代谢物中首次分离得到 1 个吲哚类生物碱，通过波谱分析确定了该化合物为 Neoechinulin A，并首次获得了该化合物的晶体及其 X 射线单晶衍射的数据。（王巍 陈超 杨君 胡昌奇，2007）。

Neotyphodium

从苇状羊茅植株中发现了与 *Nepotyphodium coenophialum* 不同的内生真菌，经过分离、培养，分离菌株被鉴定为 *Neotyphodium uncinatum*（*W.Gams*，*Petrini & D.Schmidt*）*Glenn*，*Bacon &Hanlin*。通过对苇状羊茅植株各部位的调查，确认该菌在植株的地上部分有较为系统的分布。所发现的 *Neotyphodium uncinatum-Festuca arundinacea* 这一内生真

菌 -- 宿主植物的新组合将成为禾本科植物内生真菌研究的宝贵材料。（纪燕玲 王志伟 于汉寿 王世梅，2003）。*Epichloë* 内生真菌（*epichloë endophytes*）是禾本科植物的共生真菌，开展其多样性研究对菌株的生物学特性和进化规律的了解以及开发利用都有着十分重要的意义。本研究筛选了 12 条随机引物对 24 株 epichloë 内生真菌进行 RAPD 扩增，探讨真菌种类、宿主种类、采集地和菌株间的遗传多样性。结果表明，宿主为拂子茅 *Cala magrostis sp.*、雀麦 *Bromus sp.*、披碱草 *Elymus sp.*、小颖羊茅 *Festuca parvigluma Steud.* 的菌株分别独立聚为一个分枝；而宿主为鹅观草 *Roegneria spp.* 的 *Neotyphodium* 属菌株聚类情况较为复杂；宿主为早熟禾 Poas pp. 的菌株分别在三个不同的分枝，表现出丰富的遗传多样性。以上结果反应了我国具有丰富的 epichloë 内生真菌资源，它们和其宿主之间有着比较明显的相互关系。本研究还显示，采集于南京的拂子茅与其内生真菌共生可能发生在较久远的年代。（陈永敢 纪燕玲 亢燕 孙相辉 詹漓晖 于汉寿，2008）。2006 年 5 月在南京市南郊发现了着生内生真菌子座的禾本科植物。子座长 47.5-165.0mm，白色，包裹其宿主植物的旗叶叶鞘；于 4 月下旬形成，7 月中旬完全崩溃；在自然条件下、人工交配试验中，子座上均未形成有性生殖结构。宿主植物直立，高 90-120cm，有丰富的根状茎；连续 2 个花期均无抽穗。从 29 株着生子座的植株和 87 株不着生子座的植株中全部检出了内生真菌，从中分离得到了 20 个菌株。根据分生孢子、分生孢子梗的形态特征，分离菌株被鉴定为 *Neotyphodium* 属内生真菌。宿主植物的特殊性和菌株的子座形成能力显示了这是一个禾本科植物 - 内生真菌的新组合。这个组合是产生子座而不形成有性世代的第 3 例，并且这 3 例组合的宿主都是剪股颖族植物。（詹漓晖 纪燕玲 亢燕 孙相辉 于汉寿 王志伟，2008）。从多年生黑麦草（Lolium perenne L.）5 个品种——SR4000、Pinnacle、Topgun、Calypso Ⅱ、Justus 中分离出 61 个菌株。次培养后，所得形态稳定的菌株可分为 4 个形态群，依据其形态特征及 AP-PCR 的结果，确定其中的 57 个分离菌株为 *Neotyphodium lolii*。（聂立影 陈磊 任安芝 高玉葆，2005）。选取内生真菌特异性引物，成功建立了利用 PCR 技术对黑麦草中内生真菌感染状况的检测和定量分析方法。此检测方法的准确性高于常规乳酸 - 苯胺蓝染色法。利用实时荧光 PCR 定量分析的结果表明：不同植株之间内生真菌含量差异较大，而同株植物相同龄级分蘖之间内生真菌含量无显著差异。（苏丹 任安芝 高玉葆，2006）。从黑麦草 *Loliumperenne* 5 个栽培品种中分离、纯化得到 6 株形态稳定的内生真菌，它们在常规培养条件下均不产生分生孢子，通过在 PDA 和 MEA 培养基上进行预培养、扫刷营养体、近紫外光照射以及在菌丝体上放置宿主植物等诱导方法，使其中 5 株真菌不同程度产生了分生孢子，通过分生孢子的形态成功鉴定了黑麦草内生真菌。实验证明通过诱导内生真菌产孢的方法并借助形态学依据来鉴定无性的内生真菌是可行的。（王静 任安芝 谢凤行 魏宇昆 高玉葆，2005）。从内蒙古中东部草原 7 个不同地理种群的羽茅 *Achnatherum sibiricum* 中分离、培养得到 484 株内生真菌，根据其形态学特征进行了分类学鉴定。结果表明，其中大部分菌株属于 *Neotyphodium* 内生真菌，并发现有少量 *Neotyphodium* 有性型 *Epichloë* 菌株存在。通过与已发表模式菌株的比较，鉴定其中两个种

为 *N.chisosum* 和 *N.huerfanum*。*N.chisosum* 为羽茅内生真菌的优势种，而 *N.huerfanum* 是首次在羽茅中被发现。对其余暂未能确定种的菌株的菌落和显微形态特征进行了详细描述。不同地理种群羽茅内生真菌的分离率有自东向西增加的趋势，而内生真菌的形态多样性有自东向西减少的趋势。（王银华 任安芝 魏宇昆 张欣 谢凤行 林枫 高，2008）。该文从形态学和基因水平上对内蒙古中东部草原 4 个羽茅（*Achnatherum sibiricum*）种群所含的 27 个内生真菌（*Neotyphodium*）菌株的遗传多样性进行了研究，结果表明羽茅内生真菌在形态学和基因水平上均表现出较高的遗传多样性．在 PDA 培养基上，根据菌落颜色、质地、生长速率和分生孢子外观等特征，可分为 4 个形态型；而羊草（*Leymus chinensis*）样地种群无论从菌落外观和质地的多样性，还是遗传多样性指数均高于其它 3 个样地．用 20 个随机引物对这 27 株内生真菌基因组 DNA 进行 RAPD 分析，共检测到 463 个位点，其中461 个为多态位点，多态位点百分率达 99.6%，特有位点 93 个，占 20.1%.Nei 基因多样性指数 h 和 Shannon 多样性指数 I 为 0.2380 和 0.3870；多数菌株间的遗传一致度较低而遗传距离较大，在 DNA 水平上存在较显著的遗传变异．基于 Nei 无偏遗传距离和 UPGMA 法的聚类分析结果将 27 株内生真菌分为 7 组，并且与形态型的划分基本一致，RAPD 分析方法提高了内生真菌类群划分的可靠性．（魏宇昆 高玉葆 李川 许华 任安芝，2006）。通过对酶系组成和酶解条件的研究，得出了制备禾本科植物内生真菌 Neotyphodium sp. 原生质体的最佳条件：鲜菌丝由 10.3% 蔗糖溶液预处理，酶系组成为 1.5% 崩溃酶、1.0% 蜗牛酶、1.0% 纤维素酶和 2.0% 溶菌酶，酶解温度 32 ℃，pH 6.8，酶解 5 h，原生质体得率达 7.3×103 个 / mg 鲜菌丝．另外，液体再生涂布平板法结合钙离子作用可使原生质体再生率达 4.72%，为不含钙离子处理组的 2.5 倍．（郭丹钊 李兰，2006）。采用 RAPD 技术对分离自我国的 13 株 *Epichlo*（*e*）*spp.* 和 9 株 *Neotyphodium spp.* 的禾本科植物内生真菌进行了遗传多样性分析，同时对其中的 4 株进行了 rDNA-ITS 序列分析及系统发育研究．RAPD 分析结果显示：原产自我国的菌株与原产自欧洲的菌株 *N.uncinatum* 之间亲缘关系较远；我国的 21 个菌株之间也存在一定的遗传多样性．rDNA-ITS 序列分析表明：原产自我国的菌株聚为一枝，表明我国的 *Neotyphodium* 属真菌很有可能直接由我国的 *Epichlo*（*e*）属真菌演化而来的新的类群；我国的 *Epichlo*（*e*）属真菌有可能和国外推测的一个未确定的 *Neotyphodium* 属真菌的杂交进化起源（LAC）有关．（李伟 纪燕玲 于汉寿 莫凌霄 李飞凤 王志伟，2006）。

Penicillium

对红树植物海丰亡果内生真菌 *Penicillium sp.* 发酵液的乙酸乙酯提取物进行了柱层析分离，得到 3 个化合物，经 MS，NMR，^1H-^1H COSY，HMQC 和 HMBC 等鉴定，分别为 4-（3-hydroxybutan-2-yl）-3，6-dimethyl-benzene-1，2-diol（1），4-（3-hydroxybutan-2-yl）-3-methyl-6-acetylbenzene-1，2-diol（2）和 3，4，5-trimethyl-1，2-benzenediol（3）．

其中化合物1和2为新化合物，化合物3为新的天然产物．抗菌活性测试结果表明，化合物1和3均具有抗耐甲氧西林金黄色葡萄球菌的活性，化合物2则未显示此活性．（韩壮[1，2] 梅文莉 崔海滨[1，2] 曾艳波[2，2008]）。从红树植物内生真菌 Penicillium sp. 的发酵液中分离纯化了两个甾体类化合物，通过各种波谱实验（1DNMR，2D-NMR，ESI-MS）确定为：麦角甾-4，6，8（14），22-四烯-3-酮（1）和麦角甾-5，7，22-三烯-3-醇（2），1对于3α-HSD脱氢酶在250μm浓度下有较弱的活性。（李想[1，2] 孙光芝 郑毅男 林文翰，2007）。应用各种层析手段，从红树植物内生真菌的发酵液中分离纯化了一个新的木质素类化合物，结合多种波谱方法确定其结构为4，4'-二（1-丙烯酸甲酯）-3'-甲氧基-二苯醚（1）。（李想 孙光芝 郑毅男 林文翰 Is，2007）。利用各种层析手段（反相ODS健合硅胶、葡聚糖凝胶LH-20柱层析等），从红树植物内生真菌 Penicillium sp. 的发酵液中分离纯化了1个醌类化合物，通过各种波谱实验（1D-NMR，2D-NMR以及ESI MS）确定其结构为：5-甲氧基-11，12，18，19-四羟基蒽醌（1）。（李想[1，2，3] 姚燕华 孙光芝 郑毅男[1，2007]）。

penicillixanthone

近年来海洋微生物作为许多活性次级代谢的源泉而受到世界范围内的天然产物和药理学家的广泛关注．特别是来自海洋真菌的次级代谢产物具有巨大的潜力，因为其次级代谢产物往往具有新颖的骨架。我们实验小组已从中国南海红树林内生真菌的次级代谢产物中分离到大量新颖的有活性结构的化合物。（温露 郭志勇 刘凡 万乔 佘志刚，2009）。

Phialophora

内生真菌 *Nodulisporium hyalosporum*，*Phialophora bubakii*，*Sporormiella muskokensis* 是从北京百花山地衣组织中分离到的我国3个新记录种．对它们进行了重新描述与图解．这3个种的培养物干标本存放在中国科学院微生物研究所菌物标本馆（HMAS）．（李文超[1，2] 郭守玉 郭良栋，2007）。

Phomopsis

从印楝植物内生真菌 *Phomopsis sp.* 的菌丝体提取物中分离得到4个化合物，通过波谱技术分别鉴定为水苏碱（1）、甲基-β-D-葡萄糖苷（2）、过氧化麦角甾醇（3）、腺嘌呤核苷（4），这些化合物均为首次从该属真菌中分离得到。（吴少华 陈有为 李治滢 杨丽源，2008）。从云南美登木内生真菌 Phomopsis species Lz42 的琼脂平板发酵物中分离得到2个倍半萜和5个麦角甾醇类化合物（1～7），其中化合物1和2为新化合物．应用波谱技术确定其结构为4-Deacetyl-10-oxo-dihydrobotrydial（1）和麦角甾-6，22-二烯-5d，8α-环二氧-3-甲酸酯（2）．（袁琳[1，2] 马娟 王婷 李国红 沈月，2009）。

Plectosphaerella

从健康无病害的半夏（Pinellia tertlate）根、茎、叶和花组织中分离获得内生真菌共计 6I 株，对其进行形态学鉴定后，针对不产孢的菌株．测定了 ITS rDNA 序列以进行分子鉴定。分离到的内生真菌分别来自 11 个属，以半知菌为主要群落，其中 *Hyphomyeetes*，*Zygomyeetes* 和 *Coelomycetes* 的比例分别为 62.2%，18.1% 和 8.2%；镰刀菌属（*Fusarium spp.*）是半夏植物中分离率最高（6%）的属，其余主要优势菌为 *Ahernaria*，Mucor，Epicoccum，Mortierella 和 Plectosphaerella。研究表明：从半夏球茎组织中分离到的内生真菌数量多于其他组织：（苏昊 [1，2，3] 康冀川 [1，2，3] 何劲 [1，3] 曹晋，2009）。

Pleuroplaconema

内生真菌 *Camarosporium eucalypti*，*Conostroma didymum* 和 *Pleuroplaconema sambuci* 是从辽东栎组织中分离到的我国 3 个新纪录种。对它们进行了重新描述与图解。这 3 个种的标本存放在中国科学院微生物研究所菌物标本馆。（孙翔 [1，2] 郭良栋，2006）。

Pseudomonas

小麦全蚀病是世界各大小麦产区危害十分严重的一种土传病害，目前对其防治还没有好的抗病品种和特别有效的化学农药。自从成功地用荧光假单胞菌 *Pseudomonas fluoresens* 防治小麦全蚀病以来，生物防治逐渐成为防治该病的一种经济而有效的措施。近几年，内生真菌由于其独特的优点已成为生物防治的研究热点，但对其防病机制的研究仍不够深入，作者对健康小麦上获得的 5 株内生细菌防治小麦全蚀病的作用及其机制进行了研究，为其进一步应用提供理论基础。（刘冰 黄丽丽 康振生 乔宏萍，2007）。

Rhizoctonia

应用多种柱色谱技术，从见血封喉内生真菌 *Rhizoctonia sp.*J5 发酵液中分离纯化了 7 个化合物，根据理化性质和波谱数据分别鉴定为对羟基苯乙醇（1），对羟基苯甲醛（2），5. 羟甲基 -2- 糠醛（3），甘草素（4），24- 亚甲基 -24（25）- 二氢羊毛甾醇（5），（3β，5d，8a，22E，24R）-5，8- 桥二氧麦角甾 -6，22- 二烯 -3- 醇（6）。以上化合物均为首次从见血封喉内生真菌中分离得到。抗菌活性测试结果表明化合物 4 具有抗金黄色葡萄球菌和耐甲氧西林金黄色葡萄球菌活性。（阙东枚 戴好富 黄贵修 戴文君，2009）。

Sporormiella

内生真菌 *Nodulisporium hyalosporum*，*Phialophora bubakii*，*Sporormiella muskokensis* 是从北京百花山地衣组织中分离到的我国 3 个新记录种．对它们进行了重新描述与图解．这

3 个种的培养物干标本存放在中国科学院微生物研究所菌物标本馆（HMAS）.（李文超 [1，2] 郭守玉 郭良栋，2007）。

symplasmata

成团泛菌（*Pantoea agglomerans*）YS19是从水稻"越富"品种中分离出的优势内生真菌，其所形成的共质体（symplasmata）是一种与生物薄膜（biofilm）类似的多细胞聚集体结构，但细胞间联系比biofilm更加紧密。研究symplasmata结构对成团泛菌YS19抵抗逆境的贡献，有助于阐释内生真菌与植物的相互作用的机理，symplasmata 结构与散生菌体对于蔗糖渗透压冲击、重金属离子和干燥处理的抵抗能力差异，结果表明，与以散生状态存在的菌体相比，在面临逆境时形成 symplasmata 结构的菌体抗逆存活能力显著增强。（张巍波 缪煜轩 冯永君，2009）。

Viscumamide

从三种红树林内生真菌 *Paecilomyces sp.*（treel-7），4557，ZZF65 中分到九个环肽类的次级代谢产物，分别是 viscumamide（1），cyclo（Pro-Iso）（2），cyclo（Phe-Gly）（3），cyclo（Phe-Ana）（4），cyclo（Gly-Pro）（5），cyclo（Gly-Leu）（6），cyclo（Trp-Ana）（7），neoechinulinA（8），cyclo（Pro-Thr）（9）。其中化合物 1，7，8，9 是首次从海洋真菌中分离得到。（郭志勇 [1，2] 黄忠京 温露 [2，3] 万乔，2007）。

埃里格孢属

【目的】确定甘肃棘豆中是否存在产生苦马豆素（SW）的内生真菌。【方法】对甘肃棘豆的内生真菌进行分离，应用薄层色谱法和气相色谱 - 甲基化 - α -D- 甘露糖苷内标法分别对菌丝中 SW 进行检测，筛选可生成 SW 的疯草内生真菌；气相色谱内标法测得其菌丝中 SW 含量为 400.52 μg/g。根据形态学、5.8S rDNA-ITS 序列分析结果和文献报道，确定 FEI.3 为埃里格孢属真菌。【结论】甘肃棘豆中存在生成 SW 的内生真菌 Embellisia sp.FEL3。（余永涛 王建华 赵清梅 李海利，2009）。

埃里砖格孢属

埃里砖格孢属设立于 1971 年，由于具有重要经济价值的菌种不多，而研究较少，但随着一些重要病原菌和内生真菌在该属中的相继发现，近年来越来越多地受到重视，为便于今后开展相关研究，本研究就其形态学跑、生物学、生理学、生态学及经济意义等方面的研究进展进行了综述，并对将来可能进行的研究进行了展望。埃里砖格孢属真菌的形态特征与蠕形菌类（长蠕孢属、弯孢菌属、凹脐蠕孢属等）和暗色丝分砖格孢子类真菌（匍柄霉属、密格孢属、假格孢属、顶格孢属、链格孢属和单格孢属等）具有很多相似之处，但分生孢子具有宽而厚的隔膜是其最主要的鉴定依据。目前报道 23 个种，分布在各式各样的生境下，其中 21 个种分布在 13 个科的植物根际、根部或茎叶上，我国有 5 个种。本属中具有重要经济意义的种有 2 类，一类为植物病原菌，影响大蒜、风信子等作物产量和品质，或引起沙打旺草地早衰；另一类为疯草内生真菌，增加疯草（Astragalus spp.，Oxytropis spp.）毒性，导致家畜中毒.疯草内生真菌可产生的具有重要医用价值的苦马豆素。分子生物学技术已证明埃里砖格孢具有多态性，与匍柄霉亲缘关系比与假格孢属。链格孢和单格孢的亲缘关系远。控制疯草内生真菌的毒害是畜牧业生产中亟待解决的问题。埃里砖格孢的遗传多样性分析。新种寻找和有性态研究，以及苦马豆素的产生机制等研究将是近期主要的研究方向。（李彦忠 南志标，2009）。

矮棒曲霉

从南方红豆杉中分离到 549 株内生真菌，以终极腐霉 Pythium ultimum、立枯丝核菌 Rhizoctonia solani 为靶标菌进行抗菌活性的筛选。结果表明，对终极腐霉、立枯丝核菌的半抑制稀释倍数（ID50）在 10 以上的活性菌株分别为 20 株（占总菌株的 3.6%）和 15 株（占总菌株的 2.8%）。其中矮棒曲霉 Aspergillus clavatonanicus 菌株 F0028 对这两种病原菌的活性最高（对终极腐霉、立枯丝核菌的 ID50 分别为 278 ± 15.0、108 ± 18.6）。进一步研究表明，F0028 发酵液在 pH 值为 1.0 ~ 7.0 之间均有较强的抑菌活性；经高温高压处理后抑菌活性仍达到了对照的（65 ± 3.8）%。发酵液经高效液相色谱纯化得到 5 种化合物，活性测定表明，5 种化合物对终极腐霉、立枯丝核菌均有不同程度的抑制作用，半抑制浓度（EC50）在 7.0 ~ 45 μg/mL 之间。（傅科鹤 章初龙 刘树蓬 陈绍瑗，2006）。

暗色有隔内生真菌

本文研究了桃儿七 Sinopodophyllum hexandrum 根的显微结构及其真菌分布.结果表明，桃儿七的根为根状茎，节状，不定根形成的须根系发达。根的结构主要由表皮、皮层、维管柱三部分构成，其中，皮层所占比例最大，超过 80%。根的木质部有四原型和五原型两种类型，五原型较为常见；四原型的根和五原型的根在皮层细胞形态上存在一定差异。在桃儿七的不定根和其上的侧根观察到真菌菌丝分布，其数量和种类与根的直径有关，在不定根较细（先端）的部位真菌以暗色有隔内生真菌（DSE 真菌）为主，侵染率为 77.9%；而较粗根中真菌菌丝为无隔菌丝为主，分布很少且仅存在于皮层细胞的一至二层，不侵染皮层深部和维管柱。不定根侧根中真菌以丛枝菌根真菌为主，丛枝菌根常常占据大部分的皮层细胞，侵染率高达 90% 以上。桃儿七根中没有发现根毛存在，因此，侧根中共生的丛枝菌根真菌可能是桃儿七养分和水分吸收的主要途径。（黄超杰 孟益聪 冯虎元，2008）。为充分利用 AM 真菌资源，对陕西省榆林市沙生植物园、鄂尔多斯生态研究站和宁夏回族自治区沙坡头 3 个不同生态条件下柠条锦鸡儿（Caragana korshinskii）AM 真菌空间分布进行了研究。结果表明，柠条锦鸡儿菌根类型为Ⅰ-型（Intermediate type），泡囊形态多样，形成于细胞间或细胞内，丛枝结构包括树枝状和花椰菜状2种类型。在形成丛枝菌根的同时，柠条锦鸡儿根部也能普遍被暗色有隔内生真菌感染。AM真菌定殖率和孢子密度与样地生态条件密切相关。最大孢子密度发生在0～10cm土层，并随土层加深呈下降趋势，孢子密度与土壤速效N、有机质、脲酶和蛋白酶呈极显著正相关，泡囊定殖率与速效P含量呈显著正相关，丛枝定殖率与土壤pH呈显著正相关。孢子密度、泡囊和丛枝定殖率可作为检测土壤环境状况的指标。（吴艳清 贺学礼 刘泏泏，2008）。通过多年对钦州湾区域不同位点的红树林根际取样研究，发现暗色有隔内生真菌和丛枝菌根真菌在红树植物的根系中普遍存在。报道这两类真菌在红树植物根部侵染情况的初步观察结果，并分析讨论红树林根部真菌存在的可能性和可能作用。（王桂文 李海鹰，2003）。

白粉病菌

以西葫芦白粉病为对象，通过温室盆栽试验和叶盘筛选试验，从50个内生放线菌菌株中筛选出2个防病效果较好的菌株，叶盘筛选试验发现菌株GKSHJA和PR1-8的无菌滤液原液在接种病菌的同时使用防治效果最佳，分别达到60.98%和63.22%。温室人工接种白粉病菌的盆栽试验发现，（无，2008）。

斑点落叶病菌

采用常规分离法对不同生长季节苹果树的不同部位进行了内生细菌分离．结果表明，内生细菌的分离几率和数量不同．通过平板对峙培养和发酵液抑菌活性测定，在所分离的118个菌株中，筛选出7株对苹果斑点落叶病菌（*Alternaria alternataf.sp.Mali*）具有较强拮抗作用的菌株，其中菌株B86和B91的发酵滤液在活体上对苹果斑点落叶病的防治效果显著，分别为73.72%和75.32%．两菌株培养滤液对病菌分生孢子萌发具有抑制作用，并造成芽管畸形膨大，呈泡囊状，泡囊消解破裂；两菌株产生的抑菌物质具有热稳定性．表明B86和B91菌株具有一定的生防潜力．（马青 苏静，2007）。

层出镰刀菌

从新鲜苦皮藤根茎韧皮部分离并筛选到1株内生真菌，编号为2B菌株，其发酵产物对番茄灰霉病菌、烟草赤星病菌、苹果炭疽病菌、玉米大斑病菌、番茄早疫病菌5种植物病原真菌均有抑制活性，抑制率在62.5%～87.2%。通过形态特征、培养特性等方面研究，将该菌株鉴定为层出镰刀菌（*Fusarium proliferatum*）。（顾爱国 兰琪 宗兆锋 吴文君，2004）。

产黄青霉属

为提高千层塔产黄青霉属内生真菌 SHB 液体发酵产石杉碱甲的产量，通过单因子和正交试验研究了真菌 SHB 液体发酵的条件。结果表明，千层塔内生真菌 SHB 液体发酵产石杉碱甲的适宜条件：温度为 28℃，起始 pH 为 6.4，接种量为 12%，种龄为 48h，转速为 160r/min，发酵时间为 8d。（周树良 杨帆 兰时乐 徐宁 洪亚辉，2009）。

产紫杉醇内生真菌

以产紫杉醇内生真菌 XT5 为供试菌株，研究了酶系组成、酶解时间、酶解温度、菌体培养方式、菌龄等因素对产紫杉醇内生真菌 XT5 原生质体制备和再生的影响。结果表明：将内生真菌 XT5 在 PDA 液体培养基中静止培养 12-16h，离心收集菌体，用 0.7mol/L 的 NaCI 配制成的含有 20% 纤维素酶在 22℃恒温酶解 2h，原生质体制备率最高；以上述条件酶解 1.5h 左右，采用双层平板培养法于 32℃再生，获得的原生质体再生率最高为 12.4%.（朱建勇 胡凯 胡丽涛 王微，2008）。

肠杆菌属

[目的]研究皖南烟区 2 株烟草内生真菌细菌与烟草青枯病的相互关系。[方法]从烟草植株中分离获得 2 株内生真菌，对这 2 株细菌进行形态观察、生化试验和 23srDNA 基因部分序列测定分析。[结果]结果表明，这 2 株细菌属与肠杆菌属，与杨树内生真菌（*Enterobacter sp.*638）、阴沟肠杆菌（*Enterobacter cloacae*）和阿氏肠杆菌（*Enterobacter asburiae*）的亲源关系紧密。[结论]分离的这 2 株肠杆菌属的内生细菌在一定条件下会导致烟草发病，也是烟草的病原菌，这需更深入的进行研究。（章东方 高正良 顾江涛 许大凤，2008）。

成团肠杆菌

从水稻越富品种分离到一株代表性的内生真菌株 YS19，经形态、生理生化特征鉴定成为团肝杆菌（*Enterobacter agglomerans*）。YS19 菌株 DNA 的 G+C 含量为 55.1%，与成团泛菌（*Pantoea agglomerans*）模式菌 JCM1236（ATCC27155）的 DNA 同源性为 90.1%，因此将 YS19 菌株归为成团泛菌。而以 16SrDNA 基因序列为基础的系统发育分析表明，YS19 与（沈德龙 东秀珠，2000）。

成团泛菌

成团泛菌（*Pantoea agglomerans*）YS19 是从水稻"越富"品种中分离出的优势内生真菌，其所形成的共质体（symplasmata）是一种与生物薄膜（biofilm）类似的多细胞聚集体结构，但细胞间联系比 biofilm 更加紧密。研究 symplasmata 结构对成团泛菌 YS19 抵抗逆境的贡献，有助于阐释内生真菌与植物的相互作用。symplasmata 结构与散生菌体对于蔗糖渗透压冲击、重金属离子和干燥处理的抵抗能力差异，结果表明，与以散生状态存在的菌体相比，在面临逆境时形成 symplasmata 结构的菌体抗逆存活能力显著增强。（张巍波 缪煜轩 冯永君，2009）。禾草内生真菌由于其独特的生态学地位而广受关注，近年来有关禾草内生真菌与宿主相互作用的研究取得了很大进展。本文综述了禾草内生真菌通过分泌促生物质、拮抗病原菌等实现与宿主共生互作，同时植物为内生真菌提供适宜的黏附表面，使其形成以生物薄膜（biofilm）为主要形式的多细胞聚集体结构以更好地适应周围的生存环境，从而更加高效地对植物产生促生作用。本文论述了内生真菌在与植物的互作中形成的多细胞聚集结构在抵抗非生物胁迫方面的独特生理及生态学意义，结合水稻内生成团泛菌 YS19 形成多细胞聚集体 symplasmata 现象及其生物学效应，对未来有关禾草内生真菌的研究 方向提出了一些看法。（易婷 [1, 2] 缪煜轩 冯永君，2008）。为研究内生细菌对宿主植物侵染定殖的机理和其共生生物学作用，对水稻内生优势成团泛菌（*Pantoea agglomerans*）YS19 与绿色荧光蛋白（GFP）标记的 YS19B 转 gfp 菌株的生长动力学进行了比较研究，探讨了成团泛菌 YS19B 转 gfp 的标记稳定性和荧光性质，标记菌株与野生型菌株相比，最大比生长速率和最大生物量仅减小 12.4% 和 6%，代时延长 14.0%，成团泛菌 YS19B 转 gfp 在指数期连续传代培养 1 00 代后，GFP 标记的保持率为 89.1%，建立了标记菌株在有标记丢失存在时的生长动力学模型：$dX^+/dt = \mu^+ + (1-p)X^+$，解析出细胞分裂时标记丢失的概率 $p = 9.756 \times 10^{-7}$，确定了方程的模型参数，标记菌株的荧光光谱在激发波长为 400nm 时，最大发射波长为 508nm，与供体菌株完全相同，在 LB 培养基上，YS19B 转 gfp 的 GFP 产生时间在指数期末期到稳定期较快，并于培养至 20h 时达到最高，同时单位菌体生物量的荧光强度也达到最大，结果说明，在 GFP 标记后成团泛菌 YS19B 转 gfp 的生长仅受到较小影响，不致对成团泛菌的生理活动造成大的改变，同时由于该菌对宿主的侵染能力比其它内生细菌一要强得多，历而该菌对植物的侵染活性影响也较小，该菌仍然柯以保持其内生优势地位，该标记的稳定性比较高，荧光产生正常，很适合进一步应用于植物和微生物相互作用的研究中。（冯永君 宋未，2002）。

匙孢霉属

从喜树（*Camptotheca acuminata Decne.*）果实中分离、纯化得到 5 株内生真菌，经初步鉴定，分别属于半知菌亚门的匙孢霉属（*Mystrosporium Cda.*）、鲜壳孢属（*Zythia Fr.*）及无孢类群（*Mycelia Sterilia.*）。其内生真菌经摇瓶培养后，采用薄层层析（TLC）法对其菌丝体提取物进行分析，初步表明 WZ001 菌株可能产生喜树碱（Camptothecin，CPT）的类似物。（陈贤兴 陈析丰 南旭阳 何献武，2003）。

赤星病菌

从健康烟草叶片中筛选出 1 株产几丁质酶活性较高的内生细菌 FEC-1。FEC-1 菌及其代谢产物对烟草赤星病菌菌丝生长均有明显抑制作用，在 PDA 平板上 27℃培养 5 d 后抑菌带宽为 12.6mm，被抑制的赤星病菌菌落边缘菌丝生长畸形、膨大呈结节状。FEC-1 菌代谢产物对病菌孢子萌发呈明显的抑制作用，随代谢产物浓度提高，抑菌能力显著增强，随培养时间延长，抑菌能力降低。但试验中没有观察到菌丝细胞壁溃解、细胞质浓缩、菌丝细胞质凝聚成颗粒状并外渗等显著的几丁质酶作用病原真菌的特征。因此，该菌抑制烟草赤星病菌的机理还有待进一步研究。（杨水英 李振轮 青玲 孙现超 母，2007）。从健康烟草的叶、茎中分离到 302 株非病原内生细菌，通过平板对峙培养，筛选出对烟草赤星病菌 [*Alternaria alternata*（*Fr.*）*Keissl*] 不同致病力的 4 个代表菌株均有拮抗作用的 11 个菌株。室内测定其对赤星病菌抑菌带的宽度达 5.5 ~ 13.2mm；拮抗、防病试验测定，来自叶片内的内生真菌株 Itb162 对赤星病菌有较强和稳定的拮抗作用，对赤星病有 52.0% 的防病效果。无菌滤液实验表明，拮抗内生细菌 Itb162 无菌滤液在一定浓度范围内均能有效地抑制菌丝生长，减少孢子萌发，且浓度越高，抑制能力越强。（易龙 肖崇刚 马冠华 王万能 龙良鲲，2004）。

丛枝菌根菌

丛枝菌根菌（arbuscular mycorrhizal fungi；AMF）能与地球上大多数植物根部共生合成菌根，其根外菌丝穿越根圈营养耗尽区（depletion zone），可帮助植物吸收更多之土壤养分，例如磷肥、氮肥、微量元素、水分，并增进对干旱、盐害与病虫害之忍受力，进而促进作物的生育及产量。本研究室以红豆、洋葱、木瓜、苦瓜、胡瓜、一串红、矮牵牛、热带球根花卉与文心兰等作物于种子或幼苗期接种内生真菌根菌，已证实可被菌根菌感染，经筛选适合上述作物之菌种与接种方法，推广应用于木瓜、苦瓜与胡瓜等种苗产业，已获得良好之效益，未来应可推广应用于更多样化之作物种苗，甚至包括水土保持植物。由于丛枝菌根菌为绝对共生菌无法纯粹培养，传统砂耕法生产之接种源有重量与体积庞大、携取不便、可能带有病原菌以及孢子密度偏低而品质不佳等缺点。本实验室研发以气雾栽培技术生产接种源，可降低上述缺点而获得高产量、高孢子密度与高品质之接种源产品。（王均璃，2004）。

大肠杆菌

大肠杆菌中高丝氨酸琥珀酰基转移酶的同源模建与对接研究；2- 甲基 -1-（4- 芳基噻唑 -2- 基）- 苯并咪唑 -6- 甲酸乙酯的合成、表征及生物活性；红树植物海杜果内生真菌 *Penicillium sp.* 中的抗菌活性成分；重组灵芝免疫调节蛋白的纯化及其性质；扇贝多肽经由 aSMase-JNK 通路抑制 UVA 诱导 HaCaT 细胞凋亡（无，2008）。

大豆根腐病菌

为了明确大豆根瘤内生芽孢杆菌 Snb2 对大豆胞囊线虫的毒性和大豆根腐病菌的抑制作用，用菌悬液处理和对峙培养法分别测定了 Snb2 对两种病原微生物的作用效果．结果表明：Snb2 的菌悬液能够明显抑制大豆胞囊线虫胞囊的孵化，相对抑制率达到 94.9%；菌悬液处理 J2 96h 时死亡率达到 66.7%；Snb2 菌株对 4 种大豆根系病原真菌表现不同程度的拮抗作用，对尖孢镰刀菌和茄腐镰刀菌的拮抗作用最明显，抑菌圈达到 10 mm 左右，抑制作用可持续 10 d；经细菌悬浮液浸种测定，处理后的大豆子叶节到根尖的距离为 9.1±4.54cm，较对照增加了 15.19%%，对幼苗生长有明显的促进作用；通过温室盆栽防效试验，进一步表明 Snb2 菌悬液进行种子浸种对大豆胞囊线虫病有明显的抑制作用，防治效果达到 62.5%.（王媛媛 段玉玺 陈立杰，2007）。

大丽轮枝菌

本研究在分离植物组织内生真菌及根围土壤细菌的基础上，进行了室内拮抗活性测定，进而进行诱抗效果的检测。来自植物组织内部的细菌群落中含拮抗性较强的细菌群体较大。在拮抗群体中，经诱导，68.42% 菌株获得了抗 Rif300×10⁻⁶ 的突变体。抗利福平突变体菌株在培养性状、室内拮抗性及诱导抗性等方面，与原菌株均十分相似。以菌株 73a 诱导抗性效果较好，达 67.21%。诱抗效果与细菌在体内定殖与运转能力密切相关（夏正俊 顾本康，1996）。

稻瘟菌

在水稻苗期（4 叶期）分别施加内生真菌 B3 菌剂、B3 无菌发酵液、灭菌培养基，CK 为全空白处理．分别测定 SOD 酶活性、POD 酶活性、根系活力等生理指标。结果表明，处理 10d 后接种内生真菌 B3 能诱导水稻体内 SOD 酶、POD 酶活性的提高，与 CK 组差异达到（极）显著水平。发酵液组与 CK 组之间 SOD 酶、POD 酶活性低于 CK，发酵液组、培养基组 POD 酶活性在处理后期高于 CK。内生真菌 B3 能有效调节水稻的根系活力，在整个处理期中 B3 菌剂组的根系活力均高于其他各组，且下降速度最慢。同时，抗病试验表明，B3 菌剂组与发酵液组的水稻对稻瘟菌均有一定抑制作用。（袁志林 戴传超 李霞 田林双 杨，2005）。

短短芽孢杆菌

在烟草青枯病区采取健康烟草植株，从其茎杆内分离到 2 株对烟草青枯拉尔氏菌（*Ralstonia solanacarum*）有强拮抗作用的内生真菌株 009 和 011。形态观察、生理生化鉴定及 16S rDNA 序列比对结果表明，菌株 009 和 011 均归属为 *Brevibacillus brevis*，009、

011 菌株与 B.brevis（AY591911）相似性分别为 99.5% 和 99.0%，GenBank 登录号分别为 DQ444284、DQ444285。生长特性研究结果表明，它们的最适生长 pH 值分别为 6.5、7.5，最适生长温度分别为 25、30℃。温室内用淋根法分别先接种 009 和 011 菌株，后接种病原菌，其防效分别为 87.25% 和 52.30%。用 009 和 011 菌液分别和烟草青枯病菌的混合液淋根，其防效明显低于前者。田间小区试验结果表明，011 菌株的防效明显高于 009 菌株和农用链霉素。（易有金 尹华群 罗宽 刘学端，2007）。

多粘类芽孢杆菌

从菜心植株内分离到一株具有生防活性的细菌 CX-PA，通过对其形态特征和生理生化特性测定，16S rDNA 部分序列同源性分析，鉴定为多粘类芽孢杆菌。采用浸种、喷雾接种处理，CX-PA 可进入小白菜、大白菜和菜心体内定殖。培养基平板对峙测定，CX-PA 对菜心炭疽病菌等 7 种病原菌有较强的拮抗作用。盆栽防治试验表明，CX-PA 对菜心炭疽病和霜霉病的防治效果分别为 70.8% 和 64.8%。（李静 陈维信 刘爱媛 冯淑杰 肖晶，2007）。从中药植物 - 百部的组织中分离到一株高产胞外多糖的禾草内生真菌 EJS-3 菌株，该菌株在产糖培养基中可以得到 23.6g/L 的胞外多糖，转化率为 47.2%（g EPS/g 蔗糖）。通过 16SrRNA 基因序列分析对该菌株进行了鉴定。通过 PCR 扩增，得到 1450bp 的 16SrRNA 序列。PCR 产物序列通过 BLAST 软件在 NCBI 网站中进行同源性比较。通过 Bioedit7.0 和 Tree.drawing 软件绘制系统发育树。结果显示，EJS-3 的 16SrRNA 序列和数据库中的类多粘芽孢杆菌 KCTC1 663 菌株的序列的同源性为 99.31%。在细菌系统发育分类学上，EJS-3 菌株归属多粘类芽孢杆菌（Paenibacillus polymyxa）。（孙力军[1，2] 陆兆新 刘俊 吕凤霞，2006）。本实验以植物内生多粘类芽孢杆菌作为生防菌种，研究该菌对油桃青霉病的抑制效果。研究了对油桃表面不同消毒方法（酒精消毒、紫外线消毒、无菌水消毒）的效果，以及生防液和其不同处理液（生防菌液、无菌液、热处理液、离心上清液）对油桃采后青霉病的抑制效果。实验表明：酒精对油桃表面的消毒效果最好，紫外线消毒次之，无菌水较差；生防菌液的抑制效果最好，无菌液和离心上清液次之，热处理液有很微弱的抑制效果。（吴士云 孙力军 周声 陈守江，2007）。

恶臭假单胞菌

为筛选具有防病作用的禾草内生真菌，采用组织分离法和稀释分离法，分离番木瓜果皮中的内生细菌. 得到 103 个菌株。采用培养基平板抑菌圈测定法从这些菌株中筛选到 1 株具有拮抗活性的细菌 MG-Y2。对番木瓜疫霉病菌（Phytophthora nicotianae）、番木瓜炭疽病菌（Colletotrichum gloeosporioides）等 8 种病原菌有较强的拮抗作用。通过对其形态特征和生理生化特性测定以及 16S rDNA 部分序列同源性分析，鉴定该细菌为恶臭假单胞菌生物变种 Ⅰ（Psudomonas putida biovar Ⅰ）。采用喷雾接种处理，MG-Y2 可进入番木瓜叶片、叶柄、果皮和果肉中定殖。进行番木瓜果实采后防病试验，MG-Y2 对采后番木瓜疫病和炭疽病的防治效果分别达到 88.8% 和 57.4%。试验结果显示 MG-Y2 具有潜在的生防应用价值。（石晶盈 刘爱媛 冯淑杰 李雪萍 陈维信，2007）。

番茄灰霉菌

用选择性培养基从采自凤县的 12 种野生植物中分离获得 15 种放线菌. 非寄主作物定殖试验表明分离所获放线菌不仅能够定殖在不同植物体内，而且能定殖在植物的不同部位，具有内生性；皿内拮抗试验结果表明，15 株内生放线菌中有 2 株对 5 种供试靶标真菌（梨状毛霉菌、西瓜枯萎菌、番茄灰霉菌有拮抗作用。其中 Am3 对灰葡萄孢菌抑制率达 89.0%.Am5 对西瓜枯萎病菌抑制率达 81.0%；2 株内生放线菌的发酵液对供试靶标真菌也有明显抑制作用，菌体残渣提取物的拮抗活性明显高于发酵滤液提取物. 温室番茄、黄瓜防病促生实验结果显示菌株 Am3、Am5 有较好促生作用，其中经 Am3 处理过的番茄植株干重比对照植株干重增加 120%，对番茄灰霉病的防效达 68.9%。（马强 宗兆锋 梁亚萍，2007）。

番茄青枯菌

对初步筛选出的 10 株番茄青枯病菌的内生拮抗细菌，通过平板拮抗和盆栽控病试验进一步筛选具有较好防效的菌株。平板拮抗试验结果表明，其中 5 株内生拮抗细菌（01-144，01-189，TR03-081，TR03-108，TR03-124）对番茄青枯病有良好防效。对上述 5 株内生拮抗细菌进行盆栽控病试验，结果显示，利用拮抗菌的去菌发酵液对番茄青枯病的防治效果明显优于菌悬液；再利用这 5 株内生拮抗细菌的无菌发酵液作平板拮抗试验，得到对青枯病菌有较强抑菌活性的 TR03-081 菌株，而且研究发现该菌株的无菌发酵液对玉米小斑病、烟草赤星病、茄子褐纹病等病害的病原菌也具有较强的抑制作用。（赵凯 肖崇刚 孔德英，2006）。

番茄叶霉菌

采用皿内对峙试验从 175 株植物内生放线菌株中筛选具有生防效果的拮抗菌株，然后通过盆栽试验和田间试验，对筛选出的生防菌的生防效果进行了研究。结果表明，皿内对峙试验共筛选出对番茄叶霉病菌和番茄早疫病菌、番茄灰霉病菌有拮抗作用的内生放线菌株 26 株；菌株 BARl-5 对番茄叶霉病的防治效果最佳，相对防效达到 49.7%，接种番茄叶霉菌前和接种后喷施 BARl-5 发酵上清液的相对防效分别达到 62.6% 和 50.6%；BARl～5 菌株发酵液原液和 5 倍液的相对防效分别达到 42.5% 和 33.1%。试验结果表明，菌株 BARl-5 对番茄叶霉病具有较好的防治效果，是 1 株很有生防潜力的内生放线菌株。（姚敏 涂璇 黄丽丽 王英 阿里玛斯 康振生，2007）。

番茄早疫病菌

本文测定了 2 株植物内生放线菌在离体条件下对番茄早疫病菌的作用效果．结果表明，植物内生放线菌 Fq24 和 Lj20 的 3 种不同处理液对番茄早疫病病原菌分生孢子萌发都有抑制作用，Lj20 无菌发酵滤液的抑制效果最好；Lj20 皿内和发酵液对番茄早疫病病原菌的抑制作用要好于 Fq24；诱发接种后 2 株植物内生放线菌对采收后番茄果实上的番茄早疫病菌均有不同程度的控制作用，在 30℃条件下的防治效果优于 20℃的效果．（马林 韩巨才 刘慧平，2006）。测定了植物内生细菌 yc8 对番茄早疫病菌的抑菌活性。结果表明：yc8 发酵液对番茄早疫病菌孢子萌发有较强的抑制作用，EC50 为 4.22%。对菌丝生长亦有一定的抑制作用。光学显微镜观察证实，发酵液处理后可造成病原菌细胞畸形，胞内物质外泄和细胞壁崩溃。植物离体组织抑菌作用测定结果表明：先喷发酵液后接菌与先接菌后喷发酵液均有良好的抑菌效果。（任璐 韩巨才 刘慧平 邢鲲，2008）。

哈茨木霉菌

对一株枸骨内生真菌哈茨木霉 *Trichoderma harzianum* 抗菌活性成分的分离、鉴定及其抗菌生物活性进行了研究。该真菌发酵液经乙酸乙酯萃取、正相硅胶和 ODS- 反相色谱分离纯化得到一单端孢霉烯化合物，经红外、质谱和核磁分析，鉴定为：4β- 乙酰基 -12，13-环氧 -9- 单端孢霉烯(trichodermin)，这是首次从哈茨木霉菌代谢产物中分离出该化合物。Trichodermin 对蕃茄早疫病和黄瓜立枯病病原菌的离体抑制活性 EC50 值分别为 3.35 和 3.59mg/L；活体测定结果表明，在 100mg/L 的剂量下对两种病的保护效果分别为 97.8% 和 98.1%，治疗效果为 96.7% 和 97.3%。（陈列忠 陈建明 郑许松 张珏锋 俞晓平，2007）。

假单胞菌

为筛选具有防病作用的禾草内生真菌，采用组织分离法和稀释分离法，分离番木瓜果皮中的内生细菌．得到 103 个菌株。采用培养基平板抑菌圈测定法从这些菌株中筛选到 1 株具有拮抗活性的细菌 MG-Y2。对番木瓜疫霉病菌（ *Phytophthora nicotianae* ）、番木瓜炭疽病菌（ *Colletotrichum gloeosporioides* ）等 8 种病原菌有较强的拮抗作用。通过对其形态特征和生理生化特性测定以及 16S rDNA 部分序列同源性分析，鉴定该细菌为恶臭假单胞菌生物变种Ⅰ（ *Psudomonas putida biovar* ）。采用喷雾接种处理，MG-Y2 可进入番木瓜叶片、叶柄、果皮和果肉中定殖。进行番木瓜果实采后防病试验，MG-Y2 对采后番木瓜疫病和炭疽病的防治效果分别达到 88.8% 和 57.4%。试验结果显示 MG-Y2 具有潜在的生防应用价值。（石晶盈 刘爱媛 冯淑杰 李雪萍 陈维信，2007）。从广西一些市县采集番茄茎标本分离得到 55 个细菌菌株，分属为芽孢杆菌（ *Bacillus spp.* ）、黄单胞菌（ *Xanthomonas spp.* ）、假单胞菌（ *Pseudomonas spp.* ）和欧文氏菌（ *Erwinia spp.* ），其中芽孢杆菌为优势种群。经回接测试，有36个菌株为番茄植株内生真菌。这些内生真菌只有7个菌株对番茄青枯病菌有拮抗作用，芽孢杆菌B47菌株对番茄青枯病菌拮抗作用较强，经室内和田间初步防治测定，它对番茄青枯病有较好的防治效果。（黎起秦 罗宽 林纬 彭好文 罗雪，2003）。从8个不同来源的3个马铃薯（Solanun trberosum）品种（紫花白、晋薯七号和弗乌瑞它）的块茎中分离到240株内生细菌菌株，通过离体测定和温室实验，共得到55株对马铃薯环腐病菌（Clavibacter michiganenc subsp sepedonicum）有拮抗作用的内生细菌，占总菌数的22.9%。初步筛选出3株具有促生和潜在防治马铃薯环腐病的内生细菌，分别为芽孢杆菌（Bacillus sp.）A-10'、T3和荧光假单胞菌（Pseudomonas fluorescens）H1-6。其中A-10'菌株定殖、促生和拮抗作用兼备，具有很好的开发应用前景。（田宏先 王瑞霞 李荫藩 孙福在，2005）。（邱晓 裴炎，1990）。小麦全蚀病是世界各大小麦产区危害十分严重的一种土传病害，目前对其防治还没有好的抗病品种和特别有效的化学农药。自从成功地用荧光假单胞菌Pseudomonas fluoresens防治小麦全蚀病以来，生物防治逐渐成为防治该病的一种经济而有效的措施。近几年，内生真菌由于其独特的优点已成为生物防治的研究热点，但其防病机制的研究仍不够深入，作者对健康小麦上获得的5株内生细菌防治小麦全蚀病的作用及其机制进行了研究，为其进一步应用提供理论基础。（刘冰 黄丽丽 康振生 乔宏萍，2007）。从中国红豆杉的茎中分离得到两株内生细菌G18、F19，通过生物学特性和16SrDNA序列分析，初步鉴定这两株菌分别为假单胞菌属（Psudomonas）和寡养单胞菌属（Stenotrophomonas）细菌。活性研究表明，G18、F19发酵液均对3种病原细菌有抑制作用，分别对棉花黄萎病菌（Verticillium dahliae）和柑橘炭疽病菌（Colletotrichum gloeosporioides）有较强的抑制作用。G18和F19分别能降解水杨酸和敌敌畏。（丁小维 刘开辉 邓百万 陈文强，2008）。

尖孢镰刀菌

【目的】明确1株具抑菌活性的除虫菊内生真菌（编号为Y2）的种属分类地位。【方法】将在PDA培养基上培养7d的Y2菌株，转接于PDA、PSA、Czapek（CA）、DYPA、WA、CLA、PA、VBC、CMA等9种培养基培养，并结合25℃间歇光照培养、变温培养、紫外线照射与黑暗交替培养等方法诱导产孢，进行形态学初步鉴定；采用分子生物学方法对Y2菌株rDNA的ITS基因（ITS-5.8 SrDNA）进行PCR扩增、测序，利用相关软件对PCR产物序列进行分析。【结果】该菌株在CLA、PA和VBC3种培养基上产生了大型分生孢子堆，大型分生孢子着生在分生孢子梗顶端，呈镰刀形，微弯曲，具5-7个横隔，小型分生孢子具0-1个横隔，初步鉴定为镰刀菌；其rDNA的ITS基因序列分析结果表明，其基因序列与尖孢镰刀菌（Fusarium oxysporum）的同源性达到100%。【结论】根据形态学和分子生物学方法鉴定可知，Y2菌株为尖孢镰刀菌（Fusarium oxysporum）。（易晓华 朱明旗 冯俊涛 李琰 张，2008）。首次报道从长春花Catharanthus roseus（L.）G.Don茎的韧皮部中分离出尖孢镰刀菌Fusarium oxyspo-rum。为该植物的一种内生真菌，并用

TLC 和 HPLC 对该菌的 97CG3 菌株培养物进行了分析。初步结果表明该真菌能产生抗癌药长春新碱成分。（张玲琪 邵华，2000）。

交链格孢

从生长在湖北的南方红豆杉树皮中韧皮部分离出一批内生真菌，从中获得一株能产紫杉醇的菌株 TPF6。对其形态特征的研究以及生理生化特性的测定（bilog）结果表明，菌株 TPF6 与链格孢属有很大的相似性；与 18SrDNA 分析比对表明，菌株 TPF6 属于链格孢属，并与链格孢属其他种共享 95% ~ 99% 的保守序列，其中与交链格孢（*Alternaria alternata*）18SrDNA 的保守度高达 99%；全细胞脂肪酸分析结果显示，18：2CIS9、12/18：0a 为 TPF6 的主要脂肪酸组分，该菌株与链格孢属（*Alternaria*）相似度最高，SIM 值为 59.8%。根据分类学研究结果，菌株 TPF6 属于半知菌门链格孢属，定名为交链格孢（A.a/ternata）。应用高压液相色谱技术测定结果表明，菌株 TPF6 发酵液中紫杉醇含量为 84.5μg/L。（田仁鹏 杨桥 周国玲 谈静泉 张珞珍 方呈祥，2006）。

胶孢炭疽菌

应用酸解法对黄花蒿（*Artemisia annua L.*）内生胶孢炭疽菌（*Colletotrichum gloeosporioides*）菌丝体进行提取，在黄花蒿发根培养系统中比较了各制备提取物的青蒿素诱导活性。活性提取物经过 Sephadex G25 层析后，部分纯化的内生真菌寡糖提取物（MW<2500）可显著促进发根青蒿素的合成，培养 23d 的发根经诱导子（0.4mg/mL）处理 4d 后，青蒿素产量可达 13.51mg/L，比同期对照产量提高 51.63%，诱导作用与诱导子浓度、作用时间相关。内生真菌寡糖诱导子的制备和使用，在青蒿素生物（王剑文 郑丽屏 谭仁祥，2006）。对银杏叶内生真菌球壳孢科菌株 A114 和胶孢炭疽菌菌株 05-27 的液体培养特性的初步研究得出：两种菌株均在马铃薯葡萄糖液体培养基中生长最好、菌丝产量最高，在 pH4.0-8.5 的马丁氏液体培养基中均能生长。A114 菌株和 05-27 菌株的最佳氮、碳源分别为酵母粉和葡萄糖，A114 菌株最适 pH 为 6.6，05-27 菌株最适 pH 为 6.9。（王利娟 杨小生 贺新生，2007）。本试验从四川绵阳银杏叶中分离得到 480 个内生真菌菌株，按经典系统分类方法分为子囊菌 *Ascomycota*、胶孢炭疽菌 *Colletotrichum gloeosporioides*、球壳孢科 *Sphaeropsidaceae*、炭疽菌属 *Colletotrichum sp.*、毛壳菌属 *Chaetomium sp.*、黑孢霉属 *Nigrospora sp.*、交链孢属 *Alternaria sp.* 和拟盘多毛孢属 *Pestalotiopsis sp.* 八大类，其中子囊菌为银杏叶内生真菌的优势菌群，占总菌株数的 46.3%。对八大类内生真菌进行抑制细菌活性检测，结果得出 2 株球壳孢科菌和 2 株胶孢炭疽菌对大肠杆菌、绿脓杆菌和金黄色葡萄球菌都具有较好的抑制作用，尤其是对大肠杆菌的抑制效果最好。（王利娟 杨小生 贺新生，2007）。

角担子菌

为了寻找新型驱杀菜青虫的菌种，对大戟科植物内生真菌进行筛选。发现内生真菌 B6 具有很好的驱杀菜青虫的能力，发酵液处理的菜叶对菜青虫校正死亡率达到 60.86%。发酵液正丁醇提取物对菜青虫校正死亡率达到 42.44%，在薄版层析上呈现 3 个斑点。对该菌 16SrDNA ITS 序列进行测序，结合形态鉴定确定该菌属于角担子菌属真菌 *Ceratobasldumstevensii*。（戴传超 [1，2] 余伯阳 [1，2] 王新风 蒋继宏，2006）。

解淀粉芽孢杆菌

笔者通过对拮抗辣椒疫霉（*Phytophthora capsici*）红树内生细菌的筛选研究发现，来自红海榄（*Rhizophora stylosa*）叶片的内生细菌 RS261 菌株对辣椒疫霉等多种植物病原菌具有较强的抑制作用，同时通过抗利福平 RS261 突变菌株回接再分离证明，RS261 菌株可通过叶部和根系侵入，具有沿维管束进行转运的能力，经常规和 16SrDNA 序列分析，鉴定为解淀粉芽孢杆菌（*Bacillus amyloliquefaciens*）。为进一步证实其防治辣椒疫病的能力，本文系统的研究了 RS261 菌株对辣椒果和幼苗疫病的防治效果，同时测定了 RS261 菌株与辣椒互作过程中主要防御性酶的活性变化。（柳凤 欧雄常 何红 胡汉桥 张小媛，2009）。通过重叠延申法将枯草芽孢杆菌的启动子 PSJ2 与绿色荧光蛋白基因（gfp）的 ORF 连接起来，构建绿色荧光蛋白表达盒，再通过 Rco R I 和 Pxt I 双酶切将表达盒连接到 pUS186 载体上，转化解淀粉芽孢杆菌 TB2 菌株，得到可发出绿色荧光工程菌，工程菌对黄瓜枯萎病菌的拮抗作用与野生菌株相当。（邱思鑫，2008）。

金色链霉菌

采用组织分离法从健康番茄植株体内分离出 253 个内生放线菌菌株，采用平板对峙法筛选出对番茄灰霉病拮抗作用强而且性能稳定的菌株 NO.37。通过形态特征观察、生理生化特性测定以及 16SrDNA 序列分析，鉴定 NO.37 为金色链霉菌（*Streptomyces aureus*）。（辛春艳 张丽萍 程辉彩 谢莉 张，2009）。

巨大芽孢杆菌

从金银花植株茎中分离到了 1 株具有谷氨酸脱羧酶活性的内生细菌，1g 菌体（DW）24h 可将 241.224μmol LGlu 转化生成 GABA。通过引物设计，利用 PCR 扩增出该菌株的 16SrDNA 序列，大小为 1459bp。通过形态特征、生理生化特征和 16SrDNA 序列分析鉴定 EJH-7 为巨大芽孢杆菌（*Bacillus megaterium*）。同时基于 16SrDNA 构建了系统进化树，并对 EJH.7 进行了系统发育分析。*Bacillus megaterium* EJH-7 细胞转化谷氨酸生成 GABA 的最适反应温度和 pH 分别为 30℃ 和 5.5；表面活性剂 Tween20 和 Tween80 对转化反应活性有抑制作用，而 Triton100 影响不显著；Ca^{2+}、Cu^{2+} 和 Co^{2+} 对转化反应活性有促进作用，分别提高了 20.36%、46.61% 和 6.77%，而 K$^+$、Fe^{2+}、Zn^{2+}、Mg^{2+} 有不同程度的抑制作用。（杨胜远 [1，2] 陆兆新 孙力军 别小妹 [1，2007]）。分离筛选具有促生作用的大豆内生芽孢杆菌，以期获得能够促进作物生长的微生物资源。从不同产地不同品种的大豆种子中分离到 40 株内生芽孢杆菌。发芽试验中，菌株发酵液浸种处理大豆种子，大部分菌株表现出促进生长作用。其中促生作用最好的 SN10E1 菌株使豆芽长度增长 41%，百株鲜 重增长 28%。从形态、生理生化反应以及 16SrDNA 序列比对等方面分析，最终确定 SN10E1 菌株为巨大芽孢杆菌（*Bacillus megatherium*）。综合比较，确定 SN10EI 菌株具有促生作用，可以进行下一步研究。（周怡 毛亮 张婷婷 程林梅 牛天，2009）。本研究首次报道了电镜免疫胶体金对水稻内生细菌的定位，用硫酸铵沉淀结合梯度离心提取表面消毒后离的大田水稻内优势菌巨大芽孢杆菌的特异性胞内蛋白，制备兔抗血清为金标一抗，进行微皮固定的组织超薄切片免疫胶体金的染色电镜观察，组织切片中菌体有大量金颗粒沉积，证明表面 消毒后分离的巨大芽隐杆菌为水稻内生细菌，大多寄生在植物组织的胞间隙，偶尔也在胞质内存在。（刘云霞 张青文，1996）。从爬山虎茎中分离到 5 株内生真菌，其中菌株 EJC-1 具有谷氨酸脱羧酶（GAD）活性。当湿菌体与 10 g·L-1 谷氨酸钠溶液比例为 1∶10（W∶V）时，在 30℃和 120 r.min-1 下振荡反应 24 h，细胞转化液中 γ- 氨基丁酸浓度为（3.07±0.23）mmol·L-1。通过形态特征、生理生化特征和 16S rDNA 序列分析鉴定 EJC-1 为巨大芽孢杆菌（*Bacillus megaterium*）。同时基于 16S rDNA 构建了系统进化树，并对 EJC-1 进行了系统发育分析。*B.megaterium* EJC-1 GAD 的最适反应温度和 pH 分别为 50℃和 5.6。低于 40℃，GAD 在 pH5-6 范围内较稳定。2.5 mmol·L-1Mg^{2+} 对 GAD 活力具有显著的促进作用，活力提高了 13.85%。（杨胜远 [1，2] 陆兆新 孙力军 吕凤霞 [1，2007]）。经过对水稻两品种（沈农 319、中百 4 号）不同时期不同组织内生细菌动态变化研究结果表明，根组织带菌量最高，其次是叶，茎最低。发育以孕穗期带菌量显著增高，随着组织衰老而降低。对分离到的 4 个主要各显著性检验结果表明，巨大芽孢杆菌为两品种体内细菌优势种。通过对水稻 这一世界性粮食作物体内细菌的种类，以及随生育期、组织间菌体数量变化的探讨研究为水稻害虫的生物防治，提供遗传改良工程杀早细菌的载体菌。（刘云霞 张青文，1999）。

枯草芽孢杆菌

对不同茶树品种的健叶和病叶上分离的内生细菌进行了筛选和鉴定。结果表明，茶树体内存在大量的内生细菌，各品种间内生细菌的数量为 2.9×10^6 ～ 39.4×10^{6}cfu/（g·fw）。内生细菌的生物功能测定结果表明，菌株 TL2 的拮抗能力强，先接种菌株 TL224h 后再接种茶轮斑病菌的防病效果好；同时菌株 TL2 对氯氰菊酯也表现出较强的降解能力；另外菌株 TL2 能在茶树上内生定殖。经鉴定，菌株 TL2 为枯草芽孢杆菌（*Bacillus subtilis*）。

（洪永聪 辛伟 来玉宾 翁昕 胡方，2005）。从茶树上分离筛选到14株能在茶树体内内生、对茶叶斑病菌拮抗作用较强的芽孢杆菌菌株。14株目标菌株都具有在茶树体内内生定殖的能力，对茶叶斑病菌及其它植物病原菌有一定的拮抗能力。其中，菌株 TL2 具有较强的内生定殖能力、拮抗能力强且拮抗谱广，对茶轮斑病防病效果强。（陈小月，2008）。枯草芽孢菌株 TL2 接种茶树后，可以从茶树不同组织分离到细菌，其细菌种群数量随着时间逐渐减少，其细菌多样性系数也随着时间有所降低。其菌体主要分布在根部厚壁组织的细胞间隙，茎部厚角组织的细胞间隙、维管束等组织的细胞间隙、叶片的气孔器附近、上下表皮细胞间隙、厚角组织。（洪永聪 范晓静 来玉宾 胡方平，2006）。辣椒体内的枯草芽孢杆菌 BS-2 菌株在白菜体内定殖、促生和防病作用表明：①用抗利福平标记 BS-2^r 菌株浸种、浇灌土壤和涂抹叶片等方法接种，菌株均能进入白菜体内，并可在其全生育期内定殖；②菌液浸种 24h 后播种 20 天，其苗的鲜重比清水对照增加了 91.20%-138.04%（何红 蔡学清 兰成忠 关雄 胡方，2004）。来自辣椒体内的枯草芽孢杆菌（*Bacillus subtilis*）BS-2 和 BS-1 菌株对香蕉炭疽菌菌丝生长、分生孢子形成及萌发等有较强的抑制作用，接种病菌 16d 后，两菌株对香蕉炭疽病防治效果达 34.0%（BS-1）-90.0%（BS-2），其中 BS－2 的防效比 BS－1 高。（何红 蔡学清 等，2002）。以抗利福平为标记，用浸种、涂叶和灌根方法接种，测定菌株在植物体内的定殖。结果表明，来自辣椒体内的 BS-2 和 BS-1 菌株不仅可在辣椒体内定殖，也可在番茄、茄子、黄瓜、甜瓜、西瓜、丝瓜、小白菜等植物体内定殖，BS-2 菌株还可在水稻、小麦及豇豆等植物体内定殖，BS-2 菌株的内生定殖宿主范围比 BS-1 菌株的广；另外 BS-2 菌株可在辣椒和白菜体内较长期定殖。用常规方法、Biolog 及 16S rRNA 序列比较，两菌株鉴定为枯草芽杆菌内生亚种（*Boxcillus subtilis subsp.endophyticus*）。（何红 邱思鑫 蔡学清 关雄 胡方，2004）。用枯草芽孢杆菌 168 菌株 rpsD 基因的启动子替换质粒 pGFP4412 中蜡状芽孢杆菌 4412 启动子，从而构建了能在枯草芽孢杆菌中表达绿色荧光蛋白基因 gfpmut3a 的载体 pS4GFP，将其导入具有内生、防病、促生作用的野生型枯草芽孢杆菌 BS.2 菌株中，筛选获得遗传稳定性好且具有良好发光表型的标记菌株 BS-2-gfp. 该标记菌株在小白菜体内的定殖研究结果表明，该菌株能够在小白菜根际及根、茎、叶内定殖和传导，接菌 50d 后仍能在其体内分离到标记菌株 . 图5参17（范晓静 [1，2] 邱思鑫 吴小平 洪永聪 [4，2007]）。从棉株中分离筛选到一株对棉花黄萎病菌具有较强拮抗作用的内生细菌 BSD-2. 通过形态特征、生理生化特性以及 16SrDNA 碱基序列测定和同源性分析，鉴定其为枯草芽孢杆菌 . 平板对峙试验表明，BSD-2 对多种植物病原真菌有抑制作用 . BSD-2 培养液以 50% 硫酸铵沉淀所得的拮抗物粗提液，具有良好的热稳定性和酸碱稳定性。对胰蛋白酶、蛋白酶 K 和胃蛋白酶均不敏感，对氯仿敏感，能够有效抑制黄萎病菌孢子萌发 .（张铎 [1，2] 谢莉 [1，2] 张蕾 [1，2] 张丽萍 [1，2，2008]）。内生拮抗细菌 BS-2 菌株在以黄豆粉为原料的 3 号培养基中生长速度快，发酵滤液对辣椒炭疽病菌的抑制作用强，菌液对辣椒果炭疽病的防效最好。培养基初始 pH 值、培养时间、温度、通气量等对菌株生长及其抗菌物质的分泌有明显影响。结果表明，以黄豆粉培养基、初始 pH 值 6.7（灭菌后）、28℃、培养 48h、并尽量增大培养通气量，为菌株的最佳发酵条件。（何红 沈兆昌 邱思鑫 蔡学清 关雄 胡方平，2004）。从番茄茎分离的内生枯草芽孢杆菌菌株 B47 对番茄青枯病有较好的防治作用，利用该菌株的抗链霉素突变菌株，研究其在土壤和番茄植株根、茎中的定殖能力及其对番茄青枯病的防治作用。结果表明，枯草芽孢杆菌菌株 B47 可在土壤和番茄植株中定殖。B47 施到土壤中后的 15-45 天，其数量逐渐升高，5 天后，其数量逐步下降。B47 在土壤中的定殖能力随土壤的种类和土壤的处理情况而异。施入菜地土后的第 45 天，B47 在非灭菌土中的数量是 9.91×10^5cfu/g 土壤干重，而在灭菌土中的数量是 9.84×10^7cfu/g 土壤干重。接种后，番茄植株根和茎中的 B47 数量，从苗期到结果期逐渐增加，但到了成熟期呈下降趋势。B47 和番茄青枯病菌混合施入土壤后，随 B47 的数量增加番茄青枯病菌的数量显著降低。当番茄植株根和茎中 B47 的含量分别为 1.17×10^4cfu/g 鲜重和 3.33×10^4cfu/g 鲜重时，接种番茄青枯病菌后的第 20 天，对番茄青枯病的防治效果达 79.79%.（黎起秦 [1，2] 罗宽 林纬 卢燕回，2006）。浸种、涂抹及浇灌土壤等接种测定表明，辣椒内生枯草芽孢杆菌 BS-2（*Bacillus subtilis*）菌株对辣椒苗有明显的促生作用，其中以涂抹接种效果最好，鲜重和干重分别比对照增加 168.70% 和 181.25%；同时，该菌株可诱导辣椒体内吲哚乙酸等促进植物生长激素含量的提高，并降低脱落酸等抑制植物生长激素的形成等，是促进辣椒苗生长的主要机制之一。（蔡学清 何红 胡方平，2005）。BS-2 菌株为一株能在多种植物体内定殖，对多种植物炭疽病具有良好防治效果，并对植物生长具有良好促进作用的枯草芽孢杆菌，其 BPY 培养液经 30% ~ 70% 硫酸铵盐析、高温（100℃）处理后，以 SDS-PAGE、MALDI-TOF 检测，该菌株分泌的抗菌蛋白为分子量 ≤2884.39D 的多肽；该抗菌多肽对热稳定并抗紫外线照射，对植物炭疽病菌和番茄青枯病菌等多种植物病原真菌和细菌有强烈的抑制作用，并对辣椒果炭疽病具有 69.79%（9d 后）的防病效果；抑制病菌生长，引起菌丝（或芽管）细胞消融，导致菌丝畸形以及抑制病菌分生孢子的产生和萌发等可能是该抗菌多肽主要的防病机制。（何红 蔡学清 关雄 胡方平 谢联辉，2003）。通过香蕉内生枯草芽孢杆菌菌株 B215 对峙培养及其菌体代谢物的活性测定结果表明，B215 菌株对香蕉弯孢霉叶斑病原真菌具有很强的拮抗作用，其对峙培养能明显抑制靶标菌菌丝向四周均匀扩展，抑菌带宽度为 0.4cm；菌株滤液的 EC50 值达 5.10%，（殷晓敏 陈弟 郑服丛，2008）。通过形态特征、生理生化特征和 16S rDNA 序列分析，对分离于番茄茎部能较强抑制茄青枯病菌生长的内生细菌 B47 菌株进行了鉴定。结果表明，该菌为枯草芽孢杆菌，其最适长 pH5 ~ 6，最适生长温度为 35℃。室内防治试验结果表明，用淋根法先接种 B47 后接种病菌和用注射法先接种 B47 菌后接种病原菌的处理可取得 81.25% 和 92.0% 的防效，而用淋法、注射法同时接种 B47 菌与病原菌的处理防效较低。（黎起秦 [1，2] 叶云峰 蒙显英 彭好文 [2，2005]。对中药植物茜草（*Rubia cordifolia L*）的内生真菌进行了分离和抗菌活性筛选，获得一株具有广谱抗菌活性的内生细菌。该细菌对常见的 3 种人类病原菌和 4 种植物病原菌具有拮抗作用。传统分类学和基于 16S rRNA 基因的分子分类学证据表明，该内生细菌为一株新的枯草芽孢杆菌，命名为 *Bacillus subtilis*RC4。*B.subtilis*RC4 在综合马铃薯培养基（pH 值 5.0）中于 28℃振荡培养 60h，产生的代谢物对白色念珠菌的抗菌活性最强。抗菌活性物质在 100℃受热 20min，活性维持 80% 以上，且在 pH 值 2.0-11.0 范围内稳定。经硅胶柱层析和高效液相色谱分离，得到主要抗菌活性化合物，质谱分析表明其分子量约为 288Da。（周涛 肖亚中 李妍妍 洪宇植 王永中，2007）。初步探讨茄子黄萎病生防内生性枯草芽孢杆菌 29.12 的发酵条件，通过培养条件优化及正交试验得出最佳培养基配方为：玉米粉 15g/L、甘薯淀粉 5g/L、豆粕粉 15g/L、蛋白胨 8g/L、MgSO4 0.01%、K2HPO4 0.05%。最佳培养条件为：起始 pH 值 7.5，250ml 三角瓶装液量 100ml，摇瓶速度 120r/h，接种量 10%，温度 30℃。在此条件下培养 29.12 菌株 84h，抑菌圈大小为 2.12cm，1ml 含菌量为 1.58×10^9，芽孢得率为 100%。（孙义 [1, 2] 居正英 林玲 杨启银 周，2008）。利福平抗性和抗病原真菌标记测定结果表明，分离自辣椒的 2 株枯草芽孢杆菌（*Bacillus subtilis*）菌株 BS－2 和 BS－1 经浸种、涂抹、浇灌土壤等接种处理均能进入辣椒植株体内。涂抹接种 1－5d 后，接种上部叶中的菌量逐渐上升，浇灌土壤接种，在 1－15d 内植株体内菌量逐渐上升；浸种接种，植株从子叶出现到第 1 片真叶刚展开时，植株茎和叶中的菌量逐渐上升，之后下降。（蔡学清 胡方平 等，2003）。从江苏省扬州、南通、常州和徐州等地水稻根、茎和种子分离获得内生细菌 736 个菌株，其中对稻瘟病菌、稻恶苗病菌、稻纹枯病菌和稻白叶枯病菌拮抗的菌株分别占 20.7%、5.4%、3.1% 和 1.1%，且主要来自根和茎，并有 24 个和 3 个菌株分别对 2 种和 3 种病菌有拮抗活性。经形态和生理生化鉴定，高拮抗菌株 G87（对稻瘟病菌、稻恶苗病菌、稻白叶枯病菌拮抗）和 J215（对稻瘟病菌、稻恶苗病菌拮抗）为枯草芽孢杆菌。针刺和剪叶接种试验表明，大多数水稻内生细菌不致病，少数（3.4%～4.8%）在人工接种条件下可有致病能力或潜在致病性。（朱凤 [1, 2] 陈夕军 童蕴慧 纪兆林，2007）。对从西瓜植株体内分离得到的内生拮抗枯草芽孢杆菌 BS211 的抗菌谱进行了测定；用 5 种培养基对 BS211 菌进行培养，测定了这 5 种 BS211 菌培养液无菌滤液的抑菌活性；采用硫酸铵沉淀法提取 BS211 菌抗菌粗提物，并测定了抗菌粗提物的抑菌活性和温度稳定性。结果表明：BS211 菌对西瓜枯萎病菌等 12 种病菌都具有强烈的拮抗作用，而且拮抗性能稳定；BS211 菌在 5 种培养基中的生长量没有显著差异而且均能产生抗菌物质，但在不同培养基中产生的抗菌物质的抑菌能力有差异；BS211 菌液的硫酸铵沉淀物及上清液对不同病菌的抗性存在差异，说明 BS211 菌株产生的抗菌物质为复合物；BS211 菌抗菌粗提物具有较好的温度稳定性，尤其是硫酸铵沉淀的上清液部分经 121℃处理 30rain 后活性无明显变化，对番茄青枯病菌仍有强烈的抑菌作用；BS211 菌对西瓜枯萎病有显著防效。（马艳 赵江涛 常志州 黄红英 叶，2006）。从多年生野生鲁桑的枝条中分离出 190 株内生细菌，并分析其多样性指数（H）、丰度（D）、均匀度（J），发现在不同发育时间的桑树枝条中，内生细菌的种类、数量和多样性指数明显不同，枝条发育时间越长，越不利于内生真菌的生长，而 1 年生枝条最有利于内生细菌的生长。分离得到 1 株优势内生细菌，命名为 ME0717。经培养性状观察、形态鉴定、染色反应等生化特性测定以及 16SrDNA 序列分析，鉴定 ME0717 为枯草芽孢杆菌（*Bacillus subtilis*）。ME0717 菌体和发酵液对桑炭疽病菌（*Colletotrichum morifolium Hara.*）、桑漆斑病菌（*Myrothecium roridum TodeetFr*）的菌丝生长和孢子萌发均有明显的抑制作用，随着培养时间的延长，菌株的发酵液对两种病原菌的菌丝生长和孢子萌发的抑制作用增强。（胥丽娜 徐亮 刘宝军 许玉娟 赵春青 刘振宇，2008）。从健康桑树叶片中分离到一株内生拮抗细菌 L144，该菌株对多种植物病原真菌及病原细菌均有较强的抑制作用。通过形态学观察、生理生化指标测定、16S rDNA 碱基序列测定和同源性分析，鉴定该菌株为枯草芽孢杆菌，定名为 *Bacillus subtilis* L144。该菌株已在 GenBank 注册，登录号为 EU118756。对菌株部分生物学特性研究表明，其生长的最适 pH 值为 6.5，最适生长温度为 33℃，能广泛利用碳源，氮源。（路国兵 李季生 牟志美 冀宪领，2008）。

蜡样芽胞杆菌

蜡样芽胞杆菌（*Bacillus cereus*）905 是从小麦（*Triticum aestivum*）根部分离获得的一株植物有益内生细菌。为从氧自由基毒性角度分析该细菌在植物体内的定殖机制，用 PCR 方法得到了 *B.cereus*905 的超氧化物歧化酶 CuZn-SOD 基因 sodC，该基因由 537bp 组成，编码 179 个氨基酸残基。构建表达载体 pET-22b-sodC，转化大肠杆菌（*Escherichia coil*）BL21（DE3），经 IPTG 诱导表达，该蛋白表现出催化超氧阴离子发生歧化反应的活性，其活性不同程度的受到 H2O2 和 KCN 的抑制，验证其为 CuZn-SOD。（莫小丹 王勇军 王琦 梅汝鸿，2008）。

蜡状芽孢杆菌

通过筛选获得对小麦纹枯病有明显防治效果的蜡状芽孢杆菌 B946 菌株。采用链霉素和利福平抗性标记 B946 菌株，用平板菌落计数法检测其在小麦根、茎基部、叶内的定殖情况。结果表明：叶部接种。B946，该菌能在接种叶内定殖，并能向茎基部、其它叶和根内转移；用 B946 菌悬液浸种处理，该菌能向茎基部和叶内转移；在一定范围内，菌悬液浓度 108cfu/ml 以上，浸种时间 3h 以上，栽培温度 25℃，有利于 B946 在小麦体内的定殖转移。（刘忠梅 王霞 赵金焕 王琦 梅汝，2005）。

辣椒疫霉病菌

通过皿内对峙试验从 242 株供试内生放线菌中筛选到辣椒疫霉病菌拮抗菌 62 株，抑菌带宽度 ≥5mm 的 24 株，占试验总菌株的 10%，分别分离自黄瓜、牛蒡等 9 种植物的根部、茎部和叶片。用管碟法进行抑菌活性复筛，发现其中 6 株的无菌滤液对辣椒疫霉病菌和大豆疫霉病菌的抑菌圈直径 ≥20mm，其中 gCLA4 的抑菌活性最强。进一步的研究结果表明，该菌株的无菌滤液能够强烈抑制病菌孢子囊的形成及游动孢子的释放，原液对孢子囊形成及游动孢子释放的抑制率分别高达 100% 和 96.2%，稀释 50 倍后的抑制率仍分别达 95.3% 和 85.6%，并且对其菌丝生长也有明显的抑制作用。温室盆栽试验结果表明，菌株 gCLA4 对苗期的辣椒疫病有较好防效。接种疫霉菌前 48 h2、4 h 和 0 h 以 20 mL/ 盆（2 株 / 盆）浇灌 gCLA4 菌株无菌滤液于辣椒苗基部土壤，接种后 7 d 调查病株率，其防效分别达 100%、92.3% 和 80.8%，而接种 14d 后分别为 77.8%、55.6% 和 36.1%，说明该菌株无菌滤液具有开发成生防制剂的潜力。（阿里玛斯 黄丽丽 涂璇 王美英 姚敏 康振生，2007）。

镰孢霉

目的 探讨剑叶龙血树血竭的形成与微生物活动之间的关系。方法 用分离自剑叶龙血树根部的内生真菌 9568D 镰孢霉接种于剑叶龙血树材质（经灭活处理）。结果保湿培养 4 ~ 5 个月后，在接种部位有红色血脂颗粒形成，经 UV、IR 光谱分析及抗菌活性实验，初步证实该血脂与来自剑叶龙血树的天然血竭无本质差异。结论 特异性真菌作用于龙血树材质可促成血竭的形成。（杨靖 江东福 马萍，2004）。

链格孢菌

从番红花球茎中分离到一种新的内生真菌，经形态学和生长特性等研究初步鉴定其为半知菌类链格孢属链格孢 *Alternaria alternata*（*Fr.*：*Fr.*）*Keissler*。该菌能单独引起番红花球茎腐烂，与青霉菌互作时腐烂程度加重. 环境和营养因子时该菌的生长繁殖影响较大：①在 10 ~ 35℃时，菌丝能生长并形成孢子. 最适生长繁殖温度为 28℃，孢子的致死温度为 65℃；②在 pH 为 4.0 ~ 7.0 时，菌丝生长并形成孢子，PH 值为 6.0；③当空气相对湿度（RH）高于 80% 时，菌丝才能生长并形成孢子.RH 高于 85%，孢子才能萌发；④能直接利用葡萄糖和蔗糖，淀粉和甘油需分解后才能被良好利用；⑤氮源以有机态氮和硝态氮为佳，铵态氮对其生长繁殖有抑制作用. （邹凤莲 [1, 2] 汪志平 卢钢，2006）。对银杏内生链格孢菌（*Alternaria alternatavar*.GI009）进行了生物学特性的研究。结果表明，温度、pH 值、光照对其生长和产孢有一定的影响。链格孢菌最适宜的温度为 25℃，4℃和 37℃几乎不能生长。最适宜 pH 值为 5.0-9.0。产孢量以 25℃连续黑暗培养最多。10 种供试碳源均能明显促进链格孢菌的生长，但对不同碳源的利用率不同，10 种供试氮源中，除 L- 谷氨酸外，9 种氮源均能明显促进链格孢菌生长.硝酸钠组菌落生长直径最大,醋酸钠组菌落生长较差,对不同碳源利用有较大差异。（陈凤美 刘群 蒋继宏 黄小花 何冬宁，2005）。

瘤座孢

从南方红豆杉皮层分离到一株瘤座孢，其发酵提取物经 Ｔ Ｌ Ｃ，Ｈ Ｐ Ｌ Ｃ 分析以及抗瘤和促微管聚合活性测定，结果提示可能存在紫杉醇或紫杉醇类的活性物质。（王建锋 林石明，1999）。

螺旋毛壳菌

以病原菌 *Rhizoctonia solani* 的细胞壁为诱导物，模拟毛壳菌自然的重寄生过程，研究了内生真菌螺旋毛壳（*Chaetomium spirale*）ND3513-1，3- 葡聚糖酶的产酶条件、性质，尤其是不同碳源的调控作用。结果表明，不同种类的真菌细胞壁及几丁质和昆布多糖，均可诱导产生 β-1，3- 葡聚糖酶，而作为分解代谢产物的葡萄糖则抑制产酶。经硫酸铵沉淀、DEAE-Sepharose 阴离子交换层析，纯化了一种分子量约为 73kDa 的内切 β-1，3- 葡聚糖酶 GLUC73。其最适反应温度为 55℃，在 40℃ 以下较稳定；最适 pH 值为 5.5，在 pH5 ~ 9 范围内均很稳定；酶活性受 Hg^{2+}、Fe^{3+}、Zn^{2+}、Mg^{2+} 等金属离子不同程度的抑制，Mn^{2+} 和 Co^{2+} 对酶有激活作用；以昆布多糖为底物时，该酶州米氏常数 Km 为 0.412mgmL-1，最大反应速度 Vmax 为 3.876U·mL-1。粗酶液同时具有 β-1，3- 葡聚糖酶和几丁质酶活性，离体抑菌试验表明，对苹果炭疽病菌（*Glomerella cingulata*）、杨树腐烂病菌（*Valsa sordida*）、苹果树腐烂病菌（*Valsa mali*）的菌丝生长和孢子萌发有明显的抑制作用。通过对 β-1，3- 葡聚糖进行免疫细胞化学标记和超微结构观察，间接证明了 β-1，3- 葡聚糖酶在螺旋毛壳重寄生过程中的作用。（郭晓 高克祥 [1, 2] 印敬明 白复芹，2005）。内生真菌螺旋毛壳 *Chaetomium spirale* ND35 是一株广谱拮抗性生防因子。为了阐明菌株 ND35 抗素在植物病害生物防治中的作用机制，系统研究了抗生素的产生、提取纯化及其在离体和温室条件下的抑菌防病作用。菌株 ND35 的发酵液经乙酸乙酯萃取。浓缩得黄褐色抗生素粗提液。平皿抑菌试验表明，抗生素粗提液对 20 余种植物病原真菌有抑制作用，浓度为 400 // mL 时对病菌菌丝生长的抑制率范围从 14.4% 到 72.6%。浓度为 500p, g/mL 和 1000 // mL 的抗生素粗提液对新月弯孢分生孢子萌发的抑制率分别是 54.2% 和 75.9%。发酵时间也影响抗生素的产量，马铃薯葡萄糖液体培养基中发酵 15 天时，抗生素产量最高。稀释 100 倍液对玉米弯孢叶斑病的防治效果可达 85.5%，稀释 250 倍液防治效果达 63.3%。试验结果表明，抗生素是菌株 ND35 重要的生防决定因子之一，抗生素粗提液也展示了对玉米弯孢叶斑病具有较好的生防潜能。（万慧 刘晓光 曹荣花 高克祥 宋，2007）。

马桑弗兰克氏菌

报道了分离自我国尼泊尔马桑根瘤的 20 株内生放线菌的系统的生物学特性。这些菌株在形态上具弗兰克氏菌属的典型特性，即丝状菌丝体上有孢囊和泡囊。少数菌株还有串珠状生殖菌丝。但它们在培养特征，生理特性，细胞化学组分，拮抗性，细胞可溶性蛋白和脂酶同功酶电泳图谱，质粒类型和限制酶切图谱彼此均有较大差异，几乎没有两个菌株在所有检测指标的结果上是相似的。表明马桑弗兰克氏菌在生物学特性上有明显的多样性。（胡传炯 周平贞，1998）。

马斯科卡小荚孢腔菌

内生真菌 *Nodulisporium hyalosporum*，*Phialophora bubakii*，*Sporormiella muskokensis* 是从北京百花山地衣组织中分离到的我国 3 个新记录种．对它们进行了重新描述与图解．这 3 个种的培养物干标本存放在中国科学院微生物研究所菌物标本馆（HMAS）．（李文超 [1，2] 郭守玉 郭良栋，2007）。

棉花黄萎病菌

将从棉株体内分离获得的内生真菌 Ala、73a 接入棉花黄萎病菌菌株 JC1B、BP2、的 Czapek 培养液中，培养不同时间后提取粗毒素，用考马氏亮兰 G-250 法测定浓度，结果表明：对 BP2 产毒素抑制最强的为 Ala 菌体，抑制率达 51.97%；对 JC1B 产毒素能力抑制最强的是 73a 菌体，抑制率为 72.60%。（傅正擎 杨永滨，1999）。

棉花枯萎病菌

对从塔里木盆地苦豆子中分离得到的内生细菌进行皿内涂布拮抗实验、对峙培养法拮抗实验和胞外分泌物的拮抗性测定等研究，结果表明塔里木盆地苦豆子中存在大量的拮抗性内生细菌资源。皿内涂布法筛选结果表明 550 株苦豆子内生细菌中有 118 株相对抑菌率超过 50%。对峙培养法对 118 抑菌直径为 10mm 的菌株有 56 株。56 株拮抗性内生细菌胞外分泌物对棉花枯萎病菌的抑菌距离超过 5mm 的有 35 株，具有较好的生物防治潜力。56 株拮抗性内生细菌经鉴定分别属于气芽孢杆菌属（*Aerobacilhu sp.*，7 株）、气单胞菌属（*Aeromonas sp.*，8 株）、芽孢杆菌属（*Bacillus sp.*，25 株）、黄单孢杆菌属（*Xanthomonas sp.*，5 株）、假单胞杆菌属（*Pseudomonas sp.*，5 株）、土壤杆菌属（*Agrobacterium sp.*，6 株）。（龚明福 林世利 马玉红 李超 郑贺云，2009）。

明孢多节孢

内生真菌 *Nodulisporium hyalosporum*，*Phialophora bubakii*，*Sporormiella muskokensis* 是从北京百花山地衣组织中分离到的我国 3 个新记录种．对它们进行了重新描述与图解．这 3 个种的培养物干标本存放在中国科学院微生物研究所菌物标本馆（HMAS）．（李文超 [1，2] 郭守玉 郭良栋，2007）。从银杏（Ginkgo bilobaL.）的不同组织部位共分离出 45 株内生真菌。应用显色反应、聚酰胺薄膜层析对 45 株内生真菌的发酵提取物进行了初步分析，再采用高效液相色谱（HPLC）做进一步检测，得到 1 株产黄酮类物质的内生真菌（GL-2），经鉴定为明孢多节孢 Nodulisporium hyalosporum。（赵伟 李莉 王志学 王哲 高晓梅，2008）。

木材白腐菌

论述了研究木材腐朽菌培养特性的意义，对自 1889 年以来有关木材腐朽菌培养特性的研究文献进行了回顾。通过综合分析以往国内外对木材腐朽菌培养特性研究的结果，得出了对木材腐朽菌培养特性研究的总体结论。（池玉杰，2004）。

木材腐朽菌

论述了研究木材腐朽菌培养特性的意义，对自 1889 年以来有关木材腐朽菌培养特性的研究文献进行了回顾。通过综合分析以往国内外对木材腐朽菌培养特性研究的结果，得出了对木材腐朽菌培养特性研究的总体结论。（池玉杰，2004）。描述了中国北林区 10 种阔叶树上常见的多孔菌培养特性。培养特性的研究包括宏观特征和微观特征。宏观特征包括菌落生长速度、颜色、结构、质地及其变化；生长新区特征；培养基的颜色变化、培养物的气味、酚氧化酶的检测结果等。微观特征包括生长新区的菌丝体、气生菌丝体和基内生菌丝体的类型和分隔；担子的形成和发生；厚垣孢子、分生孢子和分生节孢子（粉孢子）的产生及特征；特殊结构如囊状体和刚毛的有无及其特征；晶体的有无及形状等。（池玉杰 潘学仁，2001）。

木材褐腐菌

论述了研究木材腐朽菌培养特性的意义，对自 1889 年以来有关木材腐朽菌培养特性的研究文献进行了回顾。通过综合分析以往国内外对木材腐朽菌培养特性研究的结果，得出了对木材腐朽菌培养特性研究的总体结论。（池玉杰，2004）。

木霉菌

对一株枸骨内生真菌哈茨木霉 *Trichoderma harzianum* 抗菌活性成分的分离、鉴定及其抗菌生物活性进行了研究。该真菌发酵液经乙酸乙酯萃取、正相硅胶和 ODS- 反相色谱分离纯化得到一单端孢霉烯化合物，经红外、质谱和核磁分析，鉴定为：4β- 乙酰基 -12，13- 环氧 -9- 单端孢霉烯(trichodermin)，这是首次从哈茨木霉菌代谢产物中分离出该化合物。Trichodermin 对蕃茄早疫病和黄瓜立枯病病原菌的离体抑制活性 EC50 值分别为 3.35 和 3.59mg/L；活体测定结果表明，在 100mg/L 的剂量下对两种病的保护效果分别为 97.8% 和 98.1%，治疗效果为 96.7% 和 97.3%。（陈列忠 陈建明 郑许松 张珏锋 俞晓平，2007）。[目的] 筛选高产木霉菌素菌株，提高木霉菌素产量。[方法] 以从枸骨中分离到的产木霉菌素的内生真菌 --- 哈茨木霉为出发菌株，进行紫外线二次复合诱变处理，将筛选出的突变菌株连续转接 5 代，测定其遗传稳定性。[结果] 随着照射时间的延长，哈茨木霉的致死率增大，选取致死率为 88.1% 的紫外线照射 45 s 作为最适处理剂量进行诱变育种。经过 2 次诱变的菌株的产孢时间提前，长出的菌落更为致密。经过初筛和复筛，最终获得 1 株高产突变株 UV-5-3，其产抗生素的水平最高，为 164.75μg/ml，比初次诱变筛选获得的突变株 UV-3-1 提高了 56.77%，是出发菌株的 2.3 倍。传代试验表明，突变株 UV-5-3 的高产性能遗传特性稳定。[结论]利用紫外线二次复合诱变处理哈茨木霉可以获得高产木霉菌素菌株。（石一珺 申屠旭萍 俞晓平，2008）。筛选了具有较强生防能力的亲和木霉菌 3 株和内生细菌 2 株，并对其与克百威和烯唑醇复配可能性进行了研究，在此基础上进行了盆栽和大田防治玉米土传病害的试验。结果表明：生防菌可以与化学农药复配，复配而成的 5% 种衣剂 TB 对玉米丝黑穗病的防效与 20% 的黑穗净相当。（郑俊强 高增贵 庄敬华 陈捷[1, 2]，2005）。浙江大学农学院生物技术研究所承担的利用内生真菌防治农作物重大病害的研究项目，以及 "生物农药研究开发 - 木霉菌酯素" 日前通过浙江省鉴定。（无，2007）。浙江大学农学院生物技术研究所承担的利用内生真菌防治农作物重大病害的研究项目，以及 "生物农药研究开发 -- 木霉菌酯素" 日前通过浙江省鉴定。（林炳文，2007）。

内生放线菌

[目的]初步确定 25 株植物内生放线菌的种属关系。[方法]采用改进的 FRED 法从小麦、大葱、油菜等植物中分离出的 25 株内生放线菌中提取基因组 DNA，对其 16S rDNA 序列进行 PCR 扩增和测序，并对其进行系统发育分析。[结果]系统发育分析结果表明 25 株植物内生放线菌可分为 5 个属，其中 1 株糖霉菌属，2 株拟诺卡氏菌属，7 株诺卡氏菌属，10 株小单孢菌属和 5 株链霉菌属。[结论]25 株供试菌株中，小单孢菌属所占比例最高。供试内生放线菌与相应菌属中已知菌株之间的进化距离集中在 97.39%~99.92% 范围内。（何宝花 张利平 张秀敏，2008）。为了寻找具有内生习性的植病生防放线菌，从采自秦岭的 14 种野生植物中分离得到 29 株内生放线菌，对其进行了皿内拮抗试验、发酵液抑菌试验和温室防病促生试验。结果发现，有 6 株菌表现出显著的抑菌活性，其中菌株 SF1 对粉红聚端孢、SF4 对苹果炭疽菌、SF20 对灰葡萄孢均有较强的抑制作用，SG2 的代谢产物具有很高的抑菌活性，其发酵滤液对茄链格孢的抑菌圈直径达到 35mm；菌株 SG2 对温室番茄早疫病的防治效果达到 89.72%，菌株 SF4 对黄瓜白粉病的温室防效达到 89.61%，菌株 SF20 对番茄和黄瓜具有明显的促生作用。可见，从野生植物中分离具有内生习性和抑菌作用的放线菌，直接用于生物防治是可行的。（梁亚萍 宗兆锋 马强，2007）。【目的】确定番茄内生放线菌 Fq24 的最佳发酵液培养基配方和最佳发酵条件。【方法】通过测定 Fq24 菌株发酵液对灰葡萄孢的抑菌作用，研究了 Fq24 菌株在不同发酵培养基、培养时间、接种量、装液量、起始 pH、培养温度、碳源、氮源条件下的生长情况及其代谢物活性，以确定其最佳发酵条件。【结果】Fq24 发酵液培养基的最适配方为：葡萄糖 20 g，黄豆饼粉 20 g，玉米面 30 g，淀粉 10 g，牛肉膏 1 g，KNO$_3$ 2 g，NaCl 2 g，MgSO$_4$ 0.3 g，CaCO$_3$ 6g，KH$_2$PO$_4$ 0.2 g，H$_2$O 1 000 mL；筛选出的最佳发酵条件为：培养

时间 7 d，接种量 10%，500mL 容量瓶中装液量 100mL，起始 pH 值 6.5，培养温度28℃，碳、氮源分别为葡萄糖和 KNO₃。【结论】在最佳发酵液培养基和培养条件下，Fq24 菌株发酵液对灰葡萄孢的抑菌率可达到 92.1%。（刘永齐 [1，2] 刘慧平 张姝 韩巨才，2009）。测定了番茄内生放线菌 ts-6 对灰葡萄孢菌的拮抗作用及其防病效果，结果表明：对峙培养时 ts-6 菌株对灰葡萄孢菌菌丝生长有明显的拮抗作用，培养 7d 后可形成直径30mm 的抑菌圈，抑菌带宽度达 12mm。显微镜下可见抑菌圈边缘菌丝体畸形膨大，分隔、分枝增多，部分菌丝顶端膨大呈泡囊状，有的泡状物质。s-6 菌株胞外分泌物对灰葡萄孢菌孢子萌发和菌丝生长的抑制试验说明，其胞外分泌的拮抗物质中既有能耐高温的抑菌物质，又有遇高温易失活的抑菌物存在。离体和温室防治试验说明，ts-6 菌株培养液对灰霉病的防效显著高于菌悬液和无菌滤液。挑战接种间隔期为 24h 时，无菌滤液的防治效果高于菌悬液；挑战接种间隔期为 48h 时，菌悬液的防治效果高于无菌滤液。（高俊明 李新凤 马丽娜 李欣 王建明，2007）。采用组织分离法从健康番茄植株体内分离出 253 个内生放线菌菌株，采用平板对峙法筛选出对番茄灰霉病拮抗作用强而且性能稳定的菌株NO.37。通过形态特征观察、生理生化特性测定以及 16SrDNA 序列分析，鉴定 NO.37 为金色链霉菌（*Streptomyces aureus*）。（辛春艳 张丽萍 程辉彩 谢莉 张，2009）。采用植物内生放线菌分离方法从健康番茄（*Lycopersicon esculentum*）根中分离纯化出 58 株内生放线菌，从中挑选部分代表性菌株进行代谢产物除草活性检测，发现编号为 S5 的菌株的代谢产物对小麦（*Triticum aesfivum L.*）和绿豆（*Phaseolus radiatus L.*）种子的发芽有强烈的抑制作用，但对发芽后的幼苗生长无明显影响。以百喜草（*Paspalum notatum*）和狗牙根（*Cynodon dactylon*）为实验对象，证明 S5 菌株的代谢产物的确能抑制草籽的发芽，该活性具有潜在的除草效能。经初步鉴定，S5 菌株为淡紫灰链霉菌淡青变种（*Streptomyces lavendulaevar.glaucescens*）。发酵条件实验结果表明，S5 菌株在 1% 葡萄糖和 0.3% 牛肉膏的 S 培养基中，以 2% 接种量在 pH7.0 和 25℃摇床培养，可得到最强的抑制种子发芽的生物活性。（邱志琦 [1，2] 曹理想 谭红铭 周世宁 [1，2005）。采用皿内对峙试验从 175株植物内生放线菌株中筛选具有生防效果的拮抗菌株，然后通过盆栽试验和田间试验，对筛选出的生防菌的生防效果进行了研究。结果表明，皿内对峙试验共筛选出对番茄叶霉病菌和番茄早疫病菌、番茄灰霉病菌有拮抗作用的内生放线菌株 26 株；菌株 BARl-5 对番茄叶霉病的防治效果最佳，相对防效达到 49.7%，接种番茄叶霉菌前和接种后喷施 BARl-5发酵上清液的相对防效分别达到 62.6% 和 50.6%；BARl ~ 5 菌株发酵液原液和 5 倍液的相对防效分别达到 42.5% 和 33.1%。试验结果表明，菌株 BARl-5 对番茄叶霉病具有较好的防治效果，是 1 株很有生防潜力的内生放线菌株。（姚敏 涂璇 黄丽丽 王英 阿里玛斯康振生，2007）。[目的] 为抗生素类药剂的开发和合理使用提供参考。[方法] 从辣椒根部分离得到植物内生放线菌 Lj20，研究其发酵液对小菜蛾幼虫、朱砂叶螨成螨及产卵的杀虫活性。[结果] 处理 24h 后，植物内生放线菌 Lj20 的发酵原液对小菜蛾幼虫的选择性拒食率、非选择性拒食率分别为 95.45%9、7.84%，处理 48h 后分别为 81.55%、96.51%；对朱砂叶螨成螨的校正死亡率最高，为 54.51%，随着稀释倍数的增加，校正死亡率逐渐降低。发酵原液和不同稀释倍数的发酵液对朱砂叶螨都具有较强的产卵忌避活性，处理 24h 后原液的产卵忌避率高达 90.24%。[结论]植物内生放线菌 Lj20 的发酵液对小菜蛾幼虫有较强的拒食作用，对朱砂叶螨有较强的触杀作用和产卵忌避作用。（范永玲 史赟 刘秀英 张喜娃 马，2008）。用选择性培养基从采自凤县的 12 种野生植物中分离获得 15 种放线菌．非寄主作物定殖试验表明分离所获放线菌不仅能够定殖在不同植物体内，而且能定殖在植物的不同部位，具有内生性；皿内拮抗试验结果表明，15 株内生放线菌中有 2 株对 5 种供试靶标真菌（梨状毛霉菌、西瓜枯萎菌、番茄灰霉菌）有抑菌效果。其中 Am3 对灰葡萄孢菌抑制率达 89.0%．Am5 对西瓜枯萎病菌抑制率达 81.0%；2 株内生放线菌的发酵液对供试靶标真菌也有明显抑制作用，菌体残渣提取物的拮抗活性明显高于发酵滤液提取物．温室番茄、黄瓜防病促生实验结果显示菌株 Am3、Am5 有较好防效。其中经 Am3 处理过的番茄植株干重比对照植株干重增加 120%，对番茄灰霉病的防效达 68.9%.（马强 宗兆锋 梁亚萍，2007）。从表面消毒的滑桃树（*Trewia nudiflora Linn.*）根部分离得到一株内生链霉菌 5B，经 10 升固体 YMG 培养 3 周后，从发酵产物中分离得到一个新吡唑类生物碱。该生物碱通过理化性质、NMR 及 HRMS 等波谱数据鉴定为 5, 6-dihydro-2-isopropyl-4H-pyrrolo[1, 2-b] pyrazole。（珠娜 [1, 2] 赵沛基 [1, 2] 康前进 [1, 2] 沈月毛，2008）。从植物内生放线菌中筛选拮抗活性菌株和寻找新的农用活性代谢产物，可为植物病害防治提供新的资源。本研究结果发现黄瓜幼苗的根、茎、叶中均有内生放线菌的存在，根组织中的数量、种类明显多于叶片和茎，占总分离株的 72.7%，以链霉菌的淡紫灰类群、灰褐类群为主。活性筛选试验表明：2 种靶标真菌和 6 种细菌具有拮抗作用的菌株分别占 46.8% 和 39.0%，主要为分离自根组织的链霉菌淡紫灰类群。分离自黄瓜叶片的 gCLA4 菌株抑菌谱较广，其发酵滤液对供试 12 种靶标真菌均具有较好的抑菌效果，但对靶标细菌有选择性抑制作用。形态学、和 16S rDNA 序列分析鉴定该菌株为淡紫灰链霉菌（*Streptomyces lavendularectus*）。（涂璇 黄丽丽 高小宁 姚敏 刘巍，2008）。采用 3 种消毒时间对健康苦豆子植株体内的内生放线菌进行分离。结果表明：消毒 3min 消除非内生真菌的影响效果较好；同一植株分离内生放线菌的数量，根部比茎、叶部多。经初步鉴定，苦豆子内生放线菌以链霉菌属和诺卡氏菌属为最多，分别占分离总数的 35% 和 27%；其次为小多孢菌属，占 12%；而类诺卡氏菌属、小单孢菌属、孢囊放线菌属和分枝杆菌属分离较少。26 株纯化菌株可以筛选出 3 株抑菌带宽度达到 10 mm 以上的菌株，其中菌株 KDS22 发酵液抑菌效果最好。（顾沛雯，2009）。通过萃取、层析等方法对辣椒内生放线菌 Lj20 菌株的发酵液进行了初步分离，并测定了其抑菌活性。Lj20 菌株粗提物的抗菌谱测定试验表明：用石油醚萃取后的粗提液对番茄灰霉病的抑制率最高，达 78.71%，故选择石油醚为 Lj20 菌株发酵液的最佳萃取剂；Lj20 菌株粗提物对多种病原真菌都有抑菌活性，其中对番茄灰霉病菌的抑制作用最强，EC50 为 0.97mg·L-1，且高于速克灵和百菌清的抑制作用。盆栽试验结果表明，Lj20 菌株粗提物保护作用优于治疗作用，叶面喷施保护作用明显优于拌土保护作用；100mg·L-1 的 Lj20 粗提液叶面喷施 24h 后的保护效果最好，防效为 97.32%，200mg·L-1 的 Lj20 粗提液在多种作物上施用后都未见药害产生。通过硅胶柱层析和硅胶薄层层析得到了 7 种活性组分，其中 3 号组分的抑制率最高，为 88.12%。（马林 韩巨才 刘慧平，2008）。从健康辣椒体中分离得到 3 株植物内生放线菌。利用插片法和埋片法对其形态特征进行了观察。并且通过对 3 株植物内生放线菌的对峙培养和抗菌谱测定得到具有生防潜力的菌株 Lj20，对其进一步采用明胶液化、牛奶凝固和陈化、淀粉水解和产纤维素酶能力等方法进行鉴定，结果表明：Lj20 及其发酵液对 11 种病原菌均有明显的拮抗作用。其中 Lj20 的发酵液对向日葵菌核病的菌丝生长抑制率高达 88.2%；初步鉴定 Lj20 属于金色链霉菌抗异亮氨酸变种（*S.aureus var.anti-isoleucicus Wang et al.*）。（邢鲲 韩巨才 刘慧平 张妹，2005）。报道了从银杏中分离获得内生放线菌，并对其中颉颃活性较强的两个菌株进行了皿内及盆栽生防活性检测，结果 M 和 EAF-1 均显示出良好的生防效果：抑菌谱广、持效期长。盆栽试验显示接种 EAF-1 后对番茄灰霉病有明显的预防作用，该菌具有潜在的应用价值。（詹刚明 荣晓莹 孙广宇，2005）。用抗药性标记法对两株植物内生放线菌进行标记，并测定其在黄瓜、小麦、白菜以及番茄四种植物体内的定殖能力，发现在四种植物的茎中都检测到 Fq24 菌株的存在，在小麦、番茄根茎和黄瓜茎中发现有 Lj20 菌株。并且发现两种内生放线菌对四种植物种子的根、芽萌发有不同程度的促进或抑制作用，而只对番茄和小麦苗期的根茎生长有促进作用。（李红刚 马林 刘慧平 杜慧玲 韩巨才，2008）。采用匀浆法利用 S，JA，BAP 这 3 种培养基从木槿根瘤内分离出 6 株菌株并把菌株进行系统发育分析。结果表明 S 培养基分离效果较好；系统发育分析表明 4 株小单孢菌属、2 株野野村菌属、1 株马杜拉菌属。（张利敏 张利平，2009）。[目的] 分离和筛选苜蓿内生放线菌，为进一步筛选拮抗菌株打下基础。[方法] 从健康苜蓿组织中分离得到 3 株内生放线菌，对其进行初步鉴定、皿内对峙培养。[结果] MX2 及其发酵滤液对 11 种靶标菌均有一定的拮抗作用，特别对番茄灰霉、西瓜枯萎菌有明显的抑菌作用。[结论] MX2 是一株具有生防潜力的菌株。（王燕[1，2] 宗兆锋 詹刚明 胡普辉，2009）。通过皿内对峙试验从 242 株供试内生放线菌中筛选到辣椒疫霉病菌拮抗菌 62 株，抑菌带宽度 ≥5mm 的 24 株，占试验总菌株的 10%，分别分离自黄瓜、牛蒡等 9 种植物的根部、茎部和叶片。用管碟法进行抑菌活性复筛，发现其中 6 株的无菌滤液对辣椒疫霉病菌和大豆疫霉病菌的抑菌圈直径 ≥20mm，其中 gCLA4 的抑菌活性最强。进一步的研究结果表明，该菌株的无菌滤液能够强烈抑制病菌孢子囊的形成及游动孢子的释放，原液对孢子囊形成及游动孢子释放的抑制率分别高达 100% 和 96.2%，稀释 50 倍后的抑制率仍分别达 95.3% 和 85.6%，并且对其菌丝生长也有明显的抑制作用。温室盆栽试验结果表明，菌株 gCLA4 对苗期的辣椒疫病有较好防效。接种疫霉菌前 48 h2、4 h 和 0 h 以 20 mL/ 盆（2 株 / 盆）浇灌 gCLA4 菌株无菌滤液于辣椒苗基部土壤，接种后 7 d 调查病株率，其防效分别达 100%、92.3% 和 80.8%，而接种 14d 后分别为 77.8%、55.6% 和 36.1%，说明该菌株无菌滤液具有开发成生防制剂的潜力。（阿里玛斯 黄丽丽 涂璇 王美英 姚敏 康振生，2007）。

从 68 种中草药植物中分离了 560 株内生放线菌菌株，其中 84 株（约占 15%）对金葡菌有抑菌活性，36 株（约 6%）对白念珠菌有抑菌活性，提示中草药植物的内生放线菌可能是抗菌新药的一个来源。检测了 9 种中草药植物的水或乙醇抽提液对金葡菌的抑菌活性，发现内生放线菌菌株的抑菌活性。（钟莉 田新莉 周敏 王韬 成秋香 陈振华 范云，2008）。从番茄植物组织内分离到一株对番茄灰霉病菌（Botrytis cinerea）有拮抗作用的放线菌株 No.37，此菌株产生的抗菌物质能显著抑制番茄灰霉病菌的菌丝生长和孢子萌发，对盆栽番茄幼苗的预防保护作用和治疗作用分别达到 89.7% 和 80.3%，10 倍稀释液的田间防治效果达到 84.1%。（辛春艳 张丽萍 谢莉 程辉彩 张，2009）。分析了水稻内生放线菌纤维素酶、木聚糖酶、果胶酶三种酶活性，结果表明：52% 的菌株具有纤维素酶活性，35% 的菌株具有木聚糖酶活性，61% 的菌株具有果胶酶活性．（蔡爱群 田新莉 周世宁，2007）。采用常规方法对广东省番禺和五山两地种植的水稻内生放线菌进行分离、鉴定和分析，结果表明水稻内生放线菌多属于链霉菌属（Streptomyces），其中灰褐类群链霉菌（S.griseofuscus）的分离频率最高为 36.1% ~ 69%，是水稻植株中的优势内生放线菌类群。研究了内生放线菌在水稻植株各器官中的分布，结果表明根中内生放线菌的多样性高于茎叶。番禺地区种植的水稻中分离出的内生放线菌种类较多。从感病品种及生长不良水稻植株中分离出的内生放线菌种类比较丰富。通过回接分离试验及利用扫描电镜观察内生真菌在植物体内分布发现，水稻优势内生放线菌回接无菌组培苗后，不仅能够定殖在水稻植株的根表和根内部，而且存在于茎秆和叶片中。通过平板颉抗及代谢物的活性测定试验，发现所分离的内生放线菌 50% 对水稻某些病原菌有颉抗活性，其中灰褐类群链霉菌的比例达到 55.4%，成为所分离的水稻内生放线菌类群中具有颉抗活性的最大群体。（田新莉 曹理想 杨国武 黄炳超，2004）。采用内生真菌分离法对华南种植的健康香蕉根、叶内生真菌、内生放线菌进行分离研究表明：叶内部的内生真菌主要为盘长孢刺盘孢菌物 Colletotrichum gloeosporioides 占 60.77%；而根内部曲霉 Aspergillus spp. ，青霉 Penicillium spp.，拟青霉 Pacecilomyces spp. 的分离频率较高，共占 70.4%。在根、叶内生放线菌中灰红紫类群链霉菌分离频率最高，分别占 65.2% 与 78.2%；在整个植株中玫瑰浅灰链霉菌 Streptomyces roseogriseolus 的分离频率最高（占 57.7%），叶中该种链霉菌占 69.0%，根中占 43.5%。对峙实验表明：内生真菌在体外对香蕉枯萎病的病原菌（尖孢镰刀菌香蕉专化型）不显示明显的拮抗作用而内生放线菌则显示明显的拮抗活性，玫瑰浅灰链霉菌中有 42.5% 的菌株显示拮抗作用。（曹理想 田新莉 周世宁，2003）。利用琼脂移块法及 WST-8 法分别对分离自西双版纳药用植物的 165 株内生放线菌进行了抗菌、抗肿瘤活性测定。结果显示，超过 42% 的菌株对病原菌表现出拮抗活性，且对病原真菌的总体拮抗活性明显强于土壤放线菌；78% 的菌株表现出抗肿瘤活性，且大部分菌株（54.5%）具有强抗肿瘤活性。对其次生代谢产物进行了进一步的研究，共分离得 6 个化合物，分别是 Antimycin A4a（1），Antimycin A7a（2）、Antimycin A2a（3）、Antimycin A1a（4）、10-hydroxy-10-methyl-dodec-2-en-1, 4-olide（5）及 6-（2-（4-aminophenyl）-2-oxoethyl）-3, 5-dimethyl-tetrahydropyran-2-one（6），其中化合物 6 为新化合物。以上结果表明药用植物内生放线菌作为一类新的微生物资源具有很好的开发潜力。（刘宁 [1，3] 张辉 郑文 黄英 王海彬，2007）。【目的】提高植物内生放线菌 SF4 和 SG2 的抗菌活性，获得具有更好生防效果的工程放线菌，为植物病害生物防治奠定基础。【方法】运用原生质体融合技术，将 SF4、SG2 和 SC1 进行融合，研究融合菌株的皿内抑菌活性及持续抑菌作用，并测定了其内生性和多胺效果。【结果】筛选获得了 12 株形态特征和菌落颜色与亲本菌株有差异、且遗传性状稳定的融合菌株，其中 F-G1、F-G7、F-G11、F-G12、F-G15 和 G-C5 等 6 株融合菌株对病原真菌有较强的抑制作用；菌株 F-G11 对灰葡萄孢（*Botrytis cinerea*）的抑制率为 71.5%，F-G15 对西瓜枯萎病菌（*Fusarium oxysporumf.sp.niveum*）和梨状毛霉（*Mucor piriformis*）的抑制率达到 73%，且有持续抑制作用；融合菌株 F-G1、F-G11 和 F-G15 继承了亲本的内生性和广泛定殖性；6 株融合菌株均能产生多胺。【结论】原生质体融合技术实现了植物内生放线菌之间，以及植物内生放线菌和土壤中生防放线菌之间的融合，是改良放线菌特性的有效手段。（陈丽萍 宗兆锋 李春玲 郭萍萍 骞天佑，2008）。目的：初步研究从云南红豆杉植株根部筛选到的一株抗植物病害的内生放线菌 TAR11 的活性代谢产物性质。方法：以枯草芽孢杆菌为指示菌、以抑菌活性为指标，测定 TAR11 发酵液的最小抑菌浓度；用不同温度、pH 值处理，了解活性物质的稳定性；用有机溶剂对活性物质萃取和溶解，并用纸层析对活性物质进行初步分类。结果：TAR11 发酵液抗菌物质的最小抑菌浓度为 0.78%，对温度敏感，在酸性和中性条件下稳定，可被三氯甲烷萃取，能溶于水、甲醇、乙醇、丙酮、乙醚。结论：低浓度的放线菌 TAR11 代谢产物能强烈抑制枯草芽孢杆菌活性，AR11 有望开发成为新一代生物药物。（郑法新 程璐 李侠 刘群，2009）。弧菌是海水养殖环境中常见的一类条件致病菌，其致病性受宿主的生理状态及水质环境条件等综合因素的影响较大，随着养殖水域生态环境的恶化及养殖密度的加大，已成为海水养殖动物的主要病原菌之一。已报道的海水养殖动物病原弧菌有 20 多种。因此，该类疾病一直备受国内外研究工作者的关注，是海水养殖动物病害的主要研究领域之一，对于海水养殖动物弧菌病的防治研究，国内外已有较多报道。另外，（郑法新 程璐 李侠 宋维彦 徐宗军 王锋，2009）。从泽漆健康组织中分离出内生真菌、细菌和放线菌共 101 株，根据菌落特征和生长特性对其进行了初步归类。并将分离出的内生真菌进行液体培养，通过室内盆栽试验进行了抗病毒活性筛选，得到 2 株有较好抗病毒活性的放线菌菌株。（李文华 李乐 吴云锋 郝兴安，2008）。为了在番茄内生放线菌总类群中识别目的放线菌，筛选出了 5 株 FQ-017 抗代森锰锌菌株，选择保持原菌株抑菌能力的抗性突变菌株 FQ-017-3 作为定殖及温室盆栽防效试验的菌株。灌根法接种并重新分离结果显示，茎中内生放线菌带菌量最高，根中次之，叶片中最低。各组织带菌量在体内呈现了高→低→高→低的趋势，第 35 天仍能从各组织中分离到 FQ-017-3，表明 FQ-017-3 不仅能够长时间定殖于番茄体内而且能够增殖。温室盆栽试验结果表明，接种内生真菌 FQ-017 于番茄苗 22 d 和 32 d 后对番茄灰霉病的平均相对防效分别为 56.26% 和 58.25%，两者基本相当，对番茄叶霉病的平均相对防效分别为 58.09% 和 23.96%，FQ-

017-3 对叶霉病的防效在后期明显降低，说明该菌对不同病原菌的防治效果不同。根据 16S rRNA 序列分析结果和培养形态特征，确定 FQ-017 为灰色链霉菌 Streptomyces griseus。（荣晓莹 詹刚明 张荣 孙广宇，2008）。本文测定了 2 株植物内生放线菌在离体条件下对番茄早疫病菌的作用效果 . 结果表明，植物内生放线菌 Fq24 和 Lj20 的 3 种不同处理液对番茄早疫病病原菌分生孢子萌发都有抑制作用，Lj20 无菌发酵滤液的抑制效果最好；Lj20 皿内和发酵液对番茄早疫病病原菌的抑制作用要好于 Fq24；诱发接种后 2 株植物内生放线菌对采收后番茄果实上的番茄早疫病菌均有不同程度的控制作用，在 30℃条件下的防治效果优于 20℃的效果 .（马林 韩巨才 刘慧平，2006）。【目的】菌株 Li20 是从辣椒植株根部分离得到的一株有抗真菌活性的植物内生放线菌。为了进一步开发利用这一放线菌，对其进行了鉴定及抗菌活性物质的研究。【方法】根据 Lj20 的形态特征、培养特征、生理生化特征、细胞壁组分和 16S rDNA 序列对其进行鉴定。结合 GC-MS 分析，合成了代谢产物中所含的抗真菌活性物质，并用菌丝生长抑制法测定其生物活性。【结果】Lj20 菌株属于链霉菌属，与娄彻氏链霉菌（Streptomyces rochei）极为相似。代谢产物中含有 2，6- 二叔丁基对甲酚和 3，5- 二叔丁基 -4- 羟基 - 苯甲醚。两种化合物对番茄灰霉病菌的 EC50 值分别为 237.04 mg/L 和 186.48 mg/L。【结论】菌株 Lj20 鉴定为娄彻氏链霉菌（Streptomyces rochei）。2，6- 二叔丁基对甲酚和 3，5- 二叔丁基 -4- 羟基 - 苯甲醚对番茄灰霉病菌都有较强的抑制作用。（马林 陈红兵 韩巨才 刘慧平，2008）。【目的】明确植物内生放线菌 Lj20 发酵液萃取物对真菌的抑菌作用机理。【方法】观察 100 mg/LLj20 萃取物对灰葡萄孢菌菌丝形态的影响，测定 0.02，0.2，2，20 和 200 mg/L Lj20 萃取物对灰葡萄孢菌、拟盘多孢菌、弯孢霉和茄链格孢菌菌丝生长及孢子产生、萌发的影响，并测定 200 mg/L Lj20 萃取物对灰葡萄孢菌菌丝细胞膜的影响。【结果】用 100 mg/L Lj20 萃取物处理灰葡萄孢菌后菌丝量减少，菌丝体皱缩、断裂、原生质外渗，菌体细胞表面有许多瘤状畸形；Lj20 萃取物对 4 种病原真菌的菌丝生长、孢子产生和萌发均有明显抑制作用，其中对灰葡萄孢菌的抑制作用最强，抑制菌丝生长的 EC50 为 0.96 mg/L，抑制孢子萌发的 EC50 为 8.33 mg/L，200 mg/L Lj20 萃取物对其孢子产生的抑制率为 89.4%；用 200 mg/L Lj20 萃取物处理后的灰葡萄孢菌培养液在 260 nm 处均出现 1 个吸收峰，而对照（10 g/L NaCl 处理）无吸收峰出现。【结论】Lj20 萃取物对 4 种供试病原菌的菌丝形态和生长、孢子产生和萌发均有抑制作用，对细胞膜透性也有明显影响。（刘永齐 马林 史赟 刘慧平 韩巨，2009）。通过植物内生放线菌 St24 不同溶剂提取物对小菜蛾的拒食作用的测定表明，不同溶剂提取所得的粗提物及不同浓度的粗提取的拒食活性差异显著。其中乙醚提取物为最佳溶剂，对小菜蛾有很强的拒食作用，处理 24h 后的选择性拒食率和非选择性拒食率分别为 100%、100%，48h 后仍高达 73.70% 和 98.89%。（史赟 马林 赵彬彬 韩巨才 刘慧平，2008）。从番茄植株根茎接合部分离得到 1 株有杀虫活性的植物内生放线菌 St24，其发酵液对小菜蛾幼虫具有较强的拒食作用，选择性拒食率和非选择性拒食率分别为 100% 和 97.86%。并对朱砂叶螨有一定的触杀作用和产卵忌避作用，发酵液处理 24h 后成螨死亡率达 55.9%，产卵忌避率为 74.19%。（史赟 马林 韩巨才 刘慧平，2008）。本实验分离获得的植物内生放线菌 St24 发酵液对番茄灰霉病菌有较好的抑制作用。通过对其在不同条件下的稳定性进行测定，结果表明：植物内生放线菌 St24 发酵液热稳定性较好。在自然光照条件下是稳定的，不发生分解或结构上的改变，但在紫外照射下不稳定，易于分解或改变化学结构，从而丧失生物活性。当 pH 为 6 时，抑制率最高；室温下放置 2 天后发酵液的活性最大。（赵彬彬 韩巨才 刘慧平 闫彦萍，2008）。植物内生放线菌是一类大有开发潜力的微生物资源。目前使用的分离条件和技术尚不完善，容易被外源菌和内生真菌、细菌污染，因此内生放线菌尤其是稀有内生放线菌的选择性分离技术至少是今后一段时间研究的重点。介绍了植物内生放线菌选择性分离方法并提出值得研究的问题。（陈华红 [1, 2] 杨颖 姜怡 唐蜀昆 徐，2006）。放线菌药物开发遇到越来越大的困难. 植物内生放线菌是一类研究较少，但很有开发潜力的资源. 叙述内生放线菌的宿主多样性，物种多样性，产物多样性，并对值得重视的问题进行了探讨.（杨颖 陈华红 徐丽华，2008）。以西葫芦白粉病为对象，通过温室盆栽试验和叶盘筛选试验，从 50 个内生放线菌菌株中筛选出 2 个防病效果较好的菌株，叶盘筛选试验发现菌株 GKSHJA 和 PR1-8 的无菌滤液原液在接种病菌的同时使用防治效果最佳，分别达到 60.98% 和 63.22%。温室人工接种白粉病菌的盆栽试验发现，（无，2008）。近年来从植物组织中发现一些新的放线菌菌种，有些内生放线菌产生新的生物活性代谢物，或产生具有新特性的酶；对植物内生放线菌与植物宿主及其他微生物之间的关系研究有新的发现，植物内生放线菌在植物病害防治中的作用已引起重视。本文将简单介绍近年来这方面的研究进展。（曹理想 周世宁，2004）。内生放线菌指存在于健康植物体内，产生系列活性物质并能与宿主植物共同生活的放线菌菌落。就在实际生产中用于生物防治的主要内生放线菌种类，能够防治的主要病害，及其生物防治的机理和生产上已经应用的制剂等多方面进行综述。（黄晓辉 [1, 2] 李珊 谭周进 谢丙炎，2008）。植物的内生真菌是巨大的资源宝库，具有重大的研究和开发价值。对近年来禾草内生真菌的开发与研究进展进行了综述。包括内生真菌的起源、分布特点、分离方法，内生真菌在医药、生物防治、对污染物的降解等开发与应用方面的研究进展。（李强 刘军 周东坡 朱婧，2006）。以四川采集的芍药和北京采集的三叶草的叶片为材料，经表面消毒程序后，分离出内生放线菌 15 株。通过表观特征比较和 BOX-PCR 基因指纹图谱分析的方法，将分离出的放线菌归并于 12 个不同的基因型，其中 6 个来自芍药，6 个来自三叶草。结合 16S rRNA 基因序列分析可知，分离菌株除 C4、C5 属于假诺卡氏菌外，其余的 13 株都是链霉菌；菌株 C12 与最近模式种的 16S rRNA 基因序列相似性较低，为 96.6%。对分离菌株的抗菌活性实验表明，有 11 株在一个或一个以上的测试中呈阳性；其中 6 株对植物致病菌立枯丝核菌有明显抗性，占阳性菌株的 55%。（古强 [1, 2] 刘宁 [1, 2] 邱旦恒 [1, 2] 刘志恒 [1，2006）。

内生固氮菌

采用好氧和厌氧培养方法对广东省刺竹（*Bambusa blumeana*）的根、茎和叶的内生细菌进行了分离和纯化，利用乙炔还原法检测了各菌株固氮酶活性，共获得 40 株具有较高固氮酶活性的刺竹内生固氮菌。对所获得的菌株进行 SDS-PAGE 全细胞蛋白电泳聚类分析，在 80% 相似性水平上，选取不同类群的代表菌株进行 16SrRNA 基因全序列测定。结果鉴定为 *zospirillum*（α-亚纲）、*Escherichias* 和 *Pseudorflonas*（γ-亚纲）、*Aqaaspirillum*（β-亚纲）。（侯伟 彭桂香 许志钧 陈仕贤 谭，2007）。从 13 种禾草组织中分离内生细菌，研究比较不同禾草品种，不同组织中内生细菌的菌群密度和分布特点；筛选内生固氮菌菌株，经乙炔还原法测定其固氮酶活性。结果表明，不同禾草品种的内生细菌菌群密度有较大差异，菌群密度为 8.70×10^4 ~ 8.06×10^4CFU/g 鲜重。根组织中菌群密度高于叶。采用 CCM 培养基结合无氮选择性培养基筛选获得 21 株内生固氮菌菌株，其固氮酶活性在 8 ~ 2865nmol/h·mL。研究结果证明从禾草中可分离到具有高固氮酶活性的菌株，具有开发应用的潜力。（李倍金 罗明 周俊 孔德江 张铁，2008）。从陵水普通野生稻中分离了 36 株内生真菌，经乙炔还原法确定 22 株菌为内生固氮菌，并测定了其溶磷特性，在 22 株内生固氮菌中，除菌株 Ls2 不具有溶磷能力外，其余 21 株菌溶磷能力差异较大，为（0.002 ± 0.01）~（12.7 ± 0.04）μg mL-1. 将这些内生固氮菌接种籼型水稻华航 1 号，除菌株 Ls23 外，其余菌株均能使接种水稻苗的根、茎长度增加（在 α-0.05 水平上差异显著）.以上研究结果表明，这些菌株在水稻菌肥研制方面具有较大的开发潜力.（张国霞 茅庆 何忠义 谭志远，2006）。

内生联合固氨菌

利用乙炔还原法和固定 15N2 活性测定法对分离自水稻"越富"种子，根，茎和叶的内生细菌进行了筛选，获得 29 株具有体外固氮能力的水稻内生联合固氮细菌。鉴定结果表明它们分属于根癌土壤杆菌（Agrobacterium tumefaciens（Smith et Townsend）Conn），放射土壤杆菌（A.radiobacter（Beijerinck et van Delden）Conn）；阴沟肠杆菌（（杨海莲 王云山，1999）。

内生拟盘多毛孢

收集马尾松、罗汉松、竹柏、山茶、茶和茶梅等植物的内生和病原拟盘多毛孢菌株，进行形态鉴定，根据 rDNA ITS 序列分析建立的系统发育树探讨病原与内生拟盘多毛孢之间的相互关系. 结果表明，同一个种拟盘多毛孢不论是内生还是病原均聚在系统发育树的同一个分支，如罗氏拟盘多毛孢（*Pestalotiopsis lawsoniae*）既是马尾松枝条的内生真菌，又是马尾松针叶的病原真菌；卡斯特尼拟盘多毛孢（*Pestalotiopsis karstenii*）是山茶枝条的内生真菌，在山茶叶片上也是病原真菌；石楠拟盘多毛孢（*Pestalotiopsis photiniae*）是山茶和茶梅枝条的内生真菌，在马尾松针叶上也是病原真菌；茶拟盘多毛孢（*Pestalotiopsis theae*）是茶的病原真菌，在金花茶枝叶和罗汉松枝上是内生真菌. 说明某些拟盘多毛孢在不同（或相同）的植物或器官中可以表现为内生状态或病原状态，内生拟盘多毛孢在一定备件下可以转变为病原拟盘多毛孢. 本研究结果还支持拟盘多毛孢种一般对寄主植物没有专化性的结论（韦继光 徐同 黄伟华 郭良栋 潘，2008）。

茄伯克氏菌

通过平皿拮抗试验测定了番茄内生真菌 102 菌株无菌滤液对番茄青枯病的抑菌活性，以及该菌产生的拮抗物质的热稳定性，并通过硫酸铵沉淀及乙醚萃取对 102 菌株产生的拮抗物质进行提取。初步结果表明，该菌产生的拮抗物质具有一定的耐热性，100℃水浴 10min 其拮抗活性保持不变，该拮抗物质为非蛋白质类的脂溶性物质。小鼠经口急性毒性试验、豚鼠角膜试验、药敏试验、溶血试验及急性致病试验表明，102菌株为微毒无致病性菌，可以安全使用。（叶小梅 常志州 黄红英 马艳 张建英，2005）。

青霉菌

研究内生青霉菌（*Penicillium sp.*B-4）胞外纤维素酶在槐米总黄酮提取中的辅助应用。内生青霉菌在起始 pH4，5 的综合马铃薯培养基中，150r/min，40℃下摇瓶，培养 7d，具有较高的纤维素酶比活力（3.57U/mL）。槐米干粉投入青霉菌发酵液中进行酶解处理，比较酶料比、酶解温度、酶解时间和酶解液 pH 对槐米总黄酮提取率的影响，发现槐米干粉以酶料比 40：1（mL/g）加入粗酶液中，在 pH4.5、温度 40℃下酶解处理 1h 后，黄酮提取率可达 12.2%，比常规提取率增加了 38.7%。内生真菌纤维素酶辅助提取法为槐米黄酮提取的可行新方法。（许云峰 周建芹 陈晶磊 王剑文，2009）。

球壳孢科菌

本试验从四川绵阳银杏叶中分离得到 480 个内生真菌菌株，按经典系统分类方法分为子囊菌 *Ascomycota*、胶孢炭疽菌 *Colletotrichum gloeosporioides*、球壳孢科 *Sphaeropsidaceae*、炭疽菌属 *Colletotrichum sp.*、毛壳菌属 *Chaetomium sp.*、黑孢霉属 *Nigrospora sp.*、交链孢属 *Alternaria sp.* 和拟盘多毛孢属 *Pestalotiopsis sp.* 八大类，其中子囊菌为银杏叶内生真菌的优势菌群，占总菌株数的 46.3%。对八大类内生真菌进行抑制细菌活性检测，结果得出 2 株球壳孢科菌和 2 株胶孢炭疽菌对大肠杆菌、绿脓杆菌和金黄色葡萄球菌都具有较好的抑制作用，尤其是对大肠杆菌的抑制效果最好。（王利娟 杨小生 贺新生，2007）。

球毛壳菌

[目的] 研究杜仲内生真菌的抗氧化活性和菌种鉴定。[方法] 采用组织分离法，筛选杜仲叶片的内生真菌种。菌株 No.173 的总抗氧化活性最高，作为供试菌种。制备它的发酵液提取物，测定了提取物抗氧化能力。对菌株 No.173 进行了形态和分子鉴定。[结果] 处理 4 d 后，处理组的 POV 值极显著性低于对照。第 6 天起，处理组的效果明显好于阳性对照组（0.04%Vc 和 VE）。菌株 No.173 在 PDA 平板上的菌落初期为白色，渐变至暗青色，背面褐色，菌落边缘不整齐。序列比对结果显示，菌株 No.173 rDNA ITS 扩增片段的碱基序列与球毛壳菌序列相似性为 100%。[结论] 杜仲叶片中内生真菌菌株 No.173 为球毛壳菌，具有明显和稳定的抗氧化活性作用。（谢辉 李莉 吴鸣谦 陈双林，2009）。从云南美登木叶中分离筛选到具抗菌活性的内生真菌 *Chaetomium globosum* Ly50′ 菌株，利用活性追踪法在其发酵产物中分离到抗橙色青霉和抗结核分枝杆菌的化合物，经 ESI-MS、NMR 等波谱数据确认该活性成分为球毛壳甲素，chaetoglobosin A 和球毛壳乙素 chaetoglobosin B。首次发现 chaetoglobosin B 具有抗结核分支杆菌活性。（倪志伟 李国红 赵沛基 沈月毛，2008）。

球囊霉

对秦岭南坡炎地塘林区 7 种林分进行设点、采土、湿筛倾斜分离鉴定。共分离鉴定出 17 种内生真菌根（VAM），隶属 *Glomus*、*Gigaspora*、*Acaulospora* 属，以 *Glomus* 为主。不同要分级不同立地条件，内生真菌根真菌种类和数量有差别。（余仲东 刘建军，1999）。通过对浙江地区银杏共生菌根的调查研究，肯定了银杏为内生真菌根树种，并首次发现，自然界有 4 属共 9 种真菌能使奶杏形成 VA 菌根，其中硬囊霉属（*Sclerocystis*）1 种，球囊霉属（*Glomus*）5 种，盾巨孢囊霉属（*Scutellospora*）1 种，巨孢囊霉素（*Gigaspora*）2 种。（陈连庆 韩宁林，1999）。

曲霉

目的：筛选出产巴卡亭Ⅲ的红豆杉内生真菌，为抗癌药物紫杉醇提供一个新的来源. 方法：从云南红豆杉树皮中分离纯化出内生真菌，对其进行液体发酵培养，过滤，收集菌丝体并破碎，用二氯甲烷萃取，萃取液进行薄层层析，与巴卡亭Ⅲ标准品有相同比移值的样品再利用高效液型色谱与标样进行比照，进而筛选出产巴卡亭Ⅲ的内生真菌. 同时以发酵培养基基础，对筛选出的真菌进行碳源和氮源的优化. 并在此基础上探讨几种常见的紫杉烷类化合物代谢诱导剂乙酸钠、苯甲酸钠、苯丙氨酸和亮氨酸的浓度对巴卡亭Ⅲ积累的影响. 结果：得到一株产巴卡亭Ⅲ的内生真菌 NSZJ043，该菌株易培养，生长迅速，经鉴定属于曲霉属. NSZZJ043 产巴卡亭Ⅲ的培养条件的初步优化结果表明：最适碳源、氮源分别是蔗糖和蛋白胨；在含 20g/L 蔗糖、1.5 g/L 蛋白胨、0.1mmo1/L 乙酸钠、0.01 mmol/L 苯甲酸钠的优化培养基中培养 8 d，巴卡亭Ⅲ含量为 34.6 μg/L. 结论：筛选出一株产巴卡亭Ⅲ的内生真菌，其具有优良的发酵特性，巴卡亭Ⅲ前体物质苯甲酸钠和乙酸钠对巴卡亭Ⅲ的合成有促进作用；苯丙氨酸和亮氨酸对其含量影响不显著，优化后 NSZZJ043 产巴卡亭Ⅲ含量有较大的提高 .（杨磊 刘佳佳 杨栋梁 朱婉华，2007）。采用接种法，对胡杨内生真菌曲霉（Aspergillus sp.）和链格孢（Alternaria sp.）在不同温度、pH、碳源、氮源、培养基及糖质量浓度下进行了生理实验研究。结果表明：温度对两种菌株的生长和孢子产生具有明显的影响；曲霉（Aspergillus sp.）pH5 ~ 6 时生长良好，而链格孢（Alternaria sp.）pH 为 4 ~ 5 时菌株生长良好，两种菌株均以蔗糖为主要碳源；菌丝干质量与培养基质量浓度呈正向关系。（袁秀英 韩艳洁 姜海燕 白红霞，2004）。从壳斗科植物麻栎中共分得 81 株内生真菌，对其发酵液的乙酸乙酯提取物进行抗菌活性测定，其中 36 株菌的代谢产物显示出较强的抑制细菌或真菌的能力。对其中一株抗菌活性很强的曲霉进行了产物富集，通过活性追踪分离得到 Rubrofusarin B 和 Fonsecinone A。（李蓉，2007）。从南方红豆杉中分离到 549 株内生真菌，以终极腐霉 Pythium ultimum、立枯丝核菌 Rhizoctonia solani 为靶标菌进行抗菌活性的筛选。结果表明，对终极腐霉、立枯丝核菌的半抑制稀释倍数（ID50）在 10 以上的活性菌株分别为 20 株（占总菌株的 3.6%）和 15 株（占总菌株的 2.8%）。其中矮棒曲霉 Aspergillus clavatonanicus 菌株 F0028 对这两种病原菌的活性最高（对终极腐霉、立枯丝核菌的 ID50 分别为 278 ± 15.0、108 ± 18.6）。进一步研究表明，F0028 发酵液在 pH 值为 1.0 ~ 7.0 之间均有较强的抑菌活性；经高温高压处理后抑菌活性仍达到了对照的（65 ± 3.8）%。发酵液经高效液相色谱纯化得到 5 种化合物，活性测定表明，5 种化合物对终极腐霉、立枯丝核菌均有不同程度的抑制作用，半抑制浓度（EC50）在 7.0 ~ 45 μg/mL 之间。（傅科鹤 章初龙 刘树蓬 陈绍瑗，2006）。内生真菌（Endophytic fungi）是指其在生活史的某一段时期生活在植物组织内，对植物组织没有引起明显病害症状的真菌。内生真菌具有丰富的多样性，是一大类尚未被开发的资源。近年来的研究表明，它们能产生结构多样的活性代谢产物，已成为国内外的研究热点之一。印楝（Azadirachta indica A.Juss）属于楝科（Meliaceae）植物，是一种热带树种，（吴少华 陈有为 邵士成 李治滢，2008）。从元江仙人掌的茎中分离到一株产广谱、高活性抑菌物质的内生真菌，经测定对细菌、植物病原真菌和皮肤致病真菌共 21 种病原微生物有较为明显的抑制作用。形态特征表明，该菌株与曲霉属（Aspergillus）中的土生曲霉（Aspergillus terreus）的特征基本一致，18SrDNA 序列分析显示本菌株与土生曲霉的同源性高于 99%，但该菌株的分生孢子梗上有明显的瘤状突起，不同于模式菌株。因此认为该菌株为土生曲霉的一个变种，命名为土生曲霉云南变种（Aspergillus terreus vat.yunnanensis）。并对其活性物质的生产条件进行了初步摸索，确定用查氏培养基为最佳种子培养基，PDA 培养基为最佳发酵培养基，4d 为最适发酵时间。（秦盛 陈有为 邢珂 张琦 吴少华，2006）。通过抗菌活性初步筛选，从采自云南元江县的印楝（Azadirachta indica A.Juss）植物茎和果实中已分离到的 372 株内生真菌中筛选出 80 株作为复筛菌株，经显微形态特征观察鉴定为 5 目、6 科、29 个属。选择 16 种病原微生物作为指示菌检测复筛菌株发酵产物的抗菌活性，结果表明，其中 29 株内生真菌对细菌、植物病原真菌和皮肤致病真菌中的一种或多种病原微生物有抑制生长作用，活性菌株比例占复筛菌株的 36.25%，并显示种群多样性，其中 7 株内生真菌显示较强的广谱抗菌作用，活性较好的菌株主要分布在曲霉属和交链孢属。（邵士成 吴少华 陈有为 李治滢 杨丽源 李绍溃 2007）。

水稻内生链霉菌

植物内生放线菌的研究是一个近年来兴起的学科领域，在进一步探索和开发微生物资源方面，植物内生放线菌逐渐成为相关领域同行的关注热点。本期介绍了"中国科学院上海生命科学院植物生理生态研究所"田新莉、覃重军与"中山大学生命科学院"周世宁等合作发表的文章《水稻内生链霉菌中线型和环型质粒的检测》，作者通过脉冲电泳技术，对采集到的 44 株水稻内生链霉菌进行了内源性质粒的检测，观察到了内源性质粒不但以环型存在，同时也以线型状态存在，这是在相关研究领域首先报道植物内生放线菌中存在线型质粒。他们还发现水稻内生链霉菌的线形质粒存在的比例和端粒酶 tap 基因存在比例与土壤中的链霉菌相当，而环形质粒却显示出较高的存在比例。两位审稿专家与相关编委认为：本文获得了较为重要的初步检测结果，并具有深入研究的价值。（赫荣乔，2008）。

炭角菌

采用正己烷、氯仿、乙酸乙酯、丙酮、甲醇 5 种溶剂分别提取银杏内生炭角菌 YX-28 的子座粉末，测定各提取物中的总酚和总黄酮含量，并通过二苯基苦基苯肼（DPPH）和 β - 胡萝卜素 / 亚油酸模型评估其抗氧化活性，以期获得一种新型、高效、安全的抗氧化剂来源。结果表明：提取物中总酚和总黄酮含量分别为（24.51 ± 1.05）mg·g^-1（没食子酸当量）和（86.76 ± 0.58）mg·g^-1（芦丁当量）。在 β - 胡萝卜素 / 亚油酸试验中，400 μg·mL^-1 的 YX-28 甲醇粗提物具有 72.90% 的抑制活性，显著高于阳性对照二丁基羟基甲苯（BHT）和抗坏血酸（AsA）；而在 DPPH 自由基清除试验中则显示中等活性。通过气相色谱 - 质谱联用法（GC/MS）分析鉴定了甲醇提取物中的 41 种物质，其占总提取物的 64.65%。（刘小莉 陈晓红 董明盛，2008）。

炭疽病

龙眼炭疽病（*Colletotrichum gloeosporioides Penz.*）是龙眼生产中的一种重要病害，主要为害龙眼嫩梢、嫩叶、花穗和果实。该病害既是导致龙眼叶片枯死、花穗变褐腐烂、早期落花落果的重要原因，也是导致龙眼采收后贮运期间腐烂的重要原因。本试验测定了 14 种杀菌剂对龙眼炭疽病病菌的毒力作用，并用优选出的 4 种杀菌剂和 2 种木瓜内生真菌对龙眼采后炭疽病进行了防治试验，以期筛选出防治龙眼炭疽病的有效拮抗内生真菌和高效化学杀菌剂，减小炭疽病对龙眼生产造成的损失。（石晶盈 陈维信 刘爱媛 吴振先，2006）。黄皮 Clausena lansium（Lour.）Skeels 属芸香科，黄皮属亚热带常绿果树。原产华南，有 1500 多年栽培史。果实酸甜可口，风味独特，营养价值高且具有保健及药用价值．是深受人们喜爱的特产果品。近年来，我国黄皮栽培面积不断扩大，产量逐年提高，但黄皮果实采后极不耐贮藏，在自然条件下极易腐烂。（杨凤珍 高兆银 李敏 郑婧 胡美，2008）。从不同品种柑橘果实中分离出 16 株内生细菌。对内生细菌的潜在致病性、抗真菌病原作用和促生作用进行的研究，结果表明，有 2 株可产生烟草过敏性坏死反应，15 株能对 1 种或多种植物病原真菌产生不同程度拮抗作用，14 株可降低柑橘果实的柑橘炭疽病发病率。研究筛选出 4 株对柑橘炭疽病有防效，2 株具有显著促进柚苗生长作用。（袁红旭 陈勇明 何财能 罗冬萍 许丹阳，2005）。来自辣椒体内的枯草芽孢杆菌（Bacillus subtilis）BS-2 和 BS－1 菌株对香蕉炭疽菌菌丝生长、分生孢子形成及萌发等有较强的抑制作用，接种病菌 16d 后，两菌株对香蕉炭疽病防治效果达 34.0%（BS-1）-90.0%（BS-2），其中 BS－2 的防效比 BS－1 高。（何红 蔡学清 等，2002）。内生拮抗细菌 BS-2 菌株在以黄豆粉为原料的 3 号培养基中生长速度快，发酵滤液对辣椒炭疽病菌的抑制作用强，菌液对辣椒果炭疽病的防效最好。培养基初始 pH 值、培养时间、温度、通气量等对菌株生长及其抗菌物质的分泌有明显影响。结果表明，以黄豆粉培养基、初始 pH 值 6.7（灭菌后）、28℃、培养 48h、并尽量增大培养通气量，为菌株的最佳发酵条件。（何红 沈兆昌 邱思鑫 蔡学清 关雄 胡方平，2004）。BS-1 和 BS-2 对辣椒炭疽病具有较好的防治效果．经内生真菌 BS-1、BS-2 与病菌同时处理的椒果体内过氧化物氧化酶（POD）、苯丙氨酸氨解酶（PAL）、过氧化氢酶（CAT）活性，超氧离子自由基（O2^-）产生速率，丙二醛（MDA）含量均较只经病菌处理的低；而可溶性蛋白含量分别比清水对照处理的高 168.2% 和 137.5%，比病菌对照处理的高 97.2% 和 92.3%．（蔡学清 何红 叶贻源 胡方平，2004）。从健康的油茶叶中分离得到内生细菌菌株 156 株，经平板对峙法初筛，筛选到油茶炭疽病菌菌丝生长有抑制作用的有 25 株，再通过发酵法复筛，筛选到 1 株具有较强拮抗作用的菌株 Y13，其抑菌直径达 10mm 以上．对 Y13 进行形态学和生理生化指标分析，初步鉴定为芽孢杆菌．抗菌谱测定表明，该菌对黄瓜枯萎病菌、水稻纹枯病菌、番茄早疫病菌、油茶叶枯病菌等 4 种病原真菌也具有较强的抗菌活性．（周国英 卢丽俐 刘君昂 李河，2008）。

外生菌根

我国菌根研究在建国前几乎是空白。1984 年在重庆召开了第四届全国菌根学术会后，菌根研究工作不断提高，研究领域也不断扩大，不仅涉及林木外生菌根，也包括了许多有内生真菌根的植物，如：洋槐、白腊、油茶、柑桔以及各种农作物。（王景利，2006）。菌根是自然界中一种普遍的植物共生现象。它是土壤中的菌根真菌与高等植物根系形成的一种共生体。根据菌根形态学及解剖学特征的不同，菌根分为3个主要的类型，即外生菌根、内生真菌根及内外生菌根。泡囊丛枝菌根是一种最常见的内生真菌根，因其胞内菌丝体呈泡囊状和丛枝状，故称泡囊丛枝菌根。研究发现，并非所有类型的该类真菌都形成泡囊结构，但都形成丛枝结构。因此，越来越多的研究者将其称为丛枝菌根。（黄金芳 肖华山，2006）。（王中英 王艺，1994）。本文从内外生菌根真菌对重金属的耐受性和耐受机理，以及将菌根真菌作为重金属污染程度的生物指示剂和重金属生物修复等方面对菌根真菌和重金属的相互作用作了较全面的论述。重金属对生物圈的污染是一个严重的环境和健康问题。某些内外生菌根真菌对重金属具有耐受性。菌根真菌菌丝能与金属相结合而限制它们向菌根植物地上部迁移，从而可达到植物稳定和保护植物免遭重金属毒害的目的。内外生菌根真菌对重金属的耐受性因菌种、重金属种类和浓度、与宿主植物共生与否以及所生长的土壤条件等而异，同时种内菌株之间也有差异。菌根真菌通过离子交换，络合物的形成，沉淀或结晶化作用等方式获得对重金属的耐受性，其子实体内重金属含量，繁殖体密度和侵染势可作为重金属污染程度的生物指示剂。（廖继佩 林先贵 曹志洪，2003）。四川人工桉树林中的巨桉、尾叶桉、兰桉、大叶桉有外生菌根、内生真菌根和混合菌根3菌根类型，而窿缘桉缺少混合菌根类型。自然状态下，5种桉树菌根化率有明显差异，其中以巨桉、兰桉最高，分别为68.3%、64.6%，而窿缘桉菌根化率最低（29.6%）。同一桉树树种，外生菌根化率最高。（朱天辉 张健 等，2001）。生态系统的每个过程都伴随着各种微生物的活动，其中最重要的功能群之一是菌根真菌（菌根菌）。一般认为，菌根菌是自然界多数植物生存最基本的组成部分，陆地上约90%以上的高等植物都具有菌根菌。这些菌类的菌丝体与植物根系结合形成菌根，使植物生长成为可能，使不同种类植物的根系联在一起。根据菌根菌入侵植物根系的方式及菌根的形态特征，菌根可分为外生菌根、内生真菌根和内外生菌根3组共7种类型。外生菌根主要出现在松科、桦木科、壳斗科等树种的森林生态系统中，在根系表面形成菌丝鞘，部分菌丝进入根系皮层细胞间隙形成哈氏网表面。菌根菌剂在森林经营中得到广泛地应用。外生菌根菌对森林树木的作用可归纳为：1）促进造林或育苗成活与生长；2）提高森林生态系统中植物的多样性、稳定性和生产力；3）对森林生态系统的综合效应，主要表现在增加植物—土壤联结，改善土壤结构，促进土壤微生物，增强植物器官的功能；4）抗拮植物根部病害病原菌等。树木与菌根菌相互关系研究主要包括：1）菌根共生的机理；2）菌根菌在退化森林生态系统恢复与改造中的作用；3）菌根菌的分布格局与森林生态系统服务功能的关系；4）菌根菌对森林生态系统的综合效应，如菌根菌与森林植物群落结构、物种多样性以及森林系统稳定性和生产力的研究。（朱教君 徐慧 许美玲 康宏樟，2003）。在总结分析1998～2002年期间发表的菌根学文献的基础上，对我国近年来菌根学取得的主要研究成果进行了评述，分析了当前我国菌根学研究的优势与不足之处，阐明了当前我国菌根学研究的主要方向和取得的成果，在此基础上，结合国际上菌根学研究的热点与趋势，提出我国菌根学下一步发展的目标和思路．图 1 表 1 参 57（金樑 赵洪 李博，2004）。

香蕉弯孢霉叶斑病菌

通过香蕉内生枯草芽孢杆菌菌株 B215 对峙培养及其菌体代谢物的活性测定结果表明，B215 菌株对香蕉弯孢霉叶斑病原真菌具有很强的拮抗作用，其对峙培养能明显抑制靶标菌菌丝向四周均匀扩展，抑菌带宽度为 0.4cm；菌株滤液的 EC50 值达 5.10%。（殷晓敏 陈弟 郑服丛，2008）。

小麦全蚀病菌

植物内生细菌是指能定殖在健康植物组织内，并与植物建立了和谐关系的一类细菌。内生细菌对植物的益生作用主要表现为促进植物生长、抑制植物病原物、增加植物的抗逆性和他感作用等几个方面。小麦全蚀病（wheat take-all）作为一种世界毁灭性病害，目前，由于缺乏抗病品种和有效的化学防治药剂，所以利用微生物之间的拮抗作用来控制小麦全蚀病危害具有广阔的应用前景。本研究通过从小麦里分离出内生细菌，从中筛选出对小麦全蚀病菌具有拮抗作用的菌株，在研究其拮抗机制和定殖作用基础上，对其防治小麦全蚀病的作用进行了初步研究。（张颖 [1，2] 王刚 [1，2] 郭建伟 王美南，2007）。对小麦植株不同生育期、不同器官的内生细菌进行了分离和数量变化分析．结果表明，根、茎、叶及未成熟籽粒等器官中存在大量的内生细菌，鲜组织中平均约含内生细菌 $5.0 \times 10^5 CFU \cdot g^{-1}$，其中根系中内生细菌数量达 $7.8 \times 10^5 CFU \cdot g^{-1}$，而茎秆、叶片和未成熟籽粒中内生细菌数量分别为 4.8×10^5、3.2×10^5 和 $2.8 \times 10^5 CFU \cdot g^{-1}$．内生细菌数量在不同生育期也存在差异，幼苗期平均约为 $3.1 \times 10^5 CFU \cdot g^{-1}$、拔节期和灌浆期分别为 5.7×10^5 和 $7.0 \times 10 \times 10^5 CFU \cdot g^{-1}$，不同小麦田块之间存在明显差异。长武县一田块植物鲜组织中内生细菌的数量为 $6.1 \times 10^5 CFUg^{-1}$，而大荔县一田块约为 $3.9 \times 10^5 CFUg^{-1}$．试验结果发现，对小麦全蚀病菌具有拮抗作用的内生细菌有 51 株、对小麦纹枯病菌具有抑制作用的内生细菌有 45 株。用平板对峙法测定，有 71 株对两种病原真菌均有拮抗作用，对小麦全蚀病菌抑菌圈直径大于 10mm 的有 23 株，其中来源于根系、茎秆、叶片和籽粒的分别为 2 株、7 株、9 株和 1 株；对小麦纹枯病菌抑菌圈超过 10mm 的有 20 株，其中来源于根系、茎秆、叶片和籽粒的分别为 7 株、5 株、7 株和 1 株，说明从小麦叶片诱捕分离的内生细菌中，对小麦全蚀病菌和纹枯病菌抑菌作用较强的分离株比率最高。次为茎秆，而根的最低。（乔宏萍 黄丽丽 康振生，2006）。

小麦纹枯菌

利用涂布平板法从小麦根系中分离出 8 株内生细菌，从中筛选出 1 株对小麦纹枯菌

（*Rhizoctonia cerealis*）具有拮抗作用的内生真菌。室内测定该菌株培养液对小麦纹枯病菌的抑制作用，结果发现，小麦纹枯病菌在培养液中生长缓慢，培养 6d 后菌丝量与对照相比下降了 89%，同时发现病菌菌丝生长畸形，出现断裂和细胞壁瓦解。（王刚 李志强，2005）。

鸭毛藻

从采自大连近海的红藻鸭毛藻（*Symphyocladia latiuscula*）中分离到一株肉座菌目真菌（*Hypocreales sp.*），对其发酵代谢产物的化学成分进行了研究。利用正相硅胶柱层析、葡聚糖凝胶 Sephadex LH-20 柱层析、制备薄层层析（PTLC）以及重结晶等分离手段，并通过一维、二维核磁共振技术、质谱技术等从该菌发酵液中分离鉴定了 10 个化合物：双酚 A（1）；邻羟基苯甲酸（2）；吲哚甲酸（3）；吲哚乙酸（4）；N-乙酰色胺（5）；（22E，24R）-麦角甾 -7，9，22 三烯 -3β-醇（6）；（22E，24R）-5α，6α-环氧麦角甾 -8，22-二烯 -3β，7α-二醇（7）；（22E，24R）-麦角甾 -7，22-二烯 -6β-甲氧基 -3β，5α-二醇（8）；啤酒甾醇（9）。这些化合物均为首次从该菌中分离得到，其中化合物 1 为首次作为天然产物分离得到。（李冬利 [1，2] 李晓明 崔传明 王斌贵 [1，2008]）。

芽孢杆菌

华南地区因尖镰孢菌引起的枯萎病发生较为严重，特别是近年来发现的香蕉枯萎病，对香蕉产业来说更是毁灭性的病害。分离、筛选有拮抗活性的内生细菌是防治枯萎病的有效措施之一。从海南红树林健康叶片中分离到 102 株非致病性内生细菌菌株，通过室内抗菌活性的测定，得到了 2 株对枯萎病尖镰孢菌具有明显抑制作用的拮抗菌株。通过对它进行形态、生理生化特性及 16SrDNA 序列等方面的研究，确定其中 1 株为枯草芽孢杆菌 *Bacillus subtilis*，命名为 BS-009；另一株确定为新发表种 Bacillus Mojavensis 的一个相似种，命名为 BM-027。（徐雪莲 [1，2] 代鹏 [1，2]，2007）。本研究成功地构建以水稻体内定殖的优势细菌巨大芽孢杆菌为载体菌的工程杀虫内生细菌，这一内生工程杀虫细菌的建成是以水稻内生细菌的动态研究，定殖研究以及重组 DNA 和细菌转化方法研究背景为基础，利用杀虫毒性强，表达苏云金芽孢杆菌 δ-内毒素较高的重组质粒为供体，通过改进的 PEG 原生质体转化法及新型高新电脉冲穿孔转化法完成。（刘云霞 张青文，1997）。[目的] 从菠菜上筛选内生细菌，防治菠菜主要病害。[方法] 用稀释分离法从菠菜植株内分离内生细菌，培养基平板对峙法测定内生细菌的拮抗作用，并依据形态特征和生理生化特性，使用 Biolog 细菌鉴定系统鉴定。[结果] 从菠菜植株根分离到具有生防活性的细菌 SEB，对菠菜枯萎病菌等 5 种病原菌有较强的拮抗作用，鉴定为芽孢杆菌属。[结论]SEB 菌株对多种病原真菌有拮抗作用，对菠菜枯萎病菌抑制率最高，具有开发成微生物制剂，防治园艺作物和农作物病害枯萎病的价值。（吴赟生 张森泉 张荣 李平东，2008）。从菜心植株内分离到一株具有生防活性的细菌CX-PA，通过对其形态特征和生理生化特性测定，16S rDNA 部分序列同源性分析，鉴定为多粘类芽孢杆菌。采用浸种、喷雾接种处理，CX-PA 可进入小白菜、大白菜和菜心体内定殖。培养基平板对峙测定，CX-PA 对菜心炭疽病菌等 7 种病原菌有较强的拮抗作用。盆栽防治试验表明，CX-PA 对菜心炭疽病和霜霉病的防治效果分别为 70.8% 和 64.8%。（李静 陈维信 刘爱媛 冯淑杰 肖晶，2007）。对不同茶树品种的健叶和病叶上分离的内生细菌进行了筛选和鉴定。结果表明，茶树体内存在大量的内生细菌，各品种间内生细菌的数量为 2.9×10^6-39.4×10^6 cfu/（g·fw）。内生细菌的生物功能测定结果表明，菌株 TL2 的拮抗能力强，先接种菌株 TL224h 后再接种茶轮斑病菌的防病效果好；同时菌株 TL2 对氯氰菊酯也表现出较强的降解能力；另外菌株 TL2 能在茶树上内生定殖。经鉴定，菌株 TL2 为枯草芽孢杆菌（Bacillus subtilis）。（洪永聪 辛伟 来玉宾 翁昕 胡方，2005）。从茶树上分离筛选到 14 株能在茶树体内内生、对茶叶斑病菌拮抗作用较强的芽孢杆菌菌株。14 株目标菌株都具有在茶树体内内生定殖的能力，对茶叶斑病菌及其它植物病原菌有一定的拮抗能力。其中，菌株 TL2 具有较强的内生定殖能力、拮抗能力强且拮抗谱广，对茶轮斑病防病效果强。（陈小月，2008）。从金银花植株茎中分离到了 1 株具有谷氨酸脱羧酶活性的内生细菌，1g 菌体（DW）24h 可将 241.224μmol LGlu 转化生成 GABA。通过引物设计，利用 PCR 扩增出该菌株的 16SrDNA 序列，大小为 1459bp。通过形态特征、生理生化特征和 16SrDNA 序列分析鉴定 EJH-7 为巨大芽孢杆菌（*Bacillus megaterium*）。同时基于 16SrDNA 构建了系统进化树，并对 EJH.7 进行了系统发育分析。*Bacillus megaterium* EJH-7 细胞转化谷氨酸生成 GABA 的最适反应温度和 pH 分别为 30℃和 5.5；表面活性剂 Tween20 和 Tween80 对转化反应活性有抑制作用，而 Triton100 影响不显著；Ca^{2+}、Cu^{2+} 和 Co^{2+} 对转化反应活性有促进作用，分别提高了 20.36%、46.61% 和 6.77%，而 K^+、Fe^{2+}、Zn^{2+}、Mg^{2+} 有不同程度的抑制作用。（杨胜远[1，2] 陆兆新 孙力军 别小妹[1，2007]）。从健康烟草叶片中筛选出一株产几丁质酶活性较高的内生细菌 FEC-1，经 16SrDNA 基因序列和菌株生理生化特征分析，确定该菌株为环状芽孢杆菌。对 FEC-1 菌株产酶发酵条件研究表明，该几丁质酶是诱导酶，最佳氮、碳源是酵母膏和 2g/L 单糖或二糖，多糖效果相对较差，最适初始 pH 为 9.0 左右，最适温度为 30℃左右。在优化条件下，摇瓶培养 60h 时产酶达 123.16U/mL。（杨水英 李振轮 青玲 江艳冰，2007）。分离筛选具有促生作用的大豆内生芽孢杆菌，以期获得能够促进作物生长的微生物资源。从不同产地不同品种的大豆种子中分离到 40 株内生芽孢杆菌。发芽试验中，菌株发酵液浸种处理大豆种子，大部分菌株表现出促进生长作用。其中促生作用最好的 SN10E1 菌株使豆芽长度增长 41%，百株鲜重增长 28%。从形态、生理生化反应以及 16SrDNA 序列比对等方面分析，最终确定 SN10E1 菌株为巨大芽孢杆菌（*Bacillus megatherium*）。综合比较，确定 SN10EI 菌株具有促生作用，可以进行下一步研究。（周怡 毛亮 张婷婷 程林梅 牛天，2009）。本研究首次报道了电镜免疫胶体金对水稻内生细菌的定位，用硫酸铵沉淀结合梯度离心提取表面消毒后离的大田水稻内优势菌巨大芽孢杆菌的特异性胞内蛋白，制备兔抗血清为金标一抗，进行微皮固定的组织超薄切片免疫胶体金的染色电镜观察，组织切片中菌体有大量金颗粒沉积，证明表面消毒后分离的巨大芽隐杆菌为水稻内生细菌，大多寄生在植物组织的胞间隙，偶尔也在胞质内存在。（刘云霞 张青文，1996）。从广西一些市县采集番茄茎标本分离得到 55 个细菌菌株，分属为芽孢杆菌（*Bacillus spp.*）、黄单胞菌（*Xanthomonas spp.*）、假单胞菌（*Pseudomonas spp.*）和欧文氏菌（*Erwinia spp.*），其中芽孢杆菌为优势种群。经回接测试，有 36 个菌株为番茄植株内生真菌。这些内生真菌只有 7 个菌株对番茄青枯病菌有拮抗作用，芽孢杆菌 B47 菌株对番茄青枯病菌拮抗作用较强，经室内和田间初步防治测定，它对番茄青枯病有较好的防治效果。（黎起秦 罗宽 林纬 彭好文 罗雪，2003）。从乌拉尔甘草健康植株的根茎叶中共分离到内生细菌 98 株，经初步鉴定芽孢杆菌属（*Bacillus sp.*）为优势种群，约占 30%；从不同生长年份甘草的根、茎、叶组织中分离内生细菌种群密度从 5.0×10^4 cfu/g ~ 2.9×10^7 cfu/g 鲜重不等。采用平板对峙方法筛选出 6 株对植物病原菌有明显体外拮抗活性的菌株，通过菌落、菌体形态观察、生理生化反应及 16S rDNA 序列分析，同时结合 Biolog 细菌自动鉴定系统验证，鉴定这 6 株拮抗菌分属萎缩芽孢杆菌（*Bacillus atrophaeus*）、多粘类芽孢杆菌（*Paenibacillus polymyxa*）、枯草芽孢杆菌（*Bacillus subtilis*）、*Paenibacillus ehimensis*。（饶小莉 沈德龙 李俊 姜昕 李力 张敏 冯瑞华，2007）。为了明确大豆根瘤内生芽孢杆菌 Snb2 对大豆胞囊线虫的毒性和大豆根腐病菌的抑制作用，用菌悬液处理和对峙培养法分别测定了 Snb2 对两种病原微生物的作用效果。结果表明：Snb2 的菌悬液能够明显抑制大豆胞囊线虫胞囊的孵化，相对抑制率达到 94.9%；菌悬液处理 J2 96h 时死亡率达到 66.7%；Snb2 菌株对 4 种大豆根系病原真菌表现不同程度的拮抗作用，对尖孢镰刀菌和茄腐镰刀菌的拮抗作用最明显，抑菌圈达到 10 mm 左右，抑制作用可持续 10 d；经细菌悬浮液浸种测定，处理后的大豆子叶节到根尖的距离为 9.1 ± 4.54 cm，较对照增加了 15.19%，对幼苗生长有明显的促进作用；通过温室盆栽防效试验，进一步表明 Snb2 菌悬液进行种子浸种对大豆胞囊线虫病有明显的抑制作用，防治效果达到 62.5%.（王媛媛 段玉玺 陈立杰，2007）。笔者通过对拮抗辣椒疫霉（*Phytophthora capsici*）红树内生细菌的筛选研究发现，来自红海榄（*Rhizophora stylosa*）叶片的内生细菌 RS261 菌株对辣椒疫霉等多种植物病原菌具有较强的抑制作用，同时通过抗利福平 RS261 突变菌株回接再分离证明，RS261 菌株可通过叶部和根系侵入，具有沿维管束进行转运的能力，经常规和 16SrDNA 序列分析，鉴定为解淀粉芽孢杆菌（*Bacillus amyloliquefaciens*）。为进一步证实其防治辣椒疫病的能力，本文系统的研究了 RS261 菌株对辣椒果和幼苗疫病的防治效果，同时测定了 RS261 菌株与辣椒互作过程中主要防御性酶的活性变化。（柳凤 欧雄常 何红 胡汉桥 张小媛，2009）。枯草芽孢菌株 TL2 接种茶树后，可以从茶树不同组织分离到细菌，其细菌种群数量随着时间逐渐减少，其细菌多样性系数也随着时间有所降低。其菌体主要分布在根部厚壁组织的细胞间隙，茎部厚角组织的细胞间隙、维管束等组织的细胞间隙、叶片的气孔器附近、上下表皮细胞间隙、厚角组织。（洪永聪 范晓静 来玉宾 胡方平，2006）。辣椒体内的枯草芽孢杆菌 BS-2 菌株在白菜体内定殖、促生和防病作用表明：①用抗利福平标记 BS-2r 菌株浸种、浇灌土壤和涂抹叶片等方法接种，菌株均能进入白菜体内，并可在其全生育期内定殖；②菌液浸种 24h 后播种 20 天，其苗的鲜重比清水对照增加了 91.20%-138.04%。（何红 蔡学清 兰成忠 关雄 胡方，2004）。来自辣椒体内的枯草芽孢杆菌（Bacillus subtilis）BS-2 和 BS－1 菌株对香蕉炭疽菌菌丝生长、分生孢子形成及萌发等有较强的抑制作用，接种病菌 16d 后，两菌株对香蕉炭疽病防治效果达 34.0%（BS-1）-90.0%（BS-2），其中 BS－2 的防效比 BS－1 高。（何红 蔡学清 等，2002）。以抗利福平为标记，用浸种、涂叶和灌根方法接种，测定菌株在植物体内的定殖。结果表明，来自辣椒体内的 BS-2 和 BS-1 菌株不仅可在辣椒体内定殖，也可在番茄、茄子、黄瓜、甜瓜、西瓜、丝瓜、小白菜等植物体内定殖，BS-2 菌株还可在水稻、小麦及豇豆等植物体内定殖，BS-2 菌株的内生定殖宿主范围比 BS-1 菌株的广；另外 BS-2 菌株可在辣椒和白菜体内较长期定殖。用常规方法、Biolog 及 16S rRNA 序列比较，两菌株鉴定为枯草芽杆菌内生亚种（Boxcillus subtilis subsp. endophyticus）。（何红 邱思鑫 蔡学清 关雄 胡方，2004）。用枯草芽孢杆菌 168 菌株 rpsD 基因的启动子替换质粒 pGFP4412 中蜡状芽孢杆菌 4412 启动子，从而构建了能在枯草芽孢杆菌中表达绿色荧光蛋白基因 gfpmut3a 的载体 pS4GFP，将其导入具有内生、防病、促生作用的野生型枯草芽孢杆菌 BS.2 菌株中，筛选获得遗传稳定性好且具有良好发光表型的标记菌株 BS-2-gfp. 该标记菌株在小白菜体内的定殖研究结果表明，该菌株能够在小白菜根际及根、茎、叶内定殖和传导，接菌 50d 后仍能在其体内分离到标记菌株 . 图 5 参 17（范晓静 [1，2] 邱思鑫 吴小平 洪永聪，2007）。通过重叠延申法将枯草芽孢杆菌的启动子 PSJ2 与绿色荧光蛋白基因（gfp）的 ORF 连接起来，构建绿色荧光蛋白表达盒，再通过 Rco R I 和 Pxt I 双酶切将表达盒连接到 pUS186 载体上，转化解淀粉芽孢杆菌 TB2 菌株，得到可发出绿色荧光工程菌，工程菌对黄瓜枯萎病菌的拮抗作用与野生菌株相当。（邱思鑫，2008）。从棉株中分离筛选到一株对棉花黄萎病菌具有较强拮抗作用的内生细菌 BSD-2. 通过形态特征、生理生化特性以及 16SrDNA 碱基序列测定和同源性分析，鉴定其为枯草芽孢杆菌 . 平板对峙试验表明，BSD-2 对多种植物病原真菌有抑制作用 .BSD-2 培养液以 50% 硫酸铵沉淀所得的拮抗物粗提液，具有良好的热稳定性和酸碱稳定性。对胰蛋白酶、蛋白酶 K 和胃蛋白酶均不敏感，对氯仿敏感，能够有效抑制黄萎病菌孢子萌发 .（张铎 [1，2] 谢莉 [1，2] 张蕾 [1，2] 张丽萍 [1，2，2008]）。内生拮抗细菌 BS-2 菌株在以黄豆粉为原料的 3 号培养基中生长速度快，发酵滤液对辣椒炭疽病菌的抑制作用强，菌液对辣椒果炭疽病的防效最好。培养基初始 pH 值、培养时间、温度、通气量等对菌株生长及其抗菌物质的分泌有明显影响。结果表明，以黄豆粉培养基、初始 pH 值 6.7（灭菌后）、28℃、培养 48h、并尽量增大培养通气量，为菌株的最佳发酵条件。（何红 沈兆昌 邱思鑫 蔡学清 关雄 胡方平，2004）。从番茄茎分离的内生枯草芽孢杆菌菌株 B47 对番茄青枯病有较好的防治作用，利用该菌株的抗链霉素突变菌株，研究其在土壤和番茄植株根、茎中的定殖能力及其对番茄青枯病的防治作用。结果表明，枯草芽孢杆菌菌株 B47 可在土壤和番茄植株中定殖。B47 施到土壤中后的 15-45 天，其数量逐渐上升，5 天后，其数量逐步下降。B47 在土壤中的定殖能力随土壤的种类和土壤的处理情况而异。施入菜地土后的第 45 天，B47 在非灭菌土中的数量是 9.91×10^5 cfu/g 土壤干重，而在灭菌土中的数量是 9.84×10^7 cfu/g 土壤干重。接种后，番茄植株根和茎中的 B47 数量，从苗期到结果期逐渐增加，但到了成熟期呈下降趋势。B47 和番茄青枯病菌混合施入土壤后，随 B47 的数量增加番茄青枯病菌的数量显著降低。当番茄植株根和茎中 B47 的含量分别为 1.17×10^4 cfu/g 鲜重和 3.33×10^4 cfu/g 鲜重时，接种番茄青枯病菌后的第 20 天，对番茄青枯病的防治效果达 79.79%。（黎起秦 [1, 2] 罗宽 林纬 卢燕回 叶，2006）。浸种、涂抹及浇灌土壤等接种测定表明，辣椒内生枯草芽孢杆菌 BS-2（Bacillus subtilis）菌株对辣椒苗有明显的促生作用，其中以涂抹接种效果最好，鲜重和干重分别比对照增加 168.70% 和 181.25%；同时，该菌株可诱导辣椒体内吲哚乙酸等促进植物生长激素含量的提高，并降低脱落酸等抑制植物生长激素的形成等，是促进辣椒苗生长的主要机制之一。（蔡学清 何红 胡方平，2005）。BS-2 菌株为一株能在多种植物体内定殖，对多种植物炭疽病具有良好防治效果，并对植物生长具有良好促进作用的枯草芽孢杆菌，其 BPY 培养液经 30% ~ 70% 硫酸铵盐析、高温（100℃）处理后，以 SDS-PAGE、MALDI-TOF 检测，该菌株分泌的抗菌蛋白为分子量 ≤2884.39D 的多肽；该抗菌多肽对热稳定并抗紫外线照射，对植物炭疽病菌和番茄青枯病菌等多种植物病原真菌和细菌有强烈的抑制作用，并对辣椒果炭疽病具有 69.79%（9d 后）的防病效果；抑制病菌生长，引起菌丝（或芽管）细胞消融，导致菌丝畸形以及抑制病菌分生孢子的产生和萌发等可能是该抗菌多肽主要的防病机制。（何红 蔡学清 关雄 胡方平 谢联辉，2003）。通过香蕉内生枯草芽孢杆菌菌株 B215 对峙培养及其菌体代谢物的活性测定结果表明，B215 菌株对香蕉弯孢霉叶斑病原真菌具有很强的拮抗作用，其对峙培养能明显抑制靶标菌菌丝向四周均匀扩展，抑菌带宽度为 0.4cm；菌株滤液的 EC50 值达 5.10%。（殷晓敏 陈弟 郑服丛，2008）。通过形态特征、生理生化特征和 16S rDNA 序列分析，对分离于番茄茎部能较强抑制茄青枯病菌生长的内生细菌 B47 菌株进行了鉴定。结果表明，该菌为枯草芽孢杆菌，其最适长 pH5 ~ 6，最适生长温度为 35℃。室内防治试验结果表明，用淋根法先接种 B47 后接种病菌和用注射法先接种 B47 菌后接种病原菌的处理可取得 81.25% 和 92.0% 的防效，而用淋法、注射法同时接种 B47 菌与病原菌的处理防效较低。（黎起秦 [1, 2] 叶云峰 蒙显英 彭好文 [2, 2005]）。从爬山虎茎中分离到 5 株内生真菌，其中菌株 EJC-1 具有谷氨酸脱羧酶（GAD）活性。当湿菌体与 10 gL^-1 谷氨酸钠溶液比例为 1：10（W：V）时，在 30℃和 120 r.min-1 下振荡反应 24 h，细胞转化液中 γ- 氨基丁酸浓度为（3.07 ± 0.23）mmol·L^-1。通过形态特征、生理生化特征和 16S rDNA 序列分析鉴定 EJC-1 为巨大芽孢杆菌（Bacillus megateri-um）。同时基于 16S rDNA 构建了系统进化树，并对 EJC-1 进行了系统发育分析。B.megateriumEJC-1 GAD 的最适反应温度和 pH 分别为 50℃和 5.6。低于 40℃，GAD 在 pH5-6 范围内较稳定。2.5

mmol·L^-1Mg2＋对 GAD 活力具有显著的促进作用，活力提高了 13.85%。（杨胜远 [1，2] 陆兆新 孙力军 吕凤霞 [1，2007]）。对中药植物茜草（Rubia cordifoliaL）的内生真菌进行了分离和抗菌活性筛选，获得一株具有广谱抗菌活性的内生细菌。该细菌对常见的 3 种人类病原菌和 4 种植物病原菌具有拮抗作用。传统分类学和基于 16S rRNA 基因的分子分类学证据表明，该内生细菌为一株新的枯草芽孢杆菌，命名为 Bacillus subtilisRC4。B.subtilisRC4 在综合马铃薯培养基（pH 值 5.0）中于 28℃振荡培养 60h，产生的代谢物对白色念珠菌的抗菌活性最强。抗菌活性物质在 100℃受热 20min，活性维持 80% 以上，且在 pH 值 2.0-11.0 范围内稳定。经硅胶柱层析和高效液相色谱分离，得到主要抗菌活性化合物，质谱分析表明其分子量约为 288Da。（周涛 肖亚中 李妍妍 洪宇植 王永中，2007）。初步探讨茄子黄萎病生防内生性枯草芽孢杆菌 29.12 的发酵条件，通过培养条件优化及正交试验得出最佳培养基配方为：玉米粉 15g/L、甘薯淀粉 5g/L、豆粕粉 15g/L、蛋白胨 8g/L、MgSO40.01%、K2HPO40.05%。最佳培养条件为：起始 pH 值 7.5，250ml 三角瓶装液量 100ml，摇瓶速度 120r/h，接种量 10%，温度 30℃。在此条件下培养 29.12 菌株 84h，抑菌圈大小为 2.12cm，1ml 含菌量为 1.58×109，芽孢得率为 100%。（孙义 [1，2] 居正英 林玲 杨启银 周，2008）。利福平抗性和抗病原真菌标记测定结果表明，分离自辣椒的 2 株枯草芽孢杆菌（Bacillus subtilis）菌株 BS－2 和 BS－1 经浸种、涂抹、浇灌土壤等接种处理均能进入辣椒植株体内。涂抹接种 1－5d 后，接种上部叶中的菌量逐渐上升，浇灌土壤接种，在 1－15d 内植株体内菌量逐渐上升；浸种接种，植株从子叶出现到第 1 片真叶刚展开时，植株茎和叶中的菌量逐渐上升，之后下降。（蔡学清 胡方平 等，2003）。从江苏省扬州、南通、常州和徐州等地水稻根、茎和种子分离获得内生细菌 736 个菌株，其中对稻瘟病菌、稻恶苗病菌、稻纹枯病菌和稻白叶枯病菌拮抗的菌株分别占 20.7%、5.4%、3.1% 和 1.1%，且主要来自根和茎，并有 24 个和 3 个菌株分别对 2 种和 3 种病菌有拮抗活性。对稻瘟病菌和稻白叶枯病菌拮抗转代培养 20 代后，多数菌株拮抗活性稳定，对其他两种病菌拮抗的菌株转管培养后则拮抗能力大都显著下降或丧失。经形态和生理生化鉴定，高拮抗菌株 G87（对稻瘟病菌、稻恶苗病菌、稻白叶枯病菌拮抗）和 J215（对稻瘟病菌、稻恶苗病菌拮抗）为枯草芽孢杆菌。针刺和剪叶接种试验表明，大多数水稻内生细菌不致病，少数（3.4%～4.8%）在人工接种条件下可有致病能力或潜在致病性。（朱凤 [1，2] 陈夕军 童蕴慧 纪兆林，2007）。经过对水稻两品种（沈农３１９、中百４号）不同时期不同组织内生细菌动态变化研究结果表明，根组织带菌量最高，其次是叶，茎最低。发育以孕穗期带菌量显著增高，随着组织衰老而降低。对分离到的 4 个主要各显著性检验结果表明，巨大芽孢杆菌为两品种体内细菌优势种。通过对水稻这一世界性粮食作物体内细菌的种类，以及随生育期、组织间菌体数量变化的探讨研究为水稻害虫的生物防治，提供遗传改良工程杀早细菌的载体菌。（刘云霞 张青文，1999）。对从西瓜植株体内分离得到的内生拮抗枯草芽孢杆菌 BS211 的抗菌谱进行了测定；用 5 种培养基对 BS211 菌进行培养，测定了这 5 种 BS211 菌培养液无菌滤液的抑菌活性；采用硫酸铵沉淀法提取 BS211 菌抗菌粗提物，并测定了抗菌粗提物的抑菌活性和温度稳定性。结果表明：BS211 菌对西瓜枯萎病菌等 12 种病菌都具有强烈的拮抗作用，而且拮抗性能稳定；BS211 菌在 5 种培养基中的生长量没有显著差异而且均能产生抗菌物质，但在不同培养基中产生的抗菌物质的抑菌能力有差异；BS211 菌液的硫酸铵沉淀物及上清液对不同病菌的抗性存在差异，说明 BS211 菌株产生的抗菌物质为复合物；BS211 菌抗菌粗提物具有较好的温度稳定性，尤其是硫酸铵沉淀的上清液部分经 121℃处理 30rain 后活性无明显变化，对番茄青枯病菌仍有强烈的抑菌作用；BS211 菌对西瓜枯萎病有显著防效。（马艳 赵江涛 常志州 黄红英 叶，2006）。从河南、北京等地采集小麦植株，分离得到 202 株内生芽孢杆菌，平板拮抗测定获得 27 株对小麦纹枯病菌拮抗效果明显的菌株。温室盆栽测定了 27 个菌株对小麦纹枯病的生防效果，其中菌株 M-1、W-2 和 W-3 的防治效果分别为 60.4%、59.4% 和 56.6%。对 3 株生防菌株进行了分类学鉴定，M-1 为多粘类芽孢杆菌，W-2 为地衣芽孢杆菌，W-3 为枯草芽孢杆菌。（姚丽瑾 王琦 付学池 梅汝鸿，2008）。[目的] 筛选与纯化棉花的优势内生真菌。[方法] 以棉花幼苗为试材，表面彻底消毒后，取组织匀浆涂布于不同培养基平板，观察培养出的菌落形态、挑取不同形态的菌落，然后进行平板划线纯化、镜检、斜面低温保存和菌种鉴定。[结果] 不同灭菌时间对棉花幼苗具有不同的灭菌效果。灭菌时间越长，灭菌效果越好，杂菌越少。灭菌 8min 较合适。分离后在固体琼脂培养基上长出了不同特征的单菌落，其菌落形态和颜色有所差异。有表面光滑的，有表面萎缩的，有周边圆润的，有周边呈不规则形状的。对所标记的菌落进行革兰氏染色，部分菌落被染成红色。[结论] 芽孢杆菌为棉花内生优势菌，它的分离频率最高。（孔庆军 任雪艳 陆江红 景华 王莹 葛彬，2008）。在烟草青枯病区采取健康烟草植株，从其茎杆内分离到 2 株对烟草青枯拉尔氏菌（*Ralstonia solanacarum*）有强拮抗作用的内生真菌株 009 和 011。形态观察、生理生化鉴定及 16S rDNA 序列比对结果表明，菌株 009 和 011 均归属为 *Brevibacillus brevis*，009、011 菌株与 B.brevis（AY591911）相似性分别为 99.5% 和 99.0%，GenBank 登录号分别为 DQ444284、DQ444285。生长特性研究结果表明，它们的最适生长 pH 值分别为 6.5、7.5，最适生长温度分别为 25、30℃。温室内用淋根法分别先接种 009 和 011 菌株，后接种病原菌，其防效分别为 87.25% 和 52.30%。用 009 和 011 菌液分别和烟草青枯病菌的混合液淋根，其防效明显低于前者。田间小区试验结果表明，011 菌株的防效明显高于 009 菌株和农用链霉素。（易有金 尹华群 罗宽 刘学端 刘，2007）。从白肋烟 TN90 品种的主脉组织中分离到 1 株内生真菌株 WT。根据形态和生理生化特征进行鉴定。该菌株在 TSA 培养基上菌落形态为白色，环状突起。对利福平和萘啶酮酸敏感。革兰氏阳性（G^ +），催化酶活性，产生芽孢。可运动，杆状。具一定的碱性磷酸酶活性和一定的脲酶活性，鉴定为芽孢杆菌（Bacillus sp.）。在温室移栽时将该内生细菌接种于白肋烟 TN90。并在收获后喷施细菌悬液于烟叶表面，进行亚硝胺类物质的检测，结果表明：接种 WT 可减少白肋烟 TN90 的亚硝胺组分，TSNA 总量比对照减少，叶片组织减少 21.7% ~ 44.6%，主脉组织减少 16.7%-80%。整个根系接种可有效降低叶片和主脉组织内烟草特有亚硝胺（TSNA）总量（P≤0.05），分别降低了38.0%和80%。叶面喷施可使叶片组织内烟草特有亚硝胺（TSNA）总量降低44.6%，也明显影响叶片和主脉组织中N-亚硝基去甲基烟碱（NNN）含量，差异显著（P≤0.05）。对N-亚硝基新烟草烟碱（NAT）和N-亚硝基假木贼碱（NAB）含量的影响不显著。（雷丽萍，2007）。从多年生野生鲁桑的枝条中分离出190株内生细菌，并分析其多样性指数（H）、丰度（D）、均匀度（J），发现在不同发育时间的桑树枝条中，内生细菌的种类、数量和多样性指数明显不同，枝条发育时间越长，越不利于内生真菌的生长，而1年生枝条最有利于内生细菌的生长。分离得到1株优势内生细菌，命名为ME0717。经培养性状观察、形态鉴定、染色反应等生化特性测定以及16SrDNA序列分析，鉴定ME0717为枯草芽孢杆菌（*Bacillus subtilis*）。ME0717菌体和发酵液对桑炭疽病菌（*Colletotrichum morifolium Hara.*）、桑漆斑病菌（*Myrothecium roridum TodeetFr*）的菌丝生长和孢子萌发均有明显的抑制作用，随着培养时间的延长，菌株的发酵液对两种病原菌的菌丝生长和孢子萌发的抑制作用增强。（胥丽娜 徐亮 刘宝军 许玉娟 赵春青 刘振宇，2008）。从中药植物-百部的组织中分离到一株高产胞外多糖的禾草内生真菌EJS-3菌株，该菌株在产糖培养基中可以得到23.6g/L的胞外多糖，转化率为47.2%（g EPS/g 蔗糖）。通过16SrRNA基因序列分析对该菌株进行了鉴定。通过PCR扩增，得到1450bp的16SrRNA序列。PCR产物序列通过BLAST软件在NCBI网站中进行同源性比较。通过Bioedit7.0和Tree.drawing软件绘制系统发育树。结果显示，EJS-3的16SrRNA序列和数据库中的类多粘芽孢杆菌KCTC1 663菌株的序列的同源性为99.31%。在细菌系统发育分类学上，EJS-3菌株归属多粘类芽孢杆菌（*Paenibacillus polymyxa*）。（孙力军[1，2] 陆兆新 刘俊 吕凤霞，2006）。从经过严格表面消毒的桑树根、茎、叶中分离获得内生细菌76株。以金黄色葡萄球菌（*Staphylococcus aureus*）作为指示菌进行拮抗菌的筛选，其中5个分离株具有抑菌活性，复筛选出抑菌活性及热稳定性最强的G21菌株。进一步研究表明G21菌株对家蚕病原真菌球孢白僵菌（*Beauveria bassiana*）、绿僵菌（*Metarhizium*）均具有较强的拮抗作用。该菌株的形态及部分生理生化特征为：革兰阳性，杆状，产芽孢，接触酶阳性，好氧。16S rDNA序列分析表明该菌株与芽孢杆菌（*Bacillus*）的同源性达到99.8%。综合以上鉴定结果确定G21菌株为芽孢杆菌。（谢洁 夏天 林立鹏 左伟东 周泽，2009）。从健康桑树叶片中分离到一株内生拮抗细菌L144，该菌株对多种植物病原真菌及病原细菌均有较强的抑制作用。通过形态学观察、生理生化指标测定、16S rDNA碱基序列测定和同源性分析，鉴定该菌株为枯草芽孢杆菌，定名为*Bacillus subtilis* L144。该菌株已在GenBank注册，登录号为EU118756。对菌株部分生物学特性研究表明，其生长的最适pH值为6.5，最适生长温度为33℃，能广泛利用碳源，氮源。（路国兵 李季生 牟志美 冀宪领，2008）。实验从山西太谷、运城采集的油菜中分离得到40株植物内生细菌，经过初步筛选得到具有生防潜力的菌株yc8，该菌株发酵产物对多种植物病原真菌有强烈的抑制作用，并对其发酵产物的特性进行了进一步的研究。结果表明：yc8在发酵培养20h时，菌液的吸光值达最大值1.68，其蛋白质浓度也达到最大值 0.478mg/mL；在发酵培养 48h 时，其发酵滤液对向日葵菌核病菌的抑菌率达到最大值，为 83.0%。发酵液对热和紫外线具有较强的稳定性；在 pH6-9 的溶液里抑菌活性较稳定；在极酸极碱条件下抑菌活性丧失；对氯仿的稳定性较差。（刘萍 刘慧平 韩巨才 邢鲲，2007）。通过筛选获得对小麦纹枯病有明显防治效果的蜡状芽孢杆菌 B946 菌株。采用链霉素和利福平抗性标记 B946 菌株，用平板菌落计数法检测其在小麦根、茎基部、叶内的定殖情况。结果表明：叶部接种。B946，该菌能在接种叶内定殖，并能向茎基部、其它叶和根内转移；用 B946 菌悬液浸种处理，该菌能向茎基部和叶内转移；在一定范围内，菌悬液浓度 108cfu/ml 以上，浸种时间 3h 以上，栽培温度 25℃，有利于 B946 在小麦体内的定殖转移。（刘忠梅 王霞 赵金焕 王琦 梅汝，2005）。本实验以植物内生多粘类芽孢杆菌作为生防菌种，研究该菌对油桃青霉病的抑制效果。研究了对油桃表面不同消毒方法（酒精消毒、紫外线消毒、无菌水消毒）的效果，以及生防液和其不同处理液（生防菌液、无菌液、热处理液、离心上清液）对油桃采后青霉病的抑制效果。实验表明：酒精对油桃表面的消毒效果最好，紫外线消毒次之，无菌水较差；生防菌液的抑制效果最好，无菌液和离心上清液次之，热处理液有很微弱的抑制效果。（吴士云 孙力军 周声 陈守江，2007）。

烟草赤星病菌

从健康烟草的叶、茎中分离到 302 株非病原内生细菌，通过平板对峙培养，筛选出对烟草赤星病菌 [*Alternaria alternata*（*Fr.*）*Keissl*] 不同致病力的 4 个代表菌株均有拮抗作用的 11 个菌株。室内测定其对赤星病菌抑菌带的宽度达 5.5 ~ 13.2mm；拮抗、防病试验测定，来自叶片内的内生真菌株 Itb162 对赤星病菌有较强和稳定的拮抗作用，对赤星病有 52.0% 的防病效果。无菌滤液实验表明，拮抗内生细菌 Itb162 无菌滤液在一定浓度范围内均能有效地抑制菌丝生长，减少孢子萌发，且浓度越高，抑制能力越强。（易龙 肖崇刚 马冠华 王万能 龙良鲲，2004）。

烟草黑胫病菌

为寻找防治烟草黑胫病新途径，2001 至 2003 年，从湖南永州和宁乡等地烟草黑胫病发病严重的田块采集健株，共分离到内生细菌株 120 株，经测定，8 株内生细菌菌株在室内有较强的拮抗作用，这 8 株内生细菌与烟草黑胫病菌共培结果显示，55y，NN-3，YN-4 和 YN-10 对烟草黑胫病菌抑菌效果均达到 26% 以上. 根据内生细菌形态特征和生理生化性状，初步鉴定内生细菌 55y 为假单胞杆菌属铜绿假单胞菌，NN-3 为芽孢杆菌属枯草芽孢杆菌，YN-4，YN-10 为芽孢杆菌属凝结芽孢杆菌，且这 4 菌株均为烟草内生细菌.（周向平 肖启明 罗宽 巢进 田慧，2004）。

洋葱伯克霍尔德氏菌

【目的】对从健康桑树叶片中分离到的一株内生拮抗细菌 Lu10-1 进行鉴定，并探讨该菌株在桑树体内的定殖。【方法】通过形态观察、生理生化指标测定及 16S rRNA 基因序列同源性分析，结合 recA 基因特异引物 PCR 检测法对菌株 Lu10-1 进行分类学鉴定；以抗利福平（RiD 和氨苄青霉素（Amp）双抗药性为标记，采用浸种、浸根、涂叶和针刺等方法接种，测定 Lu10-1 菌株在桑树体内的定殖。【结果】结果表明，菌株 Lu10-1 属于伯克霍尔德氏菌属（*Burkholderia*），与亲缘关系较近菌株 B.cepacia（X80284）的同源性达 98%，该菌株的 16S rDNA 序列已在 GenBank 中注册，登录号为 EF546394；Lu10-1 菌株浸种接种后，菌株在桑苗组织中的数量总体上呈现下降趋势，到第 20 天后菌量趋于稳定；细菌浸根接种后，菌株在茎叶部定殖的菌量均呈现出"先增后降"的趋势。【结论】内生拮抗细菌 Lu10-1 归属于洋葱伯克霍尔德氏菌基因型Ⅰ（*burkholderia cepacia genomovar* Ⅰ）；该菌株可在桑树体内长期定殖并传导，且在定殖过程中菌株的拮抗性能未改变；为将该菌株导人桑树体内进行病害的生物防治提供了理论依据。（牟志美 路国兵 冀宪领 盖英萍，2008）。洋葱伯克霍尔德氏菌（Burkholderia cepacia）Lu10-1 是从桑叶中分离得到的一株具有抗菌及促进植物生长等多种生物学功能的内生细菌。利用基于统计学的响应面法（response surface methodology，RSM）对影响该菌产生抗细菌活性物质的发酵培养基组成和发酵培养条件进行了优化。部分重复因子试验表明，酵母浸粉和氯化钠是培养基组分中的主要影响因子，其中酵母浸粉为正效应，氯化钠为负影响；结合最陡爬坡路径逼近最大响应区域和中心组合设计及响应面分析，确定了培养基中主要配方的最佳质量浓度为蔗糖 17.0 g/L、酵母浸粉 5.855 g/L、氯化钠 4.519 g/L、磷酸二氢钾 0.2 g/L。通过 PB（plackeet-burman）试验发现接种量和发酵温度是该菌株产生抗菌活性物质发酵条件中的主要影响因子，经中心组合设计法优化的最佳发酵条件为：接种量 0.027 7 mL/mL，摇瓶装液量 100 mL，发酵温度 30.29℃，培养基初始 pH6.2，培养时间 42 h。（查传勇 董法宝 杨悦 冀宪领 牟志美，2009）。106 叶霉病菌针对番茄生产上灰霉病和叶霉病两大瘸害，为寻找安全、高效无污染的生防菌株及其最佳培养条件，本试验采用组织分离法从健康的番茄植株中分离出 642 个内生细菌菌株，并采用平板对峙法筛选出对番茄灰霉病菌和叶霉病菌拮抗作用强且稳定的两个菌株 Thyy1 和 Jcxy8。通过形态学观察及生物学鉴定 Jcxy8 属环状芽孢杆菌（*Bacillus circulans*），菌株 Thhy1 属枯草芽孢杆菌（*Bacillus subtilis*）。内生拮抗细菌在以豆饼粉为原料的 6 号培养基中生长速度快，发酵滤液对两种病原菌的抑制作用强。培养基初始 pH 值、培养时间、温度、通气量等对菌株生长及其抗菌物质的分泌有明显影响。以豆饼粉培养基、初始 pH6.7、培养时问 48h、温度 30qc、并尽量增大培养通气量为菌株的最佳培养条件。（王美琴 陈俊美 薛丽 贺运春，2008）。

阴沟肠杆菌

从江苏省扬州、南通、常州和徐州等地的水稻根、茎和种内分离获得了内生细菌 276 个菌株。以乙炔还原法测定，其中 234 个菌株具有联合固氮活性，占供试菌株总数的 84.8%。根据乙炔还原活性（ARA）大小，将水稻内生固氮细菌分为 3 类：强固氮活性 [ARA>100μmol·（h·mL）~（-1）] 菌株，占总数的 2.1%；中等固氮活性 [ARA 为 1～100μmol·（h·mL）~（-1）] 菌株，占总数的 81.2%；弱固氮活性 [ARA≤1μmol·（h·mL）~（-1）] 菌株，占总数的 16.7%。5 个强固氮活性菌株经转管培养 20 代后，其固氮能力表现稳定。经形态学和生理生化试验，固氮活性强且稳定的菌株 J115 和 G161 鉴定为阴沟肠杆菌（*Enterobacter cloacae*），其 ARA 分别为 20 987.820 0 和 9 212.313 0 μmol（hmL）~（-1）。通过菌液蘸根和喷雾接种，这 2 个菌株均能促进水稻幼苗的生长，水稻苗期叶绿素含量、地上部干物质量和株高分别增加 6.9%～17.1%、16.7%～31.0% 和 15.3%～20.4%。（陈夕军 朱凤 童蕴慧 纪兆林 徐，2007）。（杨海莲 王云山 等，2001）。用分离自水稻品种越富苗期根内的阴沟肠杆菌 MR1 2 接种品种越富表面灭菌种子，通过扫描电子显微镜观察接种后种子发育的幼苗根，茎和叶，发现水稻内生阴沟肠杆菌 MR1 2 不仅可以分布于水稻幼苗的根表面和根内部，而且能够分布于茎麦，茎内，叶表面。（杨海莲 孙晓璐，1999）。

荧光假单胞

从 8 个不同来源的 3 个马铃薯（*Solanun trberosum*）品种（紫花白、晋薯七号和弗乌瑞它）的块茎中分离到 240 株内生细菌菌株，通过离体测定和温室实验，共得到 55 株对马铃薯环腐病菌（*Clavibacter michiganenc subsp sepedonicum*）有拮抗作用的内生细菌，占总菌数的 22.9%。初步筛选出 3 株具有促生和潜在防治马铃薯环腐病的内生细菌，分别为芽孢杆菌（*Bacillus sp.*）A-10'、T3 和荧光假单胞菌（*Pseudomonas fluorescens*）H1-6。其中 A-10' 菌株定殖、促生和拮抗作用兼备，具有很好的开发应用前景。（田宏先 王瑞霞 李荫藩 孙福在，2005）。本研究从大同、太原和内蒙古等地采集马铃薯块茎，分离到 240 株内生细菌，通过离体抑菌作用测定，共得到 55 株对环腐病菌有拮抗作用的菌株，占菌株总数的 22.9%，抑菌圈半径最大的可达 13mm。按抑菌圈半径大小将拮抗菌分为强、中、弱三类。从中筛选出 9 个对环腐病等病菌具有较强拮抗作用，18 为荧光假单胞生物型 V（*Pseudomonas fluorescens biovar V*）；110 为短小芽孢杆菌（*Bacillus pumilus*）；085 为嗜热脂肪芽孢杆菌（*Bacillus stearothermophilus*）；069 为草生欧文氏菌（*Erwinia herbicola*）；043 为草莓黄单胞菌（*Xanthomonas fragariae*）；A-10'、T3 为芽孢杆菌属（*Bacillus*）；H1-6 为荧光假单胞菌（*Pseudomonas fluorescens*）；116 为短小杆菌属（*Curtobacterium*）。（崔林 孙振 孙福在 袁军 田宏先，2003）。小麦全蚀病是世界各大小麦产区危害十分严重的一种土传病害，目前对其防治还没有好的抗病品种和特别有效的化学农药。自从成功地用荧光假单胞菌 *Pseudomonas fluoresens* 防治小麦全蚀病以来，生物防治逐渐成为防治该病的一种经济而有效的措施。近几年，内生真菌由于其独特的优点已成为生物防治的研究热点，但对其防病机制的研究仍不够深入，作者对健康小麦上获得的 5 株内生细菌防治小麦全蚀病的作用及其机制进行了研究，为其进一步应用提供理论基础。（刘冰 黄丽丽 康振生 乔宏萍，2007）。

参考文献

[1] 阿里玛斯,等.内生放线菌gCLA4对辣椒疫病的防治研究[D].西北农业学报.2007,16(5).-256-261,270.

[2] 阿依努尔·阿不都热合曼,等.块根芍药内生菌XJU-PA-6红色素的提取和理化性质研究[D].中国食品工业.2008(6).-52-53.

[3] 白复芹,等.螺旋毛壳ND35几丁质酶的纯化和性质[D].莱阳农学院学报.2006,23(4).-268-271.

[4] 白红霞,袁秀英,内蒙古地区杨树内生真菌多样性调查[D].浙江林学院学报.2006,23(6).-629-635.

[5] 包飞,樊明涛,贺江.产银杏内酯B内生真菌的分离与筛选[D].西北农业学报.2008,17(3).-328-331.

[6] 邴志刚,等.紫杉醇及其产生菌的研究现状[D].中国药业.2008,17(20).-64-66.

[7] 蔡爱群,等.水稻内生放线菌降解酶活性的分析[D].韶关学院学报.2007,28(3).-107-109.

[8] 蔡晓月,等.植物内生真菌在农业中的应用之研究进展[D].中国农学通报.2008,24(4).-353-358.

[9] 蔡信德,等.微生物在镍污染土壤修复中的作用[D].云南地理环境研究.2005,17(3).-9-12,17.

[10] 蔡学清,等.内生菌BS-1和BS-2对辣椒炭疽病及椒果活性氧代谢的效应[D].福建农林大学学报:自然科学版.2004,33(1).-21-25.